Software Assurance Case
Methods and Applications

软件保证举证
方法及其应用

主 编◎曾福萍

副主编◎张大健 王栓奇 刘玉华

人民邮电出版社

北京

图书在版编目（ＣＩＰ）数据

软件保证举证方法及其应用 / 曾福萍主编. -- 北京：
人民邮电出版社，2024.4
ISBN 978-7-115-62472-7

Ⅰ．①软… Ⅱ．①曾… Ⅲ．①软件开发－安全技术
Ⅳ．①TP311.522

中国国家版本馆CIP数据核字(2024)第000642号

内 容 提 要

本书介绍了ISO/IEC 15026系列标准中的系统和软件保证方法——软件保证举证。全书共6章，首先概述了软件保证举证的相关知识，接着详细介绍了软件安全性举证、软件可靠性举证、软件保密性举证和软件可信性举证的基础知识、举证框架、论证模式及应用实例，最后给出了基于非形式逻辑理论的软件保证举证信心评定方法。

本书适合从事软件安全性、软件可靠性、软件保密性及软件可信性举证理论与技术研究的科技人员和实际应用的工程人员阅读，也可作为高等院校质量和可靠性工程专业的教师、高年级本科生和研究生的参考书。

◆ 主　　编　曾福萍
　　副 主 编　张大健　王栓奇　刘玉华
　　责任编辑　刘盛平
　　责任印制　焦志炜

◆ 人民邮电出版社出版发行　　北京市丰台区成寿寺路 11 号
　　邮编　100164　　电子邮件　315@ptpress.com.cn
　　网址　https://www.ptpress.com.cn
　　北京虎彩文化传播有限公司印刷

◆ 开本：700×1000　1/16　　　　插页：2
　　印张：18　　　　　　　　　　2024 年 4 月第 1 版
　　字数：313 千字　　　　　　　2024 年 10 月北京第 3 次印刷

定价：89.80 元

读者服务热线：(010)81055410　印装质量热线：(010)81055316
反盗版热线：(010)81055315
广告经营许可证：京东市监广登字 20170147 号

软件保证举证包括三层基本结构：顶层是需要举证的保证目标，底层是支持保证目标成立的事实证据，中间层是解释事实证据如何支持保证目标成立的论据。其中，中间层的论据是保证举证的核心。论据可进一步分解成策略、子保证目标、假设、合理性解释、背景等信息。保证举证是基于目标论证的方法，将证实和表明系统保证目标实现的责任更多地转移给系统开发方和运行者，由监管机构制定顶层目标，开发方和运行者自由灵活地建立合适的论证结构和证据来证实满足了这些目标。因此，保证举证能更好地解决保证证据组织凌乱、如何表明保证目标能达到的问题，为系统和软件保证提供了一种新的有效的思路。

保证举证起源于安全性举证。安全问题带来的严重后果促使各行业对安全开展了深入研究。其中，如何表明系统和软件具有所期望的安全性，是安全性领域不可回避的问题，安全性举证是目前解决这个问题的一种很有效的手段。国外部分国家已将安全性举证应用到核工业、航空、石油、天然气等危险行业的安全管理中，效果十分显著。欧洲很多标准，如英国国防部标准（DEF STAN 00-55）强制要求产品交付时，软件开发商需要提交软件安全性举证文档。随着安全性举证方法在安全性领域的成功，不少学者已将它推广到其他质量属性上，提出了可靠性举证、维修性举证、保密性举证等。美国卡内基梅隆大学软件工程研究所的 Weinstock 与 Goodenough 等学者提出了更为宏观的保证举证概念，不再局限于某种质量属性。之后，国际标准化组织（ISO）和国际电工委员会（IEC）为了统一规定保证举证的相关概念及内容，进一步制定了有关保证举证的 ISO/IEC 15026 系列标准，适用于系统和软件的保证，用于支持安全性、可靠性、保密性等领域的目标实现。近年来，保证举证在英国、美国、澳大利亚等国家的相关安全关键领域（包括国防、航天、海事、铁路等）得到了进一步的发展。

国内在保证举证方面的研究较少，可参考的文献资料也大多来源于国外，因此出版一本介绍保证举证知识的图书就显得很有必要。作者所在科研团队一直致力于研究如何开发可靠的软件系统，以及如何表明软件系统的可靠性、安全性等质量属性得到了保证。为此，团队在北京航空航天大学陆民燕研究员的带领下，从 2010 年开始陆续开展了对软件保证举证的跟踪与研究，并取得了一批研究成果。

本书是作者在多年科研、教学和参与型号软件测试验证成果的基础上，参考有关标准、文献、研究报告和图书编写而成的。考虑到软件保证举证内容具有通识性，软件安全性举证、软件可靠性举证、软件保密性举证和软件可信性举证等内容具有特殊性，本书力求结合国情，从系统性和工程实用角度出发组织有关章节内容。

本书共 6 章。其中，第 1 章和第 2 章由北京航空航天大学曾福萍编写；第 3 章由上海航空工业（集团）有限公司刘玉华编写；第 4 章和第 6 章由中国金融认证中心（CFCA）张大健编写；第 5 章由中国兵器工业信息中心王栓奇编写。全书由曾福萍统稿，陆民燕研究员主审。在本书的编写过程中，作者所在单位的领导和同事们给予了大力的支持和帮助，马依然、孙璐、王泽宇等研究生也参与了本书初稿的整理工作，在此表示衷心的感谢！

由于编者水平有限，书中难免存在不足之处，恳请读者批评与指正。

作 者
2023 年 2 月

目　录

第 1 章　软件保证举证概述 ………………………………………………1

1.1　软件保证举证的由来及意义 ………………………………… 1

1.2　软件保证举证的研究现状 …………………………………… 3

1.3　软件保证举证的基本知识 …………………………………… 5

    1.3.1　软件保证举证的概念 ………………………………… 5

    1.3.2　软件保证举证的结构 ………………………………… 5

    1.3.3　软件保证举证的表述方法 …………………………… 9

1.4　GSN ……………………………………………………… 12

    1.4.1　GSN 的基本符号 …………………………………… 13

    1.4.2　GSN 的模式符号 …………………………………… 22

    1.4.3　GSN 的模块符号 …………………………………… 26

    1.4.4　GSN 软件保证举证的构建流程 …………………… 35

    1.4.5　GSN 软件保证举证的构建工具 …………………… 49

本章小结 ………………………………………………………… 51

参考文献 ………………………………………………………… 52

第 2 章　软件安全性举证方法 ……………………………………53

2.1　软件安全性举证的基础知识 ………………………………… 53

    2.1.1　软件安全性的概念 …………………………………… 53

    2.1.2　软件安全性举证的概念 ……………………………… 59

2.2　软件安全性举证框架的构建原理 …………………………… 60

2.3　软件安全性举证框架 ………………………………………… 63

    2.3.1　软件安全性过程因素包 ……………………………… 65

    2.3.2　软件安全性需求分析包 ……………………………… 68

    2.3.3　危险软件失效分析包 ………………………………… 73

    2.3.4　危险软件失效的消除或缓解实现包 ………………… 75

2.3.5 危险软件失效的消除或缓解验证包 ································· 76

2.3.6 软件安全性证据包 ··· 76

2.4 基于 GSN 的软件安全性举证的论证模式 ························· 77

2.4.1 系统级别的安全性的论证模式 ··································· 77

2.4.2 软件对系统危险贡献的缓解的论证模式 ··················· 80

2.4.3 软件安全性顶层的论证模式 ··································· 81

2.4.4 软件安全性需求实现的论证模式 ······························· 84

2.4.5 危险软件失效已被消除或缓解的论证模式 ··················· 85

2.4.6 软件失效改进措施实现的论证模式 ··························· 87

2.5 应用实例 ·· 89

2.5.1 刹车系统介绍 ·· 89

2.5.2 应用过程 ··· 90

2.5.3 应用结果 ··· 90

本章小结 ·· 101

参考文献 ·· 101

第 3 章 软件可靠性举证方法 ··· 102

3.1 软件可靠性举证的基础知识 ··· 102

3.1.1 几个基本概念 ·· 102

3.1.2 软件可靠性工程 ··· 104

3.1.3 软件可靠性相关标准 ··· 105

3.2 软件可靠性举证框架 ··· 106

3.2.1 基于软件可靠性特性度量模型的软件可靠性举证框架 ······· 107

3.2.2 基于缺陷防控模型的软件可靠性举证框架 ··················· 111

3.2.3 基于"4+1"准则的软件可靠性举证框架 ····················· 113

3.2.4 几种框架的分析比较 ··· 117

3.3 基于 GSN 的软件可靠性举证的论证模式 ····················· 118

3.3.1 基于软件可靠性特性度量模型的软件可靠性举证的论证
模式 ·· 118

3.3.2 基于缺陷防控模型的软件可靠性举证的论证模式 ········· 121

3.3.3 基于"4+1"准则的软件可靠性举证的论证模式 ··········· 123

3.4 应用实例 ·· 127

3.4.1 实例软件简介 ·· 128
3.4.2 基于软件可靠性特性度量模型的软件可靠性举证的应用过程····· 129
3.4.3 基于缺陷防控模型的软件可靠性举证的应用过程 ··············· 130
3.4.4 基于"4+1"准则的软件可靠性举证的应用过程 ················ 134
本章小结 ·· 140
参考文献 ·· 141

第4章 软件保密性举证方法 ······································· 142
4.1 软件保密性举证的基础知识 ····························· 143
4.1.1 软件保密性的相关概念 ································· 143
4.1.2 软件保密性举证的概念 ································· 146
4.2 软件保密性举证框架及基于GSN的软件保密性举证的论证模式····· 148
4.2.1 软件保密性举证框架的结构 ··························· 148
4.2.2 软件保密性举证框架的基本论证原理················ 149
4.2.3 软件保密性举证框架的论证结构····················· 159
4.2.4 软件保密性举证框架的实例化方法················· 187
4.3 应用实例 ··· 189
本章小结 ·· 199
参考文献 ·· 199

第5章 软件可信性举证方法 ······································· 201
5.1 软件可信性举证的基础知识 ····························· 201
5.1.1 软件可信性的相关概念 ································· 201
5.1.2 软件可信性举证的相关研究 ··························· 205
5.2 基于GSN的软件可信性举证框架及论证模式················ 206
5.2.1 基于GSN的软件可信性举证框架 ····················· 206
5.2.2 基于GSN的软件可信性举证的论证模式 ·············· 208
5.2.3 软件可信性举证框架的实例化规则················· 235
5.3 应用实例 ··· 237
5.3.1 实例软件简介 ··· 237
5.3.2 举证实例构建方案 ····································· 237
5.3.3 举证实例构建过程 ····································· 239

本章小结 ·· 242

参考文献 ·· 242

第 6 章　基于非形式逻辑理论的软件保证举证信心评定方法 ··················· 244

6.1　软件保证举证信心评定方法的理论基础 ······················ 244

6.1.1　非形式逻辑 ·· 245

6.1.2　图尔敏论证模型的论证评价 ···························· 247

6.1.3　贝叶斯网络 ·· 250

6.2　软件保证举证信心评定方法 ··································· 251

6.2.1　保证举证树形结构到图尔敏论证模型的转化 ········· 252

6.2.2　图尔敏论证模型的软件保证举证定性评价 ············ 256

6.2.3　图尔敏论证模型的软件保证举证定量评价 ············ 258

6.3　应用实例 ··· 269

6.3.1　应用过程 ·· 271

6.3.2　应用分析 ·· 278

本章小结 ·· 279

参考文献 ·· 279

第 1 章

软件保证举证概述

在安全领域，向利益相关者保证软件的安全性和可靠性十分重要。如何表明软件达到了所要求的安全性和可靠性水平，一直是深受管理者和开发者重视又非常令人困扰的问题。保证举证（Assurance Case）能够通过建立合适的论证结构和证据表明保证目标的实现，是解决上述问题的一个有效的方法。保证举证是一种文档化的证据，提供了令人信服和有效的论据，表明软件在给定环境和应用中是足够可靠和足够安全的。因此，在安全关键领域，保证举证逐渐受到关注。

本章首先介绍了软件保证举证的历史由来、意义及研究现状；然后阐述了软件保证举证的基本知识，包括软件保证举证的概念、结构和表述方法；最后重点介绍目标结构表示法（Goal Structuring Notation，GSN），详细阐述了 GSN 的基本符号、模式符号、模块化符号、软件保证举证的构建流程及软件保证举证的构建工具。

|1.1 软件保证举证的由来及意义|

1. 软件保证举证的由来

保证举证最初来源于安全性举证（Safety Case）。软件的安全性对安全关键系统的正常工作和安全运行至关重要，如何表明软件具有所期望的安全性，是安全性领域不可回避的问题。安全性举证是目前解决这个问题的最有效方法。

安全关键系统的开发一般离不开安全性标准，如民航的 DO-178B、铁路的 EN 50128、美国的 NASA-STD-8719 等的指导。虽然这些标准在提倡的技术和验证方法等细节上存在不一致，但都给出了产品特性和开发过程所需的实践。这些标准属于过程标准，不仅规定了产品开发过程，也包括了安全性过程和相关安全性技术。但欧洲许多学者提出了下面一些质疑[1]。

① 规定的开发过程和技术一般来源于过去的经验，对于技术创新行业不一定合适。规定的开发过程和技术只能代表标准制定时的最好实践，这可能阻碍技术创新行业开发人员采用更好的实践（例如模型驱动的开发技术），从而限制了软件产品质量的提高。

② 规定的开发过程和技术可能造成这样的误解：软件安全性的责任在于标准的制定者，而不是软件产品的提供者。

③ 没有证据可以表明规定的开发过程、工具和技术可以获得相应的开发保证等级（Development Assurance Level，DAL）或安全完善度等级（Safety Integrity Level，SIL）。规定的开发过程、工具和技术与 DAL、SIL 考虑的失效率之间几乎没有联系，也就是说开发技术与失效率的降低之间没有必然的联系。

④ 一些安全性过程活动开展原因不明确。标准中规定的安全性过程活动通常来自于共同关注点和最佳实践，但是为什么按照这样的过程开发产品就能达到目标通常没有明确的说明和论述。

接着，欧洲学者提出了基于目标论证的安全性举证方法。相比于上述过程标准，该方法将证实和展示软件安全性的责任更多地转移到了软件开发方和运行者，由监管机构制定顶层目标，软件开发方和运行者自由灵活地建立合适的论证结构和证据来证实满足了这些目标。

安全性举证的适用性和易用性较强，不仅能够有效地解决上述质疑，而且当缺乏过程标准指导时也能对安全性的实现情况进行论证。目前，安全性举证已经在欧洲核工业、航空、船舶、铁路、石油、医疗、矿产等行业得到了广泛应用。

随着安全性举证在不同领域的推广应用，不少学者发现这种举证方法不仅仅可应用于安全性，也可应用于可靠性、保密性、可信性等其他质量属性上，形成可靠性举证、保密性举证、可信性举证等。当这种举证方法不局限于某一个质量属性而是一个更一般化的概念时，保证举证的概念就应运而生，在软件领域应用时被称为软件保证举证。

2. 软件保证举证的意义

软件保证举证不是取代当前软件的保证分析和审查活动，而是处于补充的角色来证实软件的开发、维护和运行是可靠的。它主要具有以下功能和作用[2]。

① 有效地聚集和组织各种类型的证据，提供一种确信视角来论证软件已经满

足了质量属性要求，并令人满意地降低了风险。

② 提供一种有效审查利益相关者的参与机制，通过保证举证了解不同利益相关者提出的相关关注点是如何解决的。

③ 提供一种软件活动的聚焦和阐述方式，向公众、监管机构、投资者展示以免除相关责任。

④ 能够增强透明度和清晰度，以确保举证能够明确显示潜在的推理、假设、风险接受程度等，能够清晰地表述保证目标和证据之间的结构和关系，便于审查论证、质疑证据和挑战方法的充分性。

⑤ 允许不同保证标准以及相应创新的开发和分析方法之间进行信息交互和联系，建立设计风险分析和运行管理之间的联系。

⑥ 为许可证发放机构以及授权部门提供辅助决策。

|1.2　软件保证举证的研究现状|

保证举证最初应用于核工业，随后在欧美国家的国防、航天、海事、铁路、炼化等领域的安全管理中也得到广泛应用。我国也探讨了安全性举证在煤矿安全管理和软件安全管理中的应用方法。安全性举证已成为软件安全评价与安全管理的一种手段，在许多安全性标准中成为一个核心概念。随着举证方法在软件安全性领域的成功，不少学者已将它推广到其他软件质量属性上。

1. 软件安全性举证研究

二十世纪八九十年代，软件安全性举证在英国海洋设施风险评价与安全管理中得到推广使用，可以使相关设施的风险降低 70%。近年来，软件安全性举证在安全关键领域中得到了进一步发展，并形成一些标准，如英国国防部标准（DEF STAN 00-42、00-54、00-55、00-56 等）。Adelard 咨询公司在 ASCAD 手册中提出了软件安全性举证开发方法，并开发了相应的辅助工具 ASCE。英国约克大学的 Weaver 教授在软件安全性举证研究方面比较活跃，并取得了一定的研究成果[3]。由于涉及敏感信息，这方面的许多成果并没有公开发表，只有为数不多的实例可以查到，如英国 HEAT/ACT 项目、Adelard 咨询公司公布的一些匿名软件安全性举证、弗吉尼亚大学公布的一些软件安全性举证以及英国国防项目提供的一些软件安全性举证模板等。在国内，有学者探讨了软件安全性举证在煤矿安全管理中的应用前景[4-6]，北京航空航天大学开展了软件安全性举证构建、应用研究及工具开发[7]。

2. 软件可靠性举证研究

美国的《软件可靠性程序标准》（SAE JA 1002—2012）和《软件可靠性计划实施指南》（SAE JA 1003—2012）都明确提出了软件可靠性举证（通过一系列文档化的证据来表明软件是可靠的）。其中，《软件可靠性程序标准》主要介绍了软件可靠性举证的必要性、作用和所需信息，但没有说明如何确定软件可靠性的举证目标和论据，也没有明确如何开发软件可靠性举证；《软件可靠性计划实施指南》主要提出了 Plan-Case 软件可靠性举证框架，为软件可靠性举证提供了一种可参考的举证视角，为软件可靠性举证模式提供了参考。王博譞开展了软件可靠性计划与举证构建技术的研究与应用[8]，将软件可靠性计划和软件可靠性举证相结合以保证软件可靠性。

3. 其他软件质量属性举证研究

卡内基梅隆大学软件工程研究所的 Weinstock 等学者提出了保证举证概念，举证方法不再局限于某一个软件质量属性。弗吉尼亚大学的 Knight 教授发现了安全性论据的问题，建立了一个软件安全性举证数据库。波兰的 Górski 等提出了信任举证（Trust Case）概念[9]，并将举证方法应用到保密性等安全性领域之外的地方。德国的 Braun 等于 2009 年最先提出了基于模型的举证构建方法[10]。比利时的 Courtois 教授于 2006 年完成了有关核工业领域里的计算机软件系统可信性举证方法的相关著作[11]。

4. 软件保证举证相关标准

国际标准化组织（International Organization for Standardization，ISO）和国际电工委员会（International Electrotechnical Commission，IEC）制定了有关保证举证的 ISO/IEC 15026 系列标准。其中，ISO/IEC 15026-1 主要介绍了保证举证和完整性等级等相关概念；ISO/IEC 15026-2 主要介绍了保证举证的组成部分，给出了目标、论据、证据、假设和合理性解释及它们之间的关系；ISO/IEC 15026-3 主要介绍了完整性等级等相关内容。英国国防部标准（DEF STAN 00-55）对软件安全性举证给出了明确的定义，并强制要求交付软件产品时，软件开发商需要提交软件安全性举证，以表明软件已经满足或即将满足安全性的相关要求。英国国防部标准（DEF STAN 00-56）和舰艇安全性管理系统手册（JSP 430）都要求软件安全举证的开发过程与系统设计和安全性生命周期相结合，确保能够通过安全性分析、审查、组织、准备等工作证明软件是安全的，其中证据是一系列结构化和综合化的软件安全性文档。英国国防部标准（DEF STAN 00-42）的第三部分对软件安全性举证的概念进行了一般化定义，并且标准的第二部分涉及软件可靠性举证。JA 1002 和 JA 1003 明确提出了软件可靠性举证，并通过一系列文档化的证据来表明软件是可靠的。

综上所述，举证方法受到学者的广泛关注，先后出现在不同的标准中，重要程度日益显现。国外举证研究也不再局限于软件安全性，而是向着软件可靠性、软件保密性、软件可信性等方向发展，同时提出了保证举证的概念，以及举证向模型化方向发展的趋势。在国内，软件安全性、软件可靠性、软件保密性、软件可信性举证等的研究也日渐受到重视。

|1.3　软件保证举证的基本知识|

1.3.1　软件保证举证的概念

在此引用 ISO/IEC 15026 系列标准中对保证及保证举证的定义。

保证是一个目标已经或将要满足的信心基础。保证举证是可推理的、可审查的文书框架，支持最顶层目标得到满足的论证，包括系统的论据和底层的证据以及支持顶层目标的明确假设。

保证举证包含以下内容。

① 一个或多个关于质量属性的目标。

② 将证据和任何带有假设的目标在逻辑上联系起来的论据。

③ 支持目标的论据的大量证据和可能的假设。

④ 选择顶层目标的合理性解释和推理方法。

基于保证举证的概念得出软件保证举证的定义为：可推理的、可审查的文书框架，支持最顶层目标得到满足的论证，包括软件的论据、底层的证据以及支持顶层目标的明确假设。

1.3.2　软件保证举证的结构

软件保证举证的基本结构由保证目标（Claim）（目标有时也译为主张）、论据（Argument）及证据（Evidence）三个主元素组成，如图 1-1 所示。

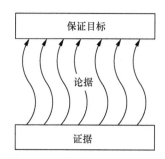

图 1-1 软件保证举证的基本结构

① 保证目标是软件的特性，是整个软件保证举证要论证的目标，如"在特定条件下的软件安全性是可接受的""在特定条件下的软件可靠性是可接受的"等。

② 证据是支持论据的，为论据提供的事实依据。证据一般来源于软件设计过程、危险分析评估或者是相关领域内的前期经验，如故障树分析（Failure Tree Analysis，FTA）、功能风险分析（Functional Hazard Analysis，FHA）、危险与可操作性分析（Hazard and Operability Analysis，HAZOP）或测试的结果等。证据是软件保证举证最底层的元素，当论据分解到可以用证据支持时，就得到了完整的软件保证举证。

③ 论据与保证目标、证据相关联，目的是说明证据如何表明保证目标的实现。论据可以是确定性的、盖然性的或定性的。论据是子保证目标的框架，子保证目标是通过上一层次目标的推理得出的。根据论证方式的不同，这些子保证目标可能是特定标准的条款、特性需求的条目、危险失效的处理或消除等。

以往常常忽视论据的作用，只是提供了大量的证据，如好几百页的 FTA 和失效模式及效应分析（Failure Mode and Effect Analysis，FMEA），但是很少解释这些证据如何满足软件保证目标，而是由读者去猜测。所以对于软件保证举证而言，论据和证据都是非常重要的组成部分，没有证据支持的论据是无根基的，也是不能令人信服的；而没有论据支持的证据是未解释的——软件保证目标如何实现并不清晰。三个主元素相互联系和依托，以软件要满足的保证目标为中心、证据为基础、论据为纽带，通过系统化、明确的论证来表明软件能满足保证目标。

国际标准化组织（ISO）和国际电工委员会（IEC）为了提高不同领域不同应用的保证举证实例之间的一致性和可比性，促进利益相关者的沟通，对保证举证的结构进行了统一规定。下面是参考 ISO/IEC 15026 系列标准对软件保证举证结构的描述。

1. 总体结构

软件保证举证的总体结构包括五个组成部分：保证目标（Claim）、论据（Argument）、证据（Evidence）、合理性解释（Justification）和假设（Assumption）。

以下要求适用于软件保证举证的总体结构。

① 一个软件保证举证应该有一个或多个最高层次的保证目标，它们是论证的最终目标。

② 一个论据应得到一个或多个保证目标、证据或假设的支持。一个论据是软件保证举证中用来关联一个或一组保证目标的基本组成部分，包括证据、假设或较低层次的保证目标；一个论据不能直接支持另一个论据，一个较低层次的论据应该依附于一个较低层次的保证目标，而这个保证目标又依附于较高层次的论据。

③ 一个保证目标应仅由一个论据支持，或由一个或多个保证目标、证据或假设支持。每一个保证目标都需要支持，支持的形式可以不同，既可以由一个（而且只有一个）论据来支持，也可以直接由一些证据、假设或较低层次的保证目标的集合来支持。因此，一个保证目标从来不是软件保证举证的最底层组成部分。

④ 一个保证目标、论据、证据或假设不得直接或间接地支持自己。单个保证目标、论据、证据或假设可能被用来支持其他多个组成部分。

2. 保证目标

（1）保证目标的形式

保证目标应是一个具有真假值的主张，说明对一个明确定义属性值——保证目标属性值的限制，如关于该属性值不确定性的限制，以及关于保证目标适用条件的限制。

（2）保证目标的内容

一个保证目标既具有必选的内容，也具有可选的内容。

① 保证目标的属性（必选）。

② 对保证目标属性值的限制（如对其范围的限制）（必选）。

③ 对保证目标属性值不确定性的限制（必选）。

④ 对保证目标适用条件的限制（必选）。

⑤ 对保证目标适用时间的限制（可选）。

⑥ 与适应时间有关的不确定性（可选）。

⑦ 与适用条件有关的不确定性（可选）。

⑧ 如果一个保证目标属性适用于系统、产品或设备的某些子集，则需要识别

相关的版本或实例（满足条件必选）。

⑨ 明确与保证目标相关的后果和风险（满足条件必选）。

注意："限制"是用来适应可能存在的不同情况，"不确定性"可能与适用时间和条件有关。

（3）选择最高层次保证目标的合理性解释

最高层次保证目标及其属性的选择对于实现软件保证举证的意图至关重要，并推动了软件保证举证的构建。因此，最高层次的保证目标应当有选择的理由（即合理性解释）。最高层次保证目标的合理性解释是在系统的利益相关者之间沟通风险和记录协议的一种手段。

3. 论据

（1）论据的特点

论据是软件保证举证的基本组成部分，用来说明一个保证目标分解成子保证目标的理由。一个论据有以下特点。

① 论据应得出一个或多个与它所支持保证目标有关的结论。

② 论据应明确得出的每个结论的不确定性。

③ 论据应确定对不确定性影响所需的信息。

（2）论据的合理性解释

一个论据应具有相关的合理性解释，说明其推理方法（如计算或论证）的有效性或合理性。

值得注意的是，在论据中可以使用各种推理方法。这些推理方法及所使用的工具在适用性、影响、所产生的准确性和不确定性以及使用的便利性方面都有所不同。论据所依据的保证目标、证据和假设都有与之相关的不确定性，并可能会影响使用它所支持的保证目标的不确定性。

4. 证据

（1）证据的内容

证据应包含有形的数据或信息。证据种类很多，包括人的经验报告、历史、观察、测量、测试、评价性和符合性结果、设计原理的正确性、分析、与人工制品的比较、审查、缺陷以及其他质量保证和现场数据。证据可以是已经存在的，也可以是新创建或收集的，或者是为未来计划的。证据应支持保证目标。证据体系相当庞大，应该对其进行组织、定位和展示，使审查、批准或让直接使用它的人能够理解。

（2）相关信息

证据应包含下面与之相关的信息：

① 定义；

② 应用范围；

③ 不确定性，即其来源的可靠性（如真实性和可信度）和测量的准确性。

（3）相关假设

任何与证据有关的假设都应包括在软件保证举证中。

5. 假设

（1）假设的形式

假设应采取保证目标的形式，并说明其理由。

（2）假设的内容

假设可以有三种来源。其中，有两种假设鉴于其在软件保证举证中的背景和作用，本质上是真实的。这两种假设分别是：

① 限制其支持保证目标适用性的特定条件；

② 论证方法中自带的假设。

这两种假设的不确定性为零。

第三种假设在本质上不是真实的，是一种没有充分证据支持的主张。第三种假设应：

① 包含一个保证目标和一个理由；

② 包含对假设真实性、不确定性估计依据的识别与说明。

为了达到最佳效果，第三种假设应该具有以下一个或多个特点：在论证中的关键性不高，具有低风险；对论证的影响不大；数量很少。

（3）相关的证据

一个假设如果被证据部分证明或与证据存在矛盾，则应将此证据与假设联系起来。

6. 合理性解释

一个高层次的保证目标有其选择的合理性解释，一个论据有其论证方法的合理性解释。

1.3.3　软件保证举证的表述方法

软件保证举证可以采用自然语言法、表格法、贝叶斯网络法、GSN、元模型法以及声明-论证-证据法进行表述。

1. 自然语言法

自然语言法是使用普通的自然语言来表述软件保证举证的方法，在网络上已有一些这种类型的软件保证举证实例。所有的软件保证举证都可以使用自然语言表述，但是使用自然语言来表述软件保证举证却存在下面固有的缺点。

① 并不是每个人都能清楚、规范地使用自然语言。

② 理解文本需要大量的阅读。

③ 文本内部的多重引用和参考比较困难，并且可能破坏主要论据的信息流。

④ 开发清晰、可共享的论据比较困难。

考虑到软件保证举证的规模和复杂性，自然语言并不能够独自提供一种适用的方法来表达清晰易理解、组织完善而合理的论据。

2. 表格法

表格法的结构一般包括三部分内容：论据覆盖的保证目标、支持保证目标的论据描述、支持论据的证据或假设。

表格法提供了一种表述软件保证举证的简单方法，优于自然语言法，但表格法也存在缺点：软件保证举证的分解层次受到限制；使用表格表达的论据不够清晰；很少有指南性文献说明如何构造表中的每一列。

因此，自然语言法和表格法都不能够单独用来清晰表达软件保证举证。

3. 贝叶斯网络法

贝叶斯网络法是在英国高风险工业过程安全性（Safety of High-risk Industrial Process，SHIP）项目中被提出的开发安全性保证举证论据的技术。SHIP 项目将保证举证分为下面三部分。

① 要求：针对系统的特性；

② 证据：作为安全性论据的基础；

③ 论据：借助推理规则建立的证据和要求之间的联系。

同时，SHIP 将论据分为下面三类。

① 依据公理和逻辑的确定型论据；

② 依赖概率和随机统计的概率型论据；

③ 依赖标准和设计编码等规则的定性论据。

贝叶斯网络模型在 SHIP 项目中结合了软件开发过程中的概率型论据和定性

论据。

贝叶斯网络法能够用于表述软件保证举证的原因：基于贝叶斯概率理论，贝叶斯网络模型能获知举证要求和证据之间的关系（定性或定量）。这是使用贝叶斯网络法开发软件保证举证的优势。虽然贝叶斯网络法可以把定性和定量这两种证据结合，但是仍然不能有效消除依赖专家经验判断这个主观性问题［在贝叶斯网络法的推导中，节点概率表（Node Probability Table，NPT）值的确定往往是主观判断（由专家观点决定）的过程］，主观判断的误差将会大大降低贝叶斯网络推断结果的准确度。

4. GSN

GSN 是一种用于表述软件保证举证结构的图形化表达法[12]，首先在 20 世纪90 年代初的 ASAM-Ⅱ（ASAM 是 A Safety Argument Manager 的简称）中被提出。ASAM-Ⅱ是约克大学与英国航空航天技术研究所合作的项目，目的是提出一种开发保证举证的结构化方法和综合工具。GSN 的早期发展深受图尔敏（Toulmin）关于论据和新兴的基于保证目标的需求工程（如 KAOS）研究成果的影响，此后经历了重大的发展和完善。

GSN 的主要任务是表述软件保证目标是如何被陆续分解成子软件保证目标，并直至到达某个证据能直接支撑的子软件保证目标，此时目标可以直接用证据来支持。GSN 不仅可以用于开发单独的保证举证，还可以用于获取其他类型的保证举证，是可以扩展的。GSN 改进了保证举证的可理解性并且支持保证举证的轻量级开发。GSN 使证据的选取更加关注满足总体保证目标。这种方法明确了假设、背景、判断和基本原理，使论据更加明晰，是目前应用广泛的软件保证举证表述方法之一。

5. 元模型法

元模型法是对创建一个富含语义的模型所需要的构造元素和规则的精确定义，是关于如何建立模型、模型的语义或模型之间如何集成和互操作等信息的描述，是对某一特定领域建模环境（包括该领域的语法和语义）的规范定义。

目前元模型法已经被应用于保证举证研究领域，主要研究成果有对象管理组（Object Management Group，OMG）提出的结构化保证举证元模型（Structured Assurance Case Metamodel，SACM）。SACM 包含了表达和改变结构化保证举证的那些元素，旨在提供一种允许用户表达和改变保证举证结构的模型化框架。基于 SACM 的一个保证举证的表述不能表明它是完整的、有效的或正确的。SACM 中，结构化软件保证举证由软件保证目标和支持软件保证目标成立的那些元素组成。

6. 声明-论证-证据法

声明-论证-证据（Claim-Argument-Evidence，CAE）法是由 Adelard 咨询公司的研究人员提出的。相比 GSN，该方法使用了较少的图形符号。

CAE 法的论证推理链的核心由声明节点、论证节点及证据节点构成。声明节点陈述了论证的保证目标，它可进行递归分解，通过不断细化的子声明节点逐层对父节点提供支撑；论证节点用于对声明节点提供支持，例如，它可以指出声明节点有效的原因；证据节点处于论证链的最底层，作为声明节点和论证节点的基础，为论证过程提供必要的证据信息。其他信息节点、标题或注释节点属于辅助性元素，为论证过程提供辅助信息。所有节点通过连接符最终形成论证推理网。

GSN 与 CAE 法在论证过程中有诸多相似之处，其最大的区别在于论证的方向。GSN 提供了自顶向下和自底向上的论证方法，而 CAE 法只有一套自底向上的论证方法。

| 1.4　GSN |

GSN 标准工作组（GSN Standard Working Group，GSN_SWG）负责 GSN 信息的创建和维护，是安全关键系统团体（Safety-Critical Systems Club，SCSC）保证举证工作组（Assurance Case Working Group，ACWG）的一个子组。GSN_SWG 制定了 GSN 行业标准，以达到下面两个目的。

① 试图为 GSN 提供一个全面、权威的定义。

② 旨在为基于 GSN 开发和评估保证举证的相关人员（保证举证所有者、读者、作者和批准者）提供目前最佳实践的明确指导。

GSN 行业标准的最初版本发布于 2011 年，在 2017 年又发布了第二个版本，第三个版本是目前 GSN 行业标准的最新版本，发布于 2021 年。

GSN 表述软件保证举证的符号可以分为三类：基本符号、模式符号及模块符号。本节内容参考了最新的 GSN 行业标准。

1.4.1　GSN 的基本符号

1. GSN 的基本符号概述

GSN 的基本符号用于描述一个具体的软件保证举证，通过策略将顶层软件保证目标进行分层分解，给出相应的假设、合理性解释和背景信息，从而详细描述软件保证目标与证据之间的依赖关系。保证目标、解决方案、策略、合理性解释、背景、假设、推理/证据连线和语境连线构成了 GSN 的基本符号，如表 1-1 所示。

表 1-1　GSN 的基本符号及相关解释

基本符号	相关解释
保证目标	名称：保证目标 外形：矩形 含义：阐述软件保证举证的主张，应当采用简单的谓词形式，可以用是或否来回答。保证目标的层次由最顶层保证目标和子保证目标组成 实例： 目标G1 System X允许单个组件故障
解决方案	名称：解决方案 外形：圆形 含义：描述一个保证目标成立的证据，可以直接用来支持保证目标，而不需要对保证目标进行分解。解决方案可以是独立的分析、证据或评审报告的结论以及参考的设计材料等 实例： 解决方案Sn1 危险H1的故障树分析结果
策略	名称：策略 外形：平行四边形 含义：被认为是一种论证保证目标的规则。保证目标可以通过策略被分解为一系列子保证目标或解决方案 实例： 策略S1 论证所有危险均被消除

基本符号	相关解释
合理性解释 （椭圆形+字母 J）	名称：合理性解释 外形：椭圆形+字母 J 含义：使用保证目标或策略的理由。策略的使用需要进行判断，判断产生支持策略的子保证目标或证据 实例： 策略S2 论证满足分配的 SIL等级 → 合理性解释J1 标准123有SIL等级分配方法 J
背景	名称：背景 外形：圆角矩形 含义：对保证目标及策略中的相关名词进行解释和备注，以更好地理解 GSN 中其他元素的信息 实例： 背景C1 所有系统危险列表
假设 （椭圆形+字母 A）	名称：假设 外形：椭圆形+字母 A 含义：是 GSN 其他元素有效的一个声明 实例： 策略S1 论证所有危险均被消除 → 假设A1 所有危险均被识别 A
推理/证据连线 （实心箭头）	名称：推理/证据连线 外形：实心箭头 含义：表示符号元素之间的推理或证据关系。推理关系表明保证目标之间存在支持关系；证据关系表明保证目标与证据之间存在支持关系。推理/证据连线用于保证目标之间、保证目标与策略之间、保证目标与解决方案之间的关系
语境连线 （空心箭头）	名称：语境连线 外形：空心箭头 含义：表示一种背景关系。语境连线用于表明保证目标与背景、保证目标与假设、保证目标与合理性解释、策略与背景、策略与假设、策略与合理性解释之间的关系

　　GSN 基本符号连接在一起时就被称为 GSN 目标论证结构。图 1-2 所示为一个 GSN 表示的目标论证结构实例，是一个用 GSN 基本符号表述的关于安全性的软件保证举证的例子。G1 是整个软件保证举证要论证的最顶层保证目标，用 C1

和 C2 进一步解释 G1，使 G1 的含义更清晰。G1 被分解成 G2、G3 两个子保证目标来进一步论证，用 C3 和 C4 进一步解释 G2，用 C4 和 C5 进一步解释 G3。G2 通过 S1 分解成 G4、G5 和 G6 三个子保证目标，这种分解基于 A1 假设。G3 通过 S2 分解成 G7 和 G8 两个子保证目标，为何能进行这种分解？理由是 J1。子保证目标 G4、G5、G6、G7、G8 能直接被证据支持，无须再分解，整个论证结束。

基于 GSN 的基本符号表示的软件保证举证与软件保证举证结构的对应关系如下：

① G1 对应于软件保证举证结构中的保证目标；

② Sn1、Sn2、Sn3、Sn4 对应于软件保证举证结构中的证据；

③ S1、S2、G2、G3、G4、G5、G6、G7、G8 构成了软件保证举证结构中的论据，目的在于对 G1 保证目标进行分解得到低层次保证目标（称为子保证目标），直到能被证据直接支持，子保证目标构成论据的主体；

④ J1、J2 对应于软件保证举证结构中的合理性解释；

⑤ A1 对应于软件保证举证结构中的假设。

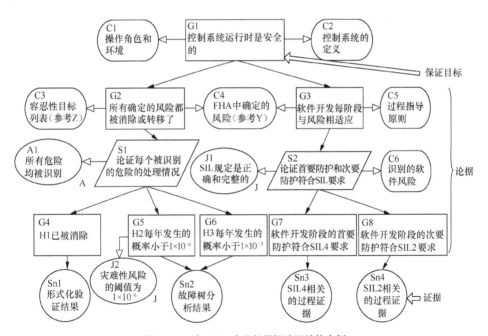

图 1-2　一个 GSN 表示的目标论证结构实例

GSN 目标论证结构描述了表明软件保证举证最顶层保证目标满足的推理

链（通过对主张的保证目标的可见分解和论证策略的推理得出），并表明该论证如何得到证据的支持（通过解决方案）。GSN 目标论证结构还清楚地描述了提出论点主张的背景。GSN 只是提供了一种表述软件保证举证目标满足的一种方法，其本身并不能证明该目标一定成立。使用 GSN 开发和构建软件保证举证的主要好处是便于主要利益相关者之间沟通和协调，缩短对论证方法达成一致的时间。

2. GSN 基本符号的构建规则

（1）保证目标与子保证目标、策略、解决方案、背景、假设以及合理性解释之间的构建规则

GSN 图形结构是一个有向无环图，这意味着该图不允许循环（尽管一个元素可以有多个上层元素和下层元素）；不允许保证目标直接或间接地通过推理连线支持自身；不允许保证目标直接或间接地通过语境连线支持自己的背景信息。GSN 图形结构中最基本的关系——用子保证目标支持保证目标，如图 1-3 所示。

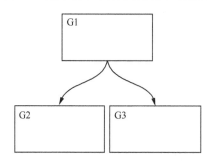

图 1-3 用子保证目标支持保证目标

这个具体的结构说明了保证目标 G1 中表示的结论与保证目标 G2 和 G3 中表示的前提之间的论证关系。如果保证目标 G2 和 G3 的主张是真的，足以证明保证目标 G1 的主张是真的。G1 被称为"上层保证目标"或"母保证目标"，而 G2 和 G3 通常被称为 G1 的"子保证目标"或"支持保证目标"。一个给定的保证目标可以被分解成一个或多个子保证目标。保证目标和它的子保证目标之间的论证关系用推理连线表示。

图 1-4 所示的结构是在图 1-3 所示结构的基础上加入一种策略 S1 来描述子保证目标 G2 和 G3 与保证目标 G1 之间的论证关系，即策略 S1 用来解释子保证目标 G2 和 G3 是如何支持保证目标 G1 的。该结构表明如果子保证目标 G2 和 G3 的主张是真的，足以证明保证目标 G1 的主张也是真的。

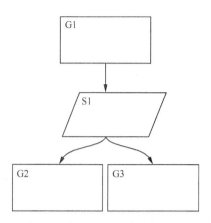

图 1-4 在保证目标和子保证目标之间增加一种策略

在某些情况下，可以采用不止一种策略来支持上层保证目标，图 1-5 所示为这种类型的关系。每个子保证目标分组（G2，G3）和（G4，G5）对支持保证目标 G1 的论证关系分别在策略 S1 和策略 S2 中得到明确的说明。保证目标 G1 需要这两条论证链条。策略 S1 描述了 G2 和 G3 支持 G1 的理由。策略 S2 描述了 G4 和 G5 支持 G1 的理由。保证目标和它的子保证目标之间的推论关系是由四条不可分割的推理连线组合表示的。

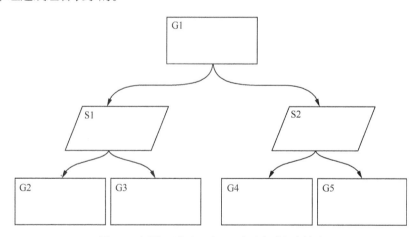

图 1-5 在保证目标和子保证目标之间增加多策略

图 1-6 所示为一个解决方案直接支持保证目标的图形结构，代表了一种证据关系，它说明解决方案（Sn1）中的证据可以直接表明保证目标（G1）的主张是否成立。

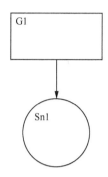

图 1-6 一个解决方案直接支持保证目标

同图 1-5 所示的可以使用多种策略来支持一个保证目标一样，实例中也可能会出现多个解决方案来支持一个保证目标的情况。在这种情况下，目标论证结构将呈现多种解决方案。图 1-7 所示表示了这种类型的关系，解决方案 Sn1 和 Sn2 的证据可以直接表明保证目标 G1 的主张是否成立。保证目标和其支持证据之间的证据关系是由两条不可分割的论证连线组合表示的。

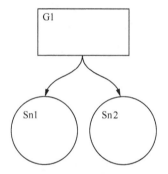

图 1-7 多个解决方案支持保证目标

为了更好地理解保证目标，可以使用背景来对保证目标的相关名词进行解释。图 1-8 所示为在保证目标中添加背景。背景 C1 被用来解释与保证目标 G1 的主张有关的补充信息。在使用时，背景定义或限制了主张的范围。由于背景陈述在论证结构中做出了判断，因此，在适用于背景的保证目标的支持性论证中，任何内容都不应与保证目标和背景之间的关系相矛盾。背景被认为是与支持被引用要素的整个论证相联系的。因此，没有必要在支持论证中重述该背景。

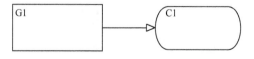

图 1-8 在保证目标中添加背景

图 1-9 所示为在保证目标中添加假设。保证目标 G1 的主张是基于假设 A1 为真的前提下判断的。假设是一个未经证实的陈述。在将一个假设与保证目标 G1 相连之后，该假设被认为与相关论证的全部内容相关联。因此，没有必要在支持论证中重述该假设。

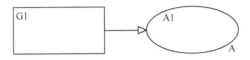

图 1-9　在保证目标中添加假设

图 1-10 所示为在保证目标中添加合理性解释。合理性解释并不改变保证目标主张的含义，只是为其包含的内容或措辞提供理由。与假设不同的是，合理性解释并不被认为与支持保证目标的整个论据相关联，只为与之相联系的局部元素提供理由。如果在论证的其他地方需要同样的合理性解释，则需要重新陈述或重新连接。

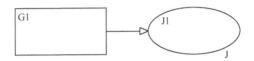

图 1-10　在保证目标中添加合理性解释

（2）策略与背景、假设以及合理性解释之间的构建规则

背景也可用于定义或解释策略中使用的术语，为策略提供有关的补充信息。图 1-11 所示为在策略中添加背景。源自应用语境的策略的支持论据中的任何内容都不应与策略和背景之间的关系相矛盾。背景被认为与支持被引用元素的整个论证相关。因此，没有必要在支持论证中重述该背景。

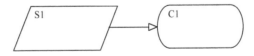

图 1-11　在策略中添加背景

假设也可以通过语境连线添加到策略上，用于说明子保证目标支持保证目标的策略。在图 1-12 所示的结构中，基于假设 A1 成立，可以通过策略 S1 说明子保证目标足以支持保证目标。在将一个假设与策略 S1 相连之后，该假设被认为是与 S1 所产生的整个论证相连。因此，没有必要在支持论证中重述该假设。

合理性解释也可以通过语境连线与策略相连，为策略所描述的论据提供支持。图 1-13 所示为在策略中添加合理性解释。一个合理性解释只适用于它所连接的局部元素。如果在论证的其他地方需要同样的解释，需要重新说明或重新连接。

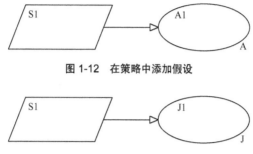

图 1-12　在策略中添加假设

图 1-13　在策略中添加合理性解释

（3）GSN 基本符号的构建规则总结

GSN 基本符号的构建规则是用于约束 GSN 基本符号使用的语法要求，可以总结如下。

① 保证目标描述了论证中的主张（即前提和结论）。每个保证目标应包含一个保证目标主张，一般为命题形式，可以用是或否来回答，以名词短语+动词短语句子的形式来表达。例如，"控制系统运行时是安全的"是一个保证目标。

② 策略描述了连接保证目标和子保证目标的推理关系或论证方法，策略内容包含对论证方法的简要描述。例如，"论证每个被识别的危险的处理情况"是一个策略。

③ 解决方案不给出任何主张，只是为某一特定主张提供支持的证据。因此，它们应被表述为名词短语。例如，"故障树分析结果"是一个 GSN 解决方案。

④ 背景存在两种形式。如果背景是对某种人工制品的引用，则背景应以名词短语的形式表达；当背景陈述某些解释性信息（如某些术语的定义）时，应使用名词短语+动词短语结构的形式表达。例如，"控制系统的定义"是一个背景。

⑤ 假设和合理性解释为正确理解保证举证提供了必要的补充信息。这些信息在必要时可使用名词短语+动词短语的完整句子结构形式表达。例如，"所有危险均被识别"是一个假设，"灾难性风险的阈值为 1×10^{-6}"是一个合理性解释。

⑥ 基本符号可分为两类：事件符号和连线符号。事件符号包括保证目标、策略、解决方案、背景、假设和合理性解释。对于一个基于 GSN 表述的软件保证举证，保证目标、策略和解决方案是其中的核心元素，而背景、假设和合理性解释是保证目标和策略的附属信息，是进一步解释和补充核心元素的。连线符号包括推理/证据连线和语境连线。

⑦ 基本符号之间不是孤立的，是存在关联关系的。GSN 的基本符号是通过连线进行关联的，关联有两种，即推理/证据关联和语境关联。

（a）保证目标与子保证目标之间、保证目标与策略之间、保证目标与解决方案之间、解决方案与策略之间存在推理/证据关联。

（b）保证目标与背景之间、保证目标与合理性解释之间、保证目标与假设之间、策略与背景之间、策略与合理性解释之间、策略与假设之间、解决方案与背景之间、解决方案与合理性解释之间、解决方案与假设之间存在语境关联。

（c）背景、合理性解释、假设之间没有关联。

关联的多重性是指实体中有多少个对象与关联的实体的一个对象相关。关联重数可用对象图关联连线的末端的特定符号表示，如图 1-14 所示。小实心圆表示 0 个或多个，小空心圆表示 0 个或 1 个，没有符号表示的是一对一关联。

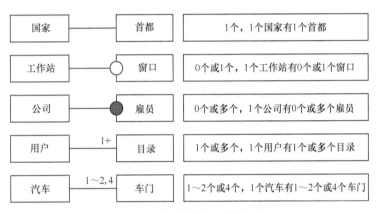

图 1-14 关联重数的对象图表示

经分析 GSN 基本符号之间的关联关系，可得 GSN 基本符号之间的关联重数如下：

- ➤ 1 个保证目标关联 0 个或多个背景；
- ➤ 1 个保证目标关联 0 个或多个合理性解释；
- ➤ 1 个保证目标关联 0 个或多个假设；
- ➤ 1 个保证目标关联 0 个或多个其他保证目标；
- ➤ 1 个保证目标关联 0 个或多个策略；
- ➤ 1 个保证目标关联 0 个或多个解决方案；
- ➤ 1 个保证目标至少关联保证目标、策略和解决方案中的 1 个；
- ➤ 1 个保证目标不能既关联保证目标又关联解决方案；
- ➤ 1 个保证目标不能既关联策略又关联解决方案；

- ➤ 1 个策略关联 0 个或多个背景；
- ➤ 1 个策略关联 0 个或多个合理性解释；
- ➤ 1 个策略关联 0 个或多个假设；
- ➤ 1 个策略至少关联 1 个保证目标；
- ➤ 1 个解决方案关联 0 个或多个背景。

表 1-2 所示为基于 GSN 开发保证举证的规则。

表 1-2　基于 GSN 开发保证举证的规则

GSN 基本符号	关联对象	关联关系	关联重数	备注
保证目标	策略	推理/证据关联	0 个或多个	至少关联保证目标、策略和解决方案中的 1 个，解决方案与策略、保证目标不能同时存在
	解决方案		0 个或多个	
	其他保证目标		0 个或多个	
	背景	语境关联	0 个或多个	——
	合理性解释		0 个或多个	
	假设		0 个或多个	
策略	保证目标	推理/证据关联	1 个或多个	——
	背景	语境关联	0 个或多个	——
	合理性解释		0 个或多个	
	假设		0 个或多个	

1.4.2　GSN 的模式符号

GSN 的模式符号是为了表述保证举证模式，而保证举证模式是为了解决保证举证复用而提出的。"模式"的概念由来已久，Kelly 教授在他的研究中将模式的概念扩展到安全性领域的保证举证中，提出了安全性举证模式的概念，该模式是针对一些通用的安全性举证建立的固定模板，如果遇到类似的情况，可以根据这些模式进行实例化。这一概念也推广到其他领域的保证举证中，保证举证模式的研究与构建的意义主要体现在以下两个方面。

① 使保证举证复用变成可能，对于一些通用性比较强的保证举证，建立对应的模式可以减少工作量，提高保证举证的开发效率。

② 保证举证模式体现了过去有用的经验知识，使论证可以继承，提高了保证举证构建的准确性。

1. GSN 模式符号的表示

GSN 从结构抽象和元素抽象两个方面表示模式符号。

① 结构抽象，即对论证结构进行概括和抽象，允许将存在于 GSN 论证结构中元素对应的两个具体实例之间的关系抽象为类之间的关系（一对一和一对多的关系）。例如，一个特定的保证目标主张存在五个可能的论证策略，实例化时至少必须选择两个论证策略以支持该保证目标主张，那可以将此论证结构抽象为 5 选 2 的论证模式。

② 元素抽象，即对论证结构中的一个元素进行概括和抽象，允许在 GSN 的基本符号的类和实例之间做出区分。例如，对于一个声称有特定故障率的保证目标主张，可以将解决方案抽象为"定量证据"，而不指定具体解决方案是"故障树分析"还是"马尔可夫建模"，一切等实例化时再确定。

（1）GSN 结构抽象模式符号

GSN 中的结构抽象包含下面两类。

① 多重性——GSN 基本符号之间的广义 n 元关系；

② 可选性——GSN 基本符号之间的可选和备选关系。

表 1-3 所示为在 GSN 推理和语境关系基础上扩展形成的 GSN 结构抽象模式符号及相关解释，这些符号被定义为装饰标记使用。

表 1-3　GSN 结构抽象模式符号及相关解释

符号	相关解释
	实心圆是多个实例化的结构抽象模式符号，代表 0 个或多个； 实心圆旁边的可选标签 n 或 $0..x$ 表示关系的基数，为与相关的可实例化参数； 如果未包含任何标签，则基数可以是从 1 开始的任何值； 如果要求基数从零开始，则应明确声明。例如 $0..x$ 表明可能有 0 到 x 个分支，可以写为 $0 \leqslant n \leqslant x$； 如果标签为 n，则基数可以是从 $1 \sim n$ 之间的任何值
	空心圆是可选实例化的结构抽象模式符号，代表 0 个或 1 个； 可选实例化意味着推理关系和语境关系可以实例化，也可以不实例化
	实心菱形是选择实例化的结构抽象模式符号，代表从 n 个中选择 m 个（$m \leqslant n$）； 菱形旁边的可选标签表示关系的基数。它可以表示为可实例化参数。如果不包括任何标签，则基数可以是从 1 到支持元素数的任意值； 与实心圆相比，这里的 n 为不同关系，一般表现为分支形式

图 1-15 所示为 GSN 选择模式符号实例，一个保证目标可以由三个可能的子保证目标中的任何一个来支持。

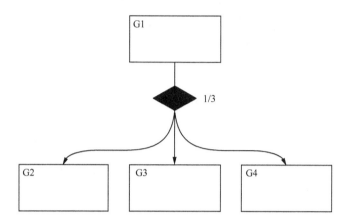

图 1-15　GSN 选择模式符号实例

（2）GSN 元素抽象模式符号

表 1-4 所示为 GSN 元素抽象模式符号及相关解释，这些符号被定义为装饰标记使用。

表 1-4　GSN 元素抽象模式符号及相关解释

符号	相关解释
△	代表描述的 GSN 基本符号未进行实例化，应用时还需进一步实例化，即在具体使用时，"抽象"元素需要用更具体的实例替换（实例化）。 此符号可以应用于任何 GSN 基本符号，并且应用于符号的底部中心
◇	代表描述的 GSN 基本符号未完全开发，应用时还需进一步开发。 此符号可以应用于任何 GSN 基本符号，并且应用于符号的底部中心
◈	代表描述的 GSN 基本符号未完全开发和未实例化，应用时还需进一步开发和实例化。 此符号可以应用于任何 GSN 基本符号，并且应用于符号的底部中心

图 1-16 所示为应用 GSN 模式符号构建的软件保证举证模式结构实例。在应用该模式时需要进行相应的选择、开发和实例化。

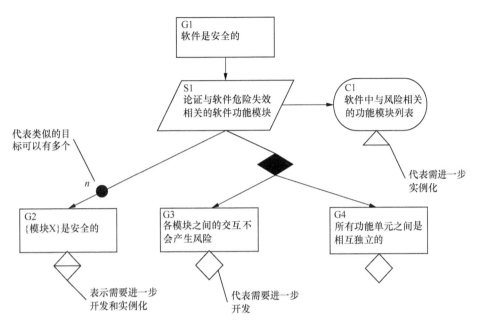

图 1-16 应用 GSN 模式符号构建的软件保证举证模式结构实例

2. GSN 模式的组成

一个 GSN 模式不仅仅是 GSN 基本符号和 GSN 模式符号的集合，还应该有一个支持性的模式组成部分来描述其基本意图、使用限制等。每个模式应该有一个唯一的模式标识符来与其他模式形成区别。表 1-5 所示为 GSN 模式的组成部分及相关解释。

表 1-5 GSN 模式的组成部分及相关解释

序号	组成部分	相关解释
1	名称	名称是识别该模式的标签，应该有意义地传达所提出的主要论证思路，可能伴随着一个或多个别名。这些别名是该模式的替代标识，也可以用来指代该模式
2	意图	意图用于清楚地说明该模式的目的
3	动机	动机用来说明为什么要创建该模式，可以用以前的经验来表达
4	结构	结构是使用模式符号构建的 GSN 模式，明确指出了论证需要进一步开发或补充细节的地方，以便在特定情况下实例化模式
5	适用性	适用性说明了在什么情况下可以应用该模式，明确该模式所依据的假设和原则，以避免在不匹配情况下的不适当应用。该部分应描述应用该模式所需要的背景信息
6	影响	影响清楚地说明了在应用该模式后还有哪些工作需要处理，并强调在哪些方面还需要进一步支持论据，以及需要解除的假设
7	实现	实现说明了如何应用该模式。例如，应以何种顺序开发元素、有助于成功应用的提示或技术、应用该模式的常见或公认的陷阱等

序号	组成部分	相关解释
8	实例	实例为应用该模式提供了参考，对比较抽象的模式应用是有帮助的
9	已知用途	已知用途提供了该模式的已知应用，可以作为额外的例子
10	相关模式	相关模式指明了与该模式相关的模式

1.4.3　GSN 的模块符号

随着软件的复杂化，相应的软件保证举证的规模也变得很大、结构也越来越复杂。在这种背景下，Kelly[13]提出了一系列的 GSN 模块化技术来更好地开发和管理保证举证。保证举证结构可以划分为单独但相互关联的模块，包括论证视图 GSN 模块符号、架构视图 GSN 模块符号及模块接口等内容。

1. 论证视图 GSN 模块符号

论证视图描述了单独模块内的保证举证视图，其 GSN 模块符号包括远保证目标（Away Goal）、远解决方案（Away Solution）、远背景（Away Context）、远假设（Away Assumption）、远合理性解释（Away Justification）、模块引用（Module Reference）、契约引用（Contract Reference）等符号。这几种符号的表示及相关解释如表 1-6 所示。

表 1-6　论证视图 GSN 模块符号

符号	相关解释
{目标标识}　<目标描述>　{模块标识}	名称：远保证目标 外形：一个矩形，在矩形的下半部分有一个分隔线。该线下部分区域包含一个微型阴影的模块符号，指明最初声明该保证目标的所在模块 含义：代表一个非本地的保证目标，这个保证目标被另一个模块中的论据支持。下方的模块标识指明是哪个模块对这个非本地保证目标的支持
{解决方案标识}　<解决方案描述>　{模块标识}	名称：远解决方案 外形：一个矩形上面坐着一个半椭圆形。矩形区域包含一个微型阴影的模块符号，指明最初声明该解决方案的所在模块 含义：代表一个其他模块中呈现出的解决方案。下方的模块标识指明是哪个模块中的解决方案

续表

符号	相关解释
{背景标识} <背景描述> {模块标识}	名称：远背景 外形：一个矩形上面坐着一个半椭圆形，半椭圆形的顶部被削平。矩形区域包含一个微型阴影的模块符号，指明最初声明该背景的所在模块 含义：代表一个其他模块中呈现出的背景信息。下方的模块标识指明是哪个模块中的背景信息
A {假设标识} <假设描述> {模块标识}	名称：远假设 外形：一个矩形上面坐着一个半椭圆形，字母"A"位于右上角。矩形区域包含一个微型阴影的模块符号，指明最初声明该假设的所在模块 含义：代表一个其他模块中呈现出的假设信息。下方的模块标识指明是哪个模块中的假设信息
J {合理性解释标识} <合理性解释描述> {模块标识}	名称：远合理性解释 外形：一个矩形上面坐着一个半椭圆形，字母"J"位于右上角。矩形区域包含一个微型阴影的模块符号，指明最初声明该合理性解释的所在模块 含义：代表一个其他模块中呈现出的合理性解释信息。下方的模块标识指明是哪个模块中的合理性解释信息

注：
① 对于上面所有模块元素符号，都有一个模块标识，该标识是最初声明它的所在模块标识；
② 模块标识是最初声明元素符号所在模块的标识符

符号	相关解释
{模块标识} <模块描述>	名称：模块引用 外形：一个大的矩形，左上角有一个相连接的小矩形 含义：作为一种对某模块的引用。模块引用指向所引用模块中包含的整个论证结构，而不仅仅指向单个部分
{契约标识} <契约描述>	名称：契约引用 外形：一个大的矩形，左上角与右下角各有一个相连接的小矩形 含义：表示对一个契约模块的引用。这种契约模块包含了对两个模块之间关系的论证，是两个模块之间的接口。契约引用指向所引用契约模块中包含的整个论证结构，而不仅仅指向单个部分。契约引用不能在模块引用中使用
公开指示符	名称：公开指示符 外形：一个小型的模块引用符号，叠加在保证目标、解决方案、背景、假设或合理性解释符号的右上角使用 含义：代表该元素在模块中的一个或多个接口中是公开可视的，并可以被引用为远保证目标、远解决方案、远背景、远假设和远合理性解释

符号	相关解释
契约支持符	名称：契约支持符 外形：一个小型的契约引用符号，叠加位于其相关保证目标的正下方 含义：表示对所附保证目标的支持是通过另一个模块提供的，该模块连接于尚未公开的契约模块，在后续的某个阶段，既可以更新元素以使用命名契约模块的支持来替换此符号，也可以保持原样 此符号只能关联于保证目标元素，并且可以与"待实例化"结合使用，但与"待开发"互斥 此符号不能在契约模块中使用
	名称：推理/证据连线 含义：表示推理或论据关系。除了支持 GSN 基本符号之间关联，还支持与下面模块符号之间的关联：保证目标与远保证目标、保证目标与远解决方案、保证目标与模块引用、保证目标与契约引用、策略与远保证目标 除此之外，还支持下面符号之间的关联：远保证目标与保证目标、远保证目标与策略、远保证目标与远保证目标
	名称：语境连线 含义：表示一种背景关系。除了支持 GSN 基本符号之间关联，还支持下面模块符号之间的关联：保证目标与远背景、保证目标与远假设、保证目标与远合理性解释、保证目标与远模块引用、策略与远背景、策略与远假设、策略与远合理性解释、策略与远模块引用 除此之外，还支持下面符号之间的关联：远保证目标与远背景、远保证目标与远假设、远保证目标与远合理性解释

2. 论证视图 GSN 模块符号的应用

基于 GSN 的基本符号和模块符号可以构建 GSN 模块。应用远保证目标、远解决方案和远背景是对所引用模块中的保证目标、解决方案或背景的引用。

引用另一个模块支持论证可以用多种方式表示。图 1-17 所示为远保证目标应用实例，通过这种方式，父保证目标（模块'A'中的目标）由所引用模块中的远保证目标（模块'B'中的目标）支持。通过建立父保证目标与远保证目标的关系，不仅表明远保证目标对父保证目标支持的推断，而且还表明远保证目标的背景和假设与父保证目标的背景和假设是一致的。

图 1-18 所示为契约引用应用实例。其中，父保证目标由未指定模块中的论证支持，支持关系的契约在

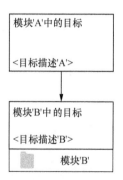

图 1-17 远保证目标应用实例

未指定契约模块中显式实例化。

图 1-19 所示为未指定实例化支持关系的契约模块，应参考相关的更高层次的论证抽象，它将指示在何处指定所需的契约细节。

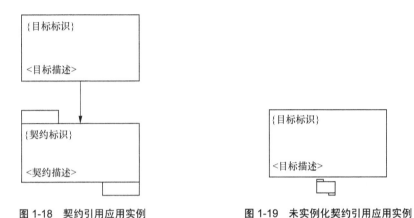

图 1-18　契约引用应用实例　　　　　　　　图 1-19　未实例化契约引用应用实例

图 1-20 所示为模块引用应用实例，模块引用元素直接支持父保证目标，这表示父保证目标由被引用模块的整个论证支持。

在某些情况下，当一个保证目标或策略需要更充分的合理性解释时，GSN 的基本符号可能无法满足要求。在这种情况下，可以用一个远保证目标来代替合理性解释，使得能够调用远程模块支持论证。图 1-21 所示为使用远保证目标替代合理性解释应用实例。

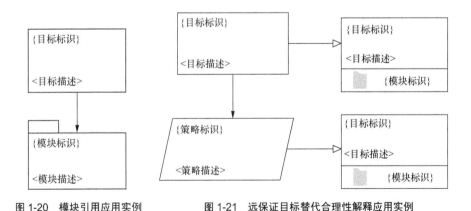

图 1-20　模块引用应用实例　　　　　图 1-21　远保证目标替代合理性解释应用实例

图 1-22 所示为应用 GSN 的模块符号构建软件保证举证模块的实例。

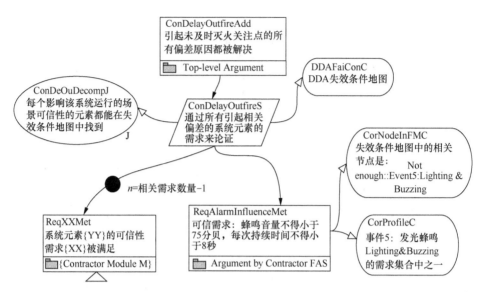

图 1-22　应用 GSN 模块符号构建软件保证举证模块实例

3. 架构视图 GSN 模块符号

架构视图提供了论证模块之间关系的抽象视图。架构视图中推理连线和语境连线的使用得到了扩展，模块内 GSN 各个元素之间的推理/论证连线和语境连线的使用与它们在架构视图中的使用有明显的区别。表 1-7 所示对此进行了说明。

表 1-7　架构视图 GSN 模块符号

符号	相关解释
{模块标识} <模块描述>	名称：模块符号 外形：一个大的矩形，左上角有一个相连接的小矩形，且左上角连接处是开口无连线的 含义：在架构视图中使用模块符号来表示论证模块；模块标识可位于符号内部（如左图所示）或符号正下方；符号内部的模块描述是可选的
{契约标识} <契约描述> {契约标识}	名称：契约符号 外形：一个大的矩形，左上角与右下角各有一个相连接的小矩形，且左上角与右下角连接处是开口无连线的 含义：在架构视图中，契约符号用于表示一种特殊类型的模块，该模块定义论证模块接口之间的关系，并显示一个模块如何支持另一个模块中的论证；两种可选契约模块符号可用于适应架构的不同呈现风格；契约标识可位于符号内部（如左图所示）或符号正下方。符号内部的契约描述是可选的

30

续表

符号	相关解释
□ {接口标识} {模块标识} □ {接口标识} 　　　　　{接口标识} ＜模块描述＞ 　　　{接口标识}	名称：模块接口连接器符号 外形：模块符号的基础上，在其边界上叠加小正方形 含义：此符号可以选择性地添加，以帮助模块间关系使用的特定接口（由{接口标识}指定）的清晰性；如果未声明任何接口，则假定为默认接口
→ ⇾	名称：模块推理连线（实心箭头）、模块语境连线（空心箭头） 含义：表示模块内元素之间的一个或多个推理/语境关系
⇉	名称：组合连线 含义：当模块之间同时存在推理和语境的组合关系时，使用组合连线
⇦ ⇔ ⇚⇛ ←	名称：双向连线 含义：模块之间的推理/语境关系可能是双向的，因此，可以在任意一端和任意组合中使用任何推理、语境或复合箭头来显示该关系；左图显示了可能组合的部分此类连线

4. 架构视图 GSN 模块符号的应用

基于架构视图表示一个论证保证举证结构的抽象是很有用的。抽象的过程隐藏了论证的详细结构，且保证目标、策略、解决方案和背景在架构中没有显示，只描述了模块之间的关系，从而降低了论证的复杂性。

图 1-23 所示为模块之间的支持论证关系。这种关系表明，模块 1 中存在一个或多个保证目标、策略得到了模块 2 中一个或多个保证目标、策略的支持，模块 1 和模块 3 的关系也是如此。没有任何推论表明模块 2 和模块 3 中提供的支持性论据一定支持模块 1 相同的保证目标。一个模块既能提供支持，又能得到另一个模块的支持，在论证模块中不产生循环关系的前提下，这是完全允许的。

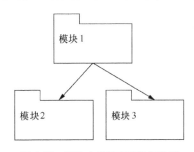

图 1-23　模块之间的支持论证关系

契约模块可以在模块间的支持论证关系中使用，如图 1-24 所示。图中显示了契约模块符号的完整和简单两种应用形式，可以使用任何一种形式。如果论证的最终支持来源不明，就可以通过使用契约模块来构建论证结构。

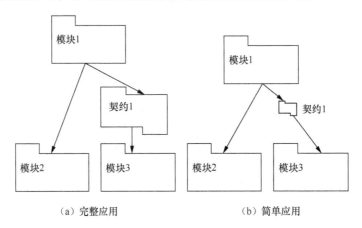

（a）完整应用　　　　　　　　　（b）简单应用

图 1-24　契约模块的应用

图 1-25 所示为两个论证模块之间的语境关系，模块 1 存在一个或多保证目标、策略引用模块 5 中的上下文信息。

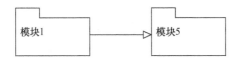

图 1-25　两个论证模块之间的语境关系

模块接口连接器可以直观地帮助了解模块间关联于哪一个特定的接口，并且在模块间存在多种这种关系的情况下，可以用来提供更清晰的信息。图 1-26 所示表明模块 2 和模块 3 存在单独的接口用于支持模块 1。

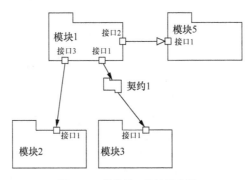

图 1-26　模块接口连接符应用

5. 模块接口

模块接口确定了一个模块所包含论证中可被其他模块引用和支持的可见元素。GSN 模块符号提供了下面两种方式使论证结构中的元素可见。

① 分享论证结构，涉及所有 GSN 的基本符号和它们的关系，相当于分享由 GSN 的基本符号创建的论证结构，使其完全可见，且能够引用论证结构的任何 GSN 符号。一般通过应用公共标识符来表明哪些 GSN 的基本符号被分享，可被引用。

② 分享一个已发布的模块接口，只包含相关的符号元素子集，用来限制完整论证结构的可见性，以便执行隐私（例如出于知识产权的原因）、隐藏复杂性（例如为了可理解性）或辅助配置管理（例如通过强制引用仅被声明为公开的保证目标）。

上面两种方式也可组合使用。例如，通过分享完整的论证结构或其子集供引用，同时分享选定的一个或多个接口，以使该模块在更大的论证中得到关联。

模块接口决定了论证结构中哪些符号元素被公开。一般的原则是模块内尽量做到最大可见性，因此提倡尽可能多的元素被公开。模块之间如何通过模块接口进行关联呢？一般是通过模块之间的契约将它们的接口联系起来，组成一个更大的论证。有以下两种方式可以表示模块接口之间的契约。

① 最简单的形式是使用"远"引用（如远保证目标、远解决方案或远背景）来创建模块之间的关系，从而会产生一个隐式契约。图 1-27 所示为使用"远"引用表示模块接口之间的契约，说明了契约模块的论证是如何与它所支持的模块相关联的。

② 明确定义模块接口，直接使用契约符号建立关联。一个模块可以定义一个或多个接口，每个接口应该有一个唯一的{接口标识}。在图 1-28 中，使用直接契约符号建立了模块的关联，描述了包含其他模块的模块间的关联，高层模块显示了在关联中使用的具体接口，而在所包含的模块中则省略了接口信息，以避免图表的混乱。

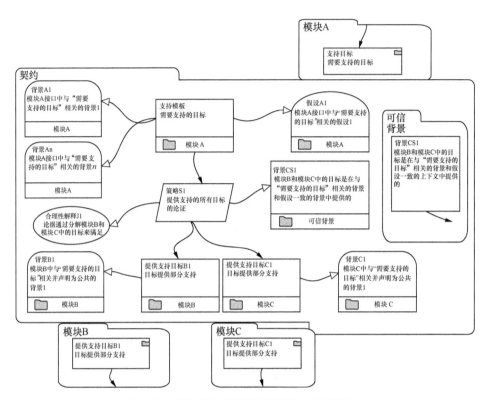

图 1-27　使用"远"引用表示模块接口之间的契约

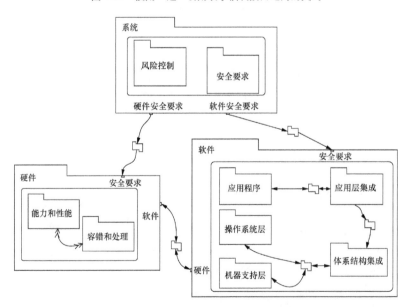

图 1-28　直接契约符号建立模块关联

1.4.4　GSN 软件保证举证的构建流程

GSN 软件保证举证的构建方式包含两种：一种是自顶向下的构建方式；另一种是自底向上的构建方式。

1. 自顶向下的构建方式

Kelly 给出了自顶向下构建 GSN 软件保证举证的流程，如图 1-29 所示。该流程是递归的。首先确定论证的软件保证目标（步骤 1）并使用 GSN 目标来表示，解释软件保证目标的相关含义（步骤 2）并用 GSN 背景、假设、合理性解释来表示；然后确定支持论证软件保证目标的策略（步骤 3），解释策略的相关含义（步骤 4）并用 GSN 背景、假设、合理性解释进行详细论证；最后确定必需的解决方案（步骤 6），在某些情况下，可以通过引用一些基本的证据来直接支持该软件保证目标。然而，更常见的情况是，进一步阐述策略，确定一些新的中间的子软件保证目标（步骤 5），在这种情况下，重复之前的步骤，逐步完善论证，使之达到一个足够详细的水平，以便能够用证据直接支持该软件保证目标。

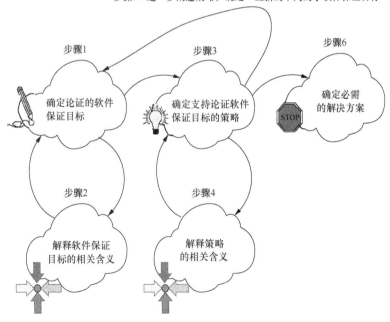

图 1-29　自顶向下构建 GSN 软件保证举证的流程

35

下面对自顶向下构建 GSN 软件保证举证流程中的各步骤进行详细介绍。

步骤 1：确定论证的软件保证目标

软件保证目标是要论证的对象，必须是二元的"主谓结构"，只能成立或不成立，主语是软件保证目标主体，谓语是软件保证目标行为。软件保证目标可以是客观论证对象，也可包含主观性观点。

这一步的目的是确定软件保证举证结构中最顶层软件保证目标，即论证的其余部分应该支持的主张。在最顶层软件保证目标中提出的主张要有适当的详细描述，这一点很重要，因为必须考虑到读者的可能反应。如果主张描述过于简单，有可能使读者在低水平上得出结论，阻碍了从子软件保证目标推导出最顶层软件保证目标的论证过程。图 1-30 所示为一个最顶层软件保证目标的实例。

G1
在CCC Whatford Plant
内操作压力机的安全是
可接受的

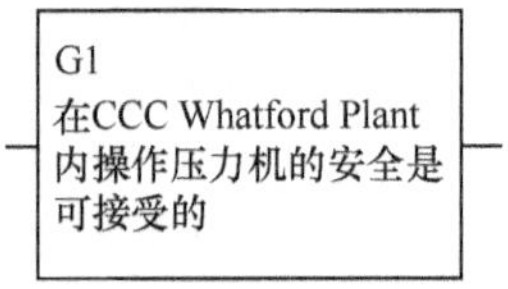

图 1-30 最顶层软件保证目标的实例

步骤 2：解释软件保证目标的相关含义

这一步的目的是确定软件保证目标的背景、假设、合理性解释等附加要素，并对软件保证目标涉及的术语进行解释，如软件保证目标"软件的安全性是可接受的"，须对"可接受"等术语做出界定。

在 GSN 目标论证结构中提出的主张，只有在其内容明确描述的基础上，才能被评价为"成立"或"有效"；没有任何主张可以被假定为具有"普遍有效性"。需要确保读者对该主张的上下文信息有充分和正确的理解，以便能够更好地评定该主张是否"成立"或"有效"。

背景用于指代系统信息、人工制品或流程。图 1-31 所示为软件保证目标关联的背景信息，以阐明软件保证目标中引入的概念。软件保证目标 G2 中的主张引入了三个可能需要进一步阐明的术语："系统实施""承包商"和"安全原则"。背景 C1 和 C3 阐述了第一个术语和第三个术语，背景 C2 对第二个术语进行了解释。

有下面两点值得注意。

① 与某一特定软件保证目标相关的背景信息范畴，被理解为涵盖支持该目标的所有子软件保证目标的范围。因此，在确定是否需要额外的背景信息时，应该检查软件保证目标描述中有没有在继承范围内定义的术语和概念。由于背景信息

在论证结构中做了说明，所以在支持背景信息的软件保证目标论证中，不应存在任何与软件保证目标和背景之间关系相矛盾的描述。

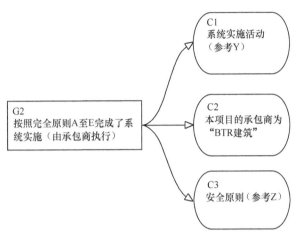

图 1-31　软件保证目标关联的背景信息

②　对软件保证目标陈述中使用的每个术语进行定义并不总是合适的，也没有必要。首先，使用背景的目的是为了确保对软件保证目标陈述有一个共同的理解。因此，在某些情况下可以对那些都很熟悉的术语和概念不做进一步的定义。其次，某些术语的定义可以由目标论证结构整个论证过程提供。例如，考虑一个顶层软件保证目标"系统 X 是安全的"。这个陈述似乎包含了两个需要定义的术语："系统 X"和"安全"。"系统 X"可以使用 GSN 背景元素通过一些模型信息来阐明。然而，目标论证结构的目的是论证"安全"一词的含义——由支持这一顶层软件保证目标的任何论据定义。因此，在目标论证结构的顶层，"安全"一词可以不用定义。

例如，在图 1-32 所示的带背景信息解释的软件保证目标实例中，概念"压力机""操作"和"CCC Whatford Plant"通过 GSN 背景元素进行定义，"安全是可接受"这一概念留待通过支持性论证来定义。

图 1-32　带背景信息解释的软件保证目标实例

步骤 3：确定支持论证软件保证目标的策略

策略的作用是给出软件保证目标分解的方法，对上层软件保证目标进行不同角度的分解和细化，阐述子软件保证目标和上层软件保证目标之间的关系，但并不是所有的软件保证目标分解都需要策略。

在确定和陈述一个软件保证目标，并明确说明它的背景信息之后，下一个任务是找出如何证实该软件保证目标的主张，并应该注意以下问题。

① 有什么理由能论证这个软件保证目标是成立的？

② 哪些陈述能使读者相信该软件保证目标是成立的？

这一步的目的是找到论证方法即策略，这些方法将产生更多的软件保证目标陈述，而这些目标陈述在某种程度上比最顶层软件保证目标更容易得到支持。其中，一种方法是"分而治之"，即把一个高层次的软件保证目标分解成若干"小"软件保证目标即子软件保证目标，满足所有这些子软件保证目标就足以支持上层软件保证目标。图 1-33 给出了这种方法的实例。

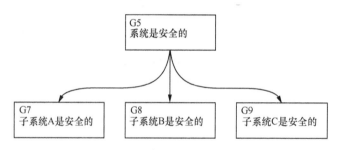

图 1-33　分解软件保证目标实例

另一种方法是重新陈述原来主张，使与之有关的具体应用或最终用来支持论证的证据更密切相关。图 1-34 所示描述了这种方法。

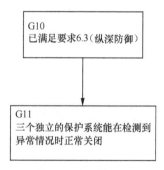

图 1-34　解释或具体化分解软件保证目标实例

诸如上述的论证方法在 GSN 中使用策略元素来表示。策略元素的作用是解释连接上层软件保证目标和子软件保证目标之间的逻辑。如下式所示，可以把 GSN 策略的作用看成类似于数学计算中两行之间的解释。

$$3xy^3+2x^2y^2+5xy=17y（方程两边同时除以 y）$$

$$3xy^2+2x^2y+5x=17$$

这里采用的策略是将第一行方程两边同时除以 y 得到第二行方程，从而提供明确的解释可以让读者更清楚地理解两个方程的前后逻辑关系。

例如，图 1-35 所示为论证"在 CCC Whatford Plant 内操作压力机的安全是可接受的"的策略。策略 S1 和策略 S2 明确指出了为支持软件保证目标 G1 中的主张而提出的两个论证方法。

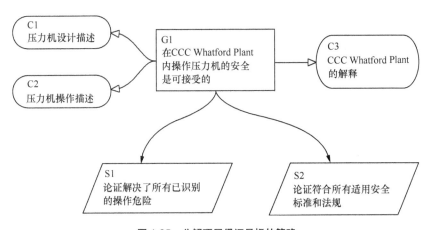

图 1-35 分解顶层保证目标的策略

步骤 4：解释策略的相关含义

这一步的目的是明确论证策略的背景、假设、合理性解释等相关的上下文信息。

确定论证策略陈述时需要进一步解释相关的上下文信息，以更好地理解 GSN 策略元素所描述的论证方法，并使用该策略来推导子保证目标。识别策略的上下文信息过程与步骤 2 中软件保证目标识别上下文信息过程相同：应检查和评估策略中已经引入但没有明确定义的术语或概念。例如，图 1-35 所示的分解策略 S1"论证解决了所有已识别的操作危险"，必须解释所有已识别的操作危险是哪些，并与策略 S1 联系起来，以便对目标 G1 进行分解。为策略添加背景信息的实例如图 1-36 所示。

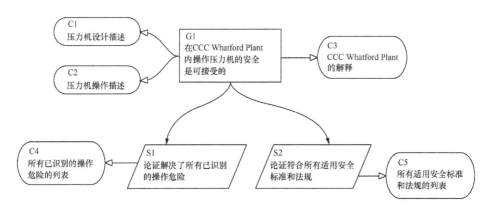

图 1-36　为策略添加背景信息的实例

除了术语的定义外，论证策略的上下文信息可能还包括关于采用该策略的理由。在 GSN 中，这是通过使用假设元素和合理性解释元素来实现的。假设元素记录任何关于系统、操作环境、用户或策略所依赖环境等的内容。假设是一个被断言为真的命题，因此没有必要对其做进一步论证。合理性解释元素记录策略作为支持特定保证目标论证方法的原因，或者提供所采用策略是充分的理由。质疑所采用的论证方法是否合适或充分时，应在策略要素上附上适当的合理性解释。同样地，在确定论证策略时也应添加任何重要的假设。

步骤 5：进一步阐述策略，确定一些新的中间的子软件保证目标，回到步骤 1，或到步骤 6

这一步的目的是按照策略分解软件保证目标，得到相应的子保证目标。如果需要继续分解，还要返回步骤 1 反复进行这些论证步骤，否则转入步骤 6。

需要注意的是，策略只是阐明软件保证目标的主张如何相互关联的一种手段。例如，对于一个策略来说，它给出了一个论证方法。如果是关于一个系统的所有组成子系统的，则要为每个子系统提出适当的主张；同样地，如果策略指出应该采用定量论证的方法，那么必须提出定量的主张作为保证目标。因此，步骤 5 可以被认为是对步骤 3 和步骤 4 中确定和阐明的策略进行"穿针引线"。在某些情况下，不使用明确的策略元素，而将策略隐含起来，将保证目标直接分解为子保证目标，可能也是合适的。从逻辑上讲，GSN 目标论证结构中保证目标与子保证目标之间总是有一个策略。

例如，图 1-37 所示为对图 1-36 确定策略的详细阐述实例。策略 S1 涉及背景 C4 中提到的所有已识别的操作危险的列表提出适当的主张（保证目标 G2、G3 和 G4）。同样，策略 S2 涉及背景 C5 中提到的所有适用安全标准和法规的列表。一旦这些标准和法规被确定下来，就会通过为每个确定的标准和法规提出符合要求的主张（保证目标 G5、G6 和 G7）来进一步展开论证。

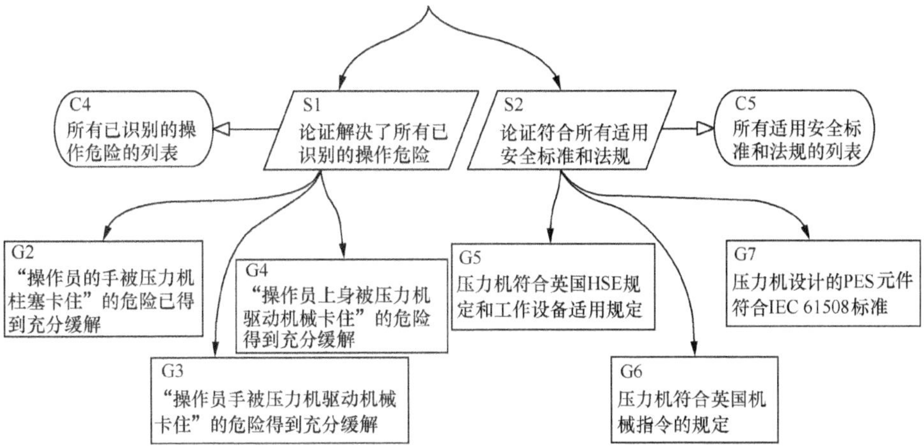

图 1-37　进一步阐述策略实例

　　GSN 目标论证结构继续以这种方式构建，直到明确没有必要进一步分解为子保证目标，而是可以直接通过提供一些证据来支持（步骤 6）。

　　步骤 6：确定必需的解决方案

　　这一步的目的是当子保证目标没有必要再进一步分解时，就需要确定证据作为解决方案以支持这些子保证目标。

　　当最顶层软件保证目标被分解到一定层次不需要进一步扩展、细化或解释时，可以通过直接引用客观证据来支持论证。在 GSN 中，通过解决方案元素来支持保证目标。该解决方案提供了对一些证据项目的参考。图 1-38 所示为支持保证目标 G3 而开发的目标论证结构片段，它是由步骤 5 中策略 S1 的应用得到的，"电机/离合器/传动带周围有安全网罩"为关于压力机设计充分性的证据，由一份检测报告支持。

　　同一层次的保证目标并不总是需要相同层次的分解，例如虽然保证目标 G8 在这一层次上已经结束了，但它的同层次保证目标 G9 却需要进一步论证，直至使其达到可以直接用证据支持的程度。

　　关于 GSN 解决方案元素，有下面三点需要注意。

　　① 由解决方案支持的保证目标应该能从所给证据中直接得出结论。解决方案既要尽可能避免对整个文件的证据引用，又要避免引用过细的证据导致证据不必要的扩散。

　　② 保持保证目标和解决方案之间的一对一的关系。如果存在多项解决方案同时支持某一个保证目标的情况，那么容易出现每项解决方案对支持保证目标的具

体贡献不清楚的问题，这时可以通过增加一个中间层次的保证目标来改进，从而保持保证目标和解决方案之间的一对一关系。

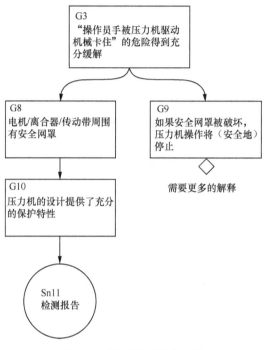

图 1-38　添加解决方案的实例

③ 支持某一保证目标的解决方案也可能成为支持其他保证目标证据素材的一部分。

2. 自底向上的构建方式

有时有必要从现有的证据开始自底向上地构建 GSN 软件保证举证。例如，在已经开展了各种分析与测试等工作，没有计划或要求构建正式的软件保证举证的情况下，或者必须更新或改进现有软件保证举证的情况下，可能出现这种情况。构建软件保证举证，即使是迟来的，也可以缓解一些项目中固有的"没有论据的证据"问题，即向利益相关者或认证机构提交软件保证举证报告集。

通过改编 Kelly 的自顶向下的六个步骤得到自底向上构建 GSN 软件保证举证的流程，如图 1-39 所示。

关于自底向上构建 GSN 软件保证举证方法，有下面几点说明。

① 在自底向上构建 GSN 软件保证举证的过程中，意识到什么能让软件保证

目标得到满足这个认知很重要，同时编制适合的目标论证结构。例如，一个特定系统的安全可能完全取决于物理特征，如地理布局或互锁装置，而不是取决于它是否按照特定的过程开发，因此举证时重点应放在考虑其物理特性的设计上。

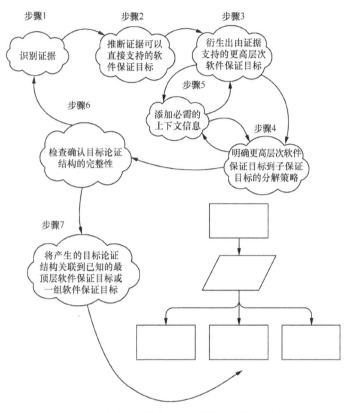

图 1-39 自底向上构建 GSN 软件保证举证的流程

② 从证据推断出适当的主张，能"发现"有可能汇聚在一起支持所期望的最顶层软件保证目标的有用论证结构，这些都需要相当的技巧和直觉。因此，这种方法建议那些在构建 GSN 论证方面已经有经验的人使用。

③ 本方法很少会被孤立地用来形成一个完整的 GSN 目标论证结构，更有可能的是所产生的目标论证结构将关联到一个已经被认知的软件保证举证中。

下面对自底向上构建 GSN 软件保证举证流程中的各步骤进行详细介绍。

步骤 1：识别证据

这一步的目的是识别出所有可以作为解决方案的证据。根据掌握的软件相关资料，收集所有可用的证据作为解决方案元素。

在自底向上构建 GSN 论证时，起点显然是要确定存在哪些软件保证举证相关的证据。例如，典型的安全性证据包括故障树分析和故障模式、影响及危害性分析，如图 1-40 所示。在识别了这些分析结果并作为解决方案之后，应考虑最初开展这些分析的原因。在许多情况下，这将是对另一份文件（通常是危险分析报告）中所述的一些安全性要求的回应，可以指导

图 1-40　典型的源于证据的解决方案

确定这些证据将支持的软件保证目标类型（包括定量和定性）。

步骤 2：推断证据可以直接支持的软件保证目标

这一步的目的是找出步骤 1 中的证据可以直接明确支持的主张，并把这些主张作为软件保证目标元素。有些证据可能可以支持多个软件保证目标，此时应找出最相关、最直接的那个软件保证目标，作为该证据直接支持的软件保证目标。

应仔细审查证据，并提出问题：该证据证明或支持了软件的什么主张？需要从现有证据中推断出来，作为底层的软件保证目标。它们与高层次软件保证目标的不同之处在于，主体是证据而不是需要论证的系统属性。图 1-41 所示为从解决方案直接推断出的软件保证目标。

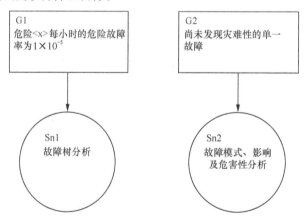

图 1-41　从解决方案直接推断出的软件保证目标

一个特定的证据实际上可能支持几个软件保证目标。如果是这种情况，作为表示每个证据的解决方案应尽可能参考与之最相关证据的某个部分（如报告中的一个段落或章节），图 1-42 所示为这种情况。

步骤 3：衍生出由证据支持的更高层次软件保证目标

这一步的目的是考虑将证据直接推导出的软件保证目标抽象为更高层次的软件保证目标，即在原有底层子软件保证目标的基础上添加上层软件保证目标。

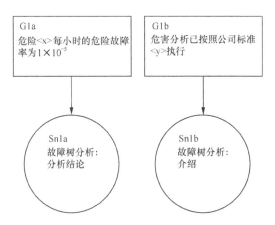

图 1-42 从相似解决方案推断出多保证目标

步骤1和步骤2在GSN目标论证结构的底部构建了一系列的解决方案元素（代表可用的证据）和从解决方案中直接推断出的软件保证目标，接下来就是在论证的更高层次上，进一步增加软件保证目标。图 1-43 所示为添加一个更高层次的软件保证目标的情况。

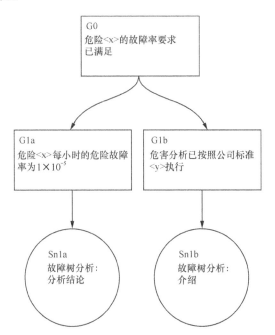

图 1-43 添加一个更高层次的软件保证目标

在这一步中，有下面两点说明。

① 在添加更高层次的软件保证目标时，需要注意避免过快地跳到最顶层软件

保证目标，即在找到有用的论证方法之前，可能有必要对较低层次的软件保证目标进行多次试错组合。

② 软件保证目标论证通常情况下不应只考虑以产品为导向的方法，也可以从像故障树分析中获得过程论证，进一步表明故障树分析结果是值得信赖的。因此，这种思路可以用来支持目标论证结构中基于过程的论证方法。

步骤 4：明确更高层次软件保证目标到子保证目标的分解策略

这一步的目的是说明更高层次软件保证目标到子软件保证目标之间的分解思路，或者明确下一级的子软件保证目标是如何支持上层软件保证目标的。

通过策略元素，可以更好地理解子软件保证目标是如何支持上层软件保证目标中的主张。图 1-44 所示为通过增加一个策略来描述子软件保证目标和其支持的上层软件保证目标之间的论证关系。如果分解策略是显而易见的，可能没有必要把它作为目标论证结构的一部分来明确表示，但即使省略了策略，也要清楚地知道采用了什么分解思路，以便完成后面的步骤。

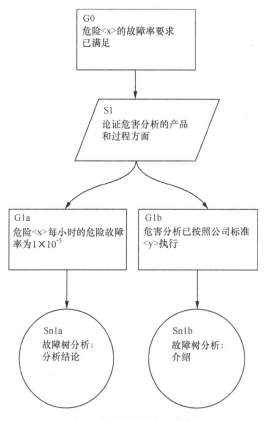

图 1-44 增加保证目标分解策略

步骤 5：添加必需的上下文信息

这一步的目的是给软件保证目标和策略添加必要的相关上下文信息。

从现有的证据中创建一个目标论证结构，可能已经引出了上下文信息，包括背景、假设及合理性解释等 GSN 符号表达的信息。图 1-45 所示为在更高层软件保证目标中添加背景信息的情况。

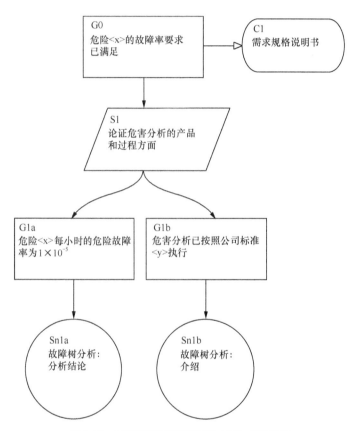

图 1-45 在更高层软件保证目标中添加背景信息

例如，对故障树分析证据支持的软件保证目标可以提供一些相关的上下文信息。

① 一个明确的软件模型，可以作为上下文信息参考，从而明确论证中底层证据支持主张的范围。

② 有关软件使用的假设，如每项任务的小时数、每年的操作小时数。

③ 假设被建模的软件元素之间是相互独立的。

在自底向上地展开论证时，这些考虑对确保软件保证目标的完整性很有帮助。

步骤 6：检查确认目标论证结构的完整性

这一步的目的是每次创建一个上层软件保证目标时，需要检查确认各子软件保证目标是否能够充分支持该上层软件保证目标（应该通过自顶向下方式来加以检查）。这项检查工作还应该涉及在上层软件保证目标和子软件保证目标之间起推理说明的策略。

不管上层软件保证目标在论证结构是如何得出的，建议在每一步都对论证结构进行自顶向下的反思性检查，考虑子软件保证目标是否为新创建的上层软件保证目标中的主张提供了足够的覆盖和支持，以及是否需要任何假设或其他上下文信息做补充说明。这个检查结果可以表明：需要其他支持性子软件保证目标、解决方案或上下文信息；或者需要重新表述上层软件保证目标中提出的主张等。

例如，在图 1-41 ~ 图 1-45 制定的目标论证结构中，自顶向下的反思性检查的一个结果可能是识别出应具有开展故障树分析的能力。

步骤 7：将产生的目标论证结构关联到已知的最顶层软件保证目标或一组软件保证目标

由于得到的可能都是分散的子软件保证目标集合，它们之间的关系比较松散。为了形成一个完整的目标论证结构，最后还需要合并各子软件保证目标以支持一个最顶层软件保证目标。

自底向上的方法很少会被单独用来构建一个完整的 GSN 软件保证目标论证结构，更有可能是将它"连接"到一个已经被认可的软件保证举证的更高层次的软件保证目标上。由于目标论证结构是由现有的证据推断而来的，故应该牢记论证的软件保证目标主张，这样就可以弥补更高一级的已知软件保证目标和现有证据之间推断的缺失。图 1-46 所示为自底向上 GSN 软件保证目标论证结构关联到已知更高层次的软件保证目标。

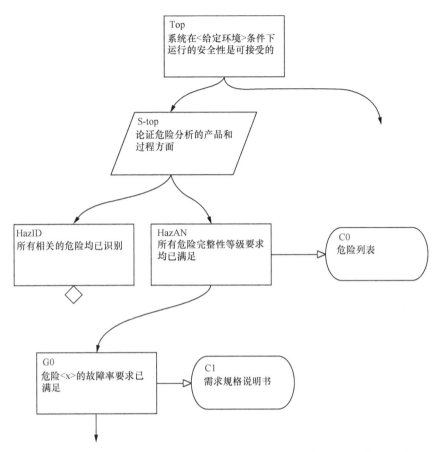

图 1-46 自底向上 GSN 软件保证目标论证结构关联到已知更高层次的软件保证目标

1.4.5 GSN 软件保证举证的构建工具

GSN 是软件保证举证构建中最为常用的图形化表达法。随着软件保证举证的广泛应用，软件保证举证构建工具的研究与开发也成为人们关注的热点。为了提高软件保证举证的开发效率和便于管理软件保证举证，目前有多种基于 GSN 构建和管理软件保证举证的工具，如 ASCE、ISCaDE Pro、D-Case Editor、Atego GSN Modeler、AdvoCATE 等。

ASCE（Assurance and Safety Case Environment）是由 Adelard LLP 公司开发的一款强大的图形和语言编辑工具，也是一款用户友好的软件保证举证商业集成开发工具，为用户构建和管理软件保证举证提供了便利。2020 年 4 月发布的版本 5 是目前最新的版本。该工具同时支持 GSN 及 CAE 两种建模方法；提供框架用于表示模块化举证，并维护管理模块间的联系；还能标识管理所有证据文档，易于跟踪每一个证据的变化。ASCE 几乎所有重要功能都是通过插件来实现的。

ISCaDE Pro 是 RCM2 公司开发的一款基于 DOORS 的多用户、面向对象、网络化、图形表示的软件保证举证商业集成开发工具，最初是为提高铁路领域中的系统安全保证及用户使用质量而开发的一种支持含 GSN 在内的多种举证表述的软件保证举证构建工具，经扩展后可应用于所有的安全关键系统中。ISCaDE Pro 以 DOORS 对象存储每一个可能的危险，并用唯一的标识符标识，对象的属性包括起因分析、发生场景、可能导致的事故、事故发生的概率和严重性、危险减缓与控制、危险源状态等。ISCaDE Pro 兼容世界上大部分安全性标准，提供安全性标准的整体导入，允许用户选择提取相关的准则关联安全性需求，可进行有效的问题追溯，针对每个安全性需求分配测试任务，并进行检验与验证活动；提供了危险源和安全性需求之间可追溯的链接，每一个危险都可以链接到相应的安全性需求上，这样就可以有效地识别和管理危险源；提供了安全性风险分类矩阵功能，可用于分析潜在的安全性风险。

D-Case Editor 是由日本东京大学教授 Yutaka Ishikawa 团队开发的，保证目标是开发可信的嵌入式系统。软件名称首字母 "D" 源自 Dependability，强调的是可信性，主要用于开发软件保证举证。D-Case Editor 基于 Eclipse GMF，是以 Eclipse 插件形式提供的，插件的很多特点跟 Eclipse 插件本身的特点基本一致。因此，软件使用者需要了解 Eclipse 的相关概念及工作流程。

Atego GSN Modeler 是英国约克大学开发的用于设计和文档化软件保证举证的可视化模型构建工具。该工具依赖 Microsoft SQL Server Express 2005、Visual C++ Runtime Libraries(x86)以及.NET Framework 2.0。它主要有以下几个特点：支持 GSN 表示法；提供模型工具用于设计和文档化软件保证举证；易用的导航功能，能在复杂的论证中快速定位。

AdvoCATE 是美国国家航空航天局艾姆斯研究中心为软件保证举证构建的一款自动化工具，在保证举证结构基础之上，提供了独特的功能：使用模式自动创建和组装论证，将形式化方法集成到保证举证中，模块化组织、查询以及论证验证，适用于安全关键领域（例如，核电、铁路运输、国防、医疗设备等）。AdvoCATE 已被用于开发真正的无人驾驶飞机系统及其操作的安全性举证。这些安全性举证成功地接受了监管审查和评估，从而获得了在美国国家领空进行无人机飞行业务的运营资格。AdvoCATE 2.0 是目前的最新版本，是一个 Eclipse 应用程序，有助于创建保证举证，还有助于组织项目保证活动。它围绕一个综合保证模型进行架构，该综合保证模型结合了危险分析、需求、结构化论证和验证等相关工作成果。

除了上述介绍的工具之外，还有 Argevide 开发的 NOR-STA、Critical Systems Labs Inc.开发的 Socrates 等。

上述工具大多具有构建 GSN 软件保证举证的基本功能：支持 GSN 基本符号、GSN 模式符号和 GSN 模块符号构建软件保证举证；一致性规则检查；软件保证举证的保存与输出。同时一些工具还具有各自的功能，例如：

（1）ASCE 同时支持 GSN 及 CAE 两种建模方法，能跟踪每一个证据的变化；

（2）ISCaDE Pro 提供安全性标准的整体导入，允许选择相关的准则关联安全性需求，并可进行有效的追溯；

（3）D-Case Editor 可对保证目标进行定量计算；

（4）AdvoCATE 支持自动创建和组装保证举证，并对保证目标进行度量。

目前上述工具在软件保证举证构建方面都有各自的功能特点和侧重点，可以根据使用需求进行选用。

以上软件保证举证构建工具均具有适用范围广泛、功能全面、操作简单等特点，但大部分属于商业版，价格昂贵，且很多工具不支持中文编辑，这极大地限制了 GSN 在国内软件保证举证中的应用和推广。国内在软件保证举证构建工具方面的研究还不成熟，大多停留在科研阶段。北京航空航天大学研制开发了一款软件保证举证构建工具 CET（CaseEdit Tool），具有支持 GSN 基本符号、GSN 模式符号和 GSN 模块符号构建软件保证举证的功能，同时提供了软件安全性、可靠性、保密性和可信性举证模式库供参考。

| 本章小结 |

目前，通过建立合适的论证结构和证据表明软件保证目标的实现，是开展软件可靠性和安全性等质量属性评估的一种有效手段。本章介绍了软件保证举证的历史由来及意义，从概念、结构、表述方法介绍了软件保证举证的相关知识，重点分析了 GSN 软件保证举证的基本符号、模式符号、模块符号、构建流程以及构建工具，为了解和掌握软件保证举证的相关知识提供参考，也为理解后续章节内容奠定基础。

┃参考文献┃

[1] PHAM H. System software reliability[M]. London: Springer, 2006.

[2] SUN L, ZHANG W, KELLY T. Do safety cases have a role in aircraft certification?[J]. Procedia Engineering, 2011(7): 358-368.

[3] WEAVER R A. The safety of software-constructing and assuring arguments[D]. York: University of York, 2003.

[4] 王英博, 于宗孝, 张海军. 矿山尾矿库 Safety Case 结构研究[J]. 辽宁工程技术大学学报 (自然科学版), 2010, 29(3):377-380.

[5] 李仲学, 曹志国, 赵怡晴. 基于 Safety case 和 PDCA 的尾矿库安全保障体系[J].系统工程理论与实践, 2010, 30(5): 936-944.

[6] 高东, 孙恩吉, 李仲学, 等. 基于证据的熔融金属作业 Safety Case 方法[J]. 中国安全生产科学技术, 2020, 16(3):170-176.

[7] 许国军. 软件安全性举证应用研究及工具开发[D]. 北京: 北京航空航天大学, 2013.

[8] 王博譞. 软件可靠性计划与举证构建技术研究和应用[D]. 北京:北京航空航天大学, 2013.

[9] GÓRSKI J, JARZEBOWICZ A, LESZCZYNA R, et al. Trust case: justifying trust in an IT solution[J]. Reliability Engineering and System Safety, 2005(89): 33-47.

[10] BRAUN P, PHILIPPS J, SCHATZ B, et al. Model-based safety-cases for software-intensive systems[J]. Electronic Notes in Theoretical Computer Science, 2009, 238(4): 71-77.

[11] COURTOIS P. Justifying the dependability of computer-based systems: with applications in nuclear engineering[M]. New York: Springer, 2008.

[12] KELLY T. Arguing safety-a systematic approach to managing safety cases[D]. York: University of York, 1998.

[13] BATE I, KELLY T. Architectural considerations in the certification of modular systems[J]. Reliability Engineering & System Safety, 2003, 81(3): 303-324.

软件安全性举证方法

软件安全性举证是软件保证举证应用于软件安全性领域后的更具体的名称。软件安全性举证提供了软件在规定运行条件下是安全的保证[1]，许多英国标准中已强调构建软件安全性举证的重要性。第 1 章介绍的软件保证举证，只给出了通用的举证论证结构，对举证内容并未阐述，当应用于某个具体领域时，还需专门阐述举证内容。一个具体的软件安全性举证从哪些角度构建、包含哪些内容，是软件安全性举证最为关注的问题，也是软件安全性举证不可回避、必须回答的问题。

本章在介绍软件安全性相关概念的基础上，给出了一种普遍适用于软件安全性举证构建的通用框架。该框架的目的不是提供具体的技术和证据来表明软件的安全性，而是识别出构建软件安全性举证的论据和证据类型，并且独立于具体软件保证举证表述方法。本章阐述了基于 GSN 软件安全性举证模式的框架应用方法和应用实例，以便为软件安全性举证的构建提供指导。

| 2.1　软件安全性举证的基础知识 |

2.1.1　软件安全性的概念

1. 危险

危险是系统及软件安全性分析的核心内容，有多个不同定义。

（1）根据《系统安全性通用大纲》（GJB 900—90）的定义，危险是可能导致事故的状态。

（2）美国《系统安全性大纲要求》（MIL-STD-882C）将危险定义为发生事故的先决条件。

（3）欧洲空间局（European Space Agency，ESA）将危险定义为能造成危害或对安全性具有潜在威胁的源。

由上可以得出，危险是指可能导致事故发生的潜在条件或状态，这种状态包括物质状态、环境状态、人员活动状态以及它们的组合。例如，人站在楼顶边上就是一种危险，如果再加上天正刮着大风，这种状态就变得更加危险。

危险事件是指产生危险的事件，即可能导致发生事故或在事故前所发生的事件。危险事件有燃烧、爆炸、碰撞、破裂、倒塌、落下物、飞来物、触电、强光、毒物、放射性泄漏、高压、高/低温等；与人相关的危险事件有用手代替机器、接触危险部位、不正确工作姿态、在高速运行物下活动、操作失常等。

危险事件的发生可能会导致某种后果。例如，人从楼上掉下来这个危险事件可能会导致人摔伤、摔残，也可能使人致死（这取决于楼的高度、人的身体素质、人掉下的姿势以及楼下地面状况等因素）。

对系统能产生严重后果的危险特性要采取危险消除或危险控制的手段，以提高系统的安全性。消除或控制危险分两步：① 通过危险分析确定危险、危险产生的原因或危险产生过程的各个环节；② 采取危险消除、危险最小化等措施。此处涉及危险分析、危险消除、危险控制和危险最小化的概念。

危险分析：指对系统设计、使用、维修以及和环境有关的所有危险进行系统分析以判别和评价危险或潜在的危险状态、可能的相关危险事件及其危害性。

危险消除：通过消除危险或危险原因来实现。例如，飞船生命保障系统采用纯氧方案是很危险的，容易引起火灾，可改为接近正常大气成分方案来消除危险。

危险控制：针对危险产生过程各环节采取报警、特殊规程等措施以控制严重后果的发生。例如，在容易引起火灾的系统中安装告警系统和自动灭火装置以控制火灾发生。

危险最小化：通过降低危险或危险影响最小化来实现。例如，采用不易燃烧的材料制造飞船可使火灾对飞船的影响减小到最低程度。

2. 事故

《军用软件安全性分析指南》（GJB/Z 142—2004）把事故定义为：造成人员伤亡、职业病、设备损坏或财产损失的一个或一系列意外事件。

事故来源是存在的危险及激发事件。事故可以认为是未能鉴别现实和潜在危险或控制危险措施不合理造成的。在定量危险分析中，概率或频率形式的事故率常被用来衡量事故发生的可能性。事故是由危险引发，但从危险发展成为事故必须有一定条件并经历一个演变过程即系统状态变化过程。

把前面例子串起来：人站在楼顶边上是一种危险，一阵大风吹来是激发原因，人失足坠楼是危险事件，后果是人摔伤致残，造成了事故。从危险到事故的状态变化过程则是以上四者的结合。

3. 风险

风险 R 是用危险可能性 P 和危险严重性 S 标识发生事故的可能程度，可以用以下函数表示：

$$R = f(P, S)$$

4. 可接受风险

众所周知，系统几乎不可能无风险，只是遗留的风险是可接受的。例如，完全无风险的飞机将永远飞不起来，任何一架飞机，其坠毁的潜在可能性仍然存在，只是发生坠毁的可能性很低，是大家可以接受的。图 2-1 所示给出了风险的类型，风险可分为已标识的风险和未标识的风险两类，总体风险去除已消除的标识风险即为残留风险。残留风险是已标识的不可接受风险、已标识的可接受风险和未标识的风险的总和，是转移给用户的全部风险，其中可能含有某些不可接受的风险。因此，软件安全性评估不仅需要关注已标识的风险是否可接受，还需要关注产生未标识的风险的概率有多大。

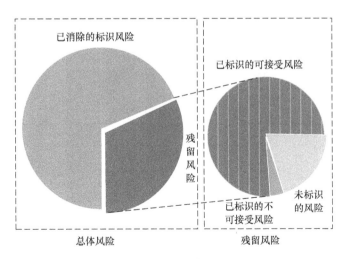

图 2-1　风险类型

可接受风险水平是指社会公众根据主观愿望对风险水平的接受程度。可接受风险是相对于特定事件的风险而言的，风险的可接受值应与不同风险类型和风险定量表示方法对应。目前，风险的类型很多，风险定义还不统一，定量表示方法也存在差异。根据所考虑后果的不同，风险又可分为生命风险、经济风险和环境风险等。其中，生命风险又分为个人生命风险和社会生命风险，可以使用 F-N 曲线法和 ALARP 准则来探讨其可接受度。

必要的风险降低（既可以定性地，也可以定量地说明）是指为满足特定情况下的允许风险（过程安全目标水平）而一定要达到的风险的降低。

5. 软件安全性

"软件安全性"一词最早出现在 1979 年发布的《空间和导弹系统的系统安全性大纲》（Mil-Std-1574A）中，并在 1986 年由美国加利福尼亚大学的 Leveson 教授引入计算机科学领域[2]。安全性多用于刻画具有能量、毒性或能够进行质量运动的物理设备或系统，而软件作为一种寄生性逻辑实体，不会由于能量辐射、毒性挥发、质量运动对人造成伤害或对环境造成破坏。因此，"软件安全性"至今备受争议，甚至被认为是一个误用的术语。

随着用户需求日趋复杂及安全关键系统高安全性的特点，硬件作为保障传统安全关键系统安全性的基础设施已面临着巨大的挑战。软件具有灵活、无物理损耗等固有特性，用于实现安全关键系统安全性方面无疑更具吸引力。值得指出的是，尽管"安全"本身是一个系统问题，作为系统重要组成要素的软件不会直接危及生命、财产和环境等安全，但借助软件实现的人机交互却可能因软件原因造成人员误操作从而形成危险。以航电软件为例，飞机在飞行高度低于预期值时，航电软件应及时发出近地告警提示飞行员，否则容易造成飞机坠毁。

目前，很多标准和学术文章都给出了软件安全性的定义，如表 2-1 所示。

表 2-1　软件安全性的定义

序号	来源	定义描述
1	学者 Leveson[2]	软件安全性涉及确保软件在系统环境中运行而不产生不可接受的风险，同时定义系统安全性是系统工程的一个分支，在整个系统生命周期中，运用科学、管理及工程的原理，在使用效能、时间和费用的约束范围内确保适当的安全性
2	美国国家航空航天局的软件安全性标准	在软件工程和软件保证的方面，提供了一个系统的方法来标识、分析和跟踪危险和危险功能的软件缓解和控制，以确保软件在系统中更加安全地运行

序号	来源	定义描述
3	美国国防部的软件系统安全手册	系统安全性工程（包括软件系统安全性）定义：在系统生命周期各阶段运用工程和管理原理、准则和技术，以便在使用效能、时间和费用的约束范围内使安全性最优并且风险降低
4	《军用软件安全性设计指南》（GJB/Z 102A—2012）	软件运行不引起系统事故的能力
5	《军用软件安全性分析指南》（GJB/Z 142—2004）	软件具有不导致事故发生的能力。确切地说，软件安全性是软件的功能安全性
6	《军用软件质量度量》（GJB 5236—2004）	软件产品在指定使用环境下，达到对人类、业务、软件、财产或环境造成损害的可接受的风险级别的能力

分析以上关于软件安全性的定义，可以得出以下结论。

（1）国外学者和标准中的安全性定义与风险是紧密相连的，而在国内标准中，安全性的定义与可靠性的定义很类似，表征了一种能力。

（2）强调要在系统环境中讨论软件安全性。软件本身只可能引起危险，但不能直接施加危害，软件本身不存在安全性问题，它的安全性体现在对系统的影响上，软件安全性和它所处的系统是一一对应的。

（3）软件安全是一个相对的概念，软件安全性的目的并非追求绝对安全，而是采取各种技术或方法使软件引起的安全风险被控制在可接受范围内。

因此，安全性工作的本质是标识、消除、降低安全性风险，有效地预防和消除任何事故或灾难的发生。软件安全性工作结合系统研制的全生命周期来进行，不仅指导系统的设计和评估，而且能在早期发现安全性问题，进行更改，这样不仅节省费用和时间，也能取得良好的效果。

根据对软件安全性的理解，得出软件安全性的下述定义。

定义　软件安全性：

$$SW\_safety = \int_{SW} R\left[Sys\_safety(SW, HW, Oper, Env)\right] dSW$$

软件安全性（SW_safety）是指既定软件（SW）对既定系统安全性（Sys_safety）的贡献，衡量的是在特定环境下和规定时间内不会因软件原因（含功能失效及系统接口有误等）诱发系统产生不可接受的风险（R）。其中，系统安全性（Sys_safety）是操作人员（Oper）、软件（SW）、硬件（HW）和外部环境（Env）共同作用的结果。外部环境泛指与该系统交互作用的外部系统或其他要素。例如，对飞行控制软件而言，其安全性涉及飞行控制软件内部构件之间的交互，飞行控制软件与飞控系统底层硬件之间的交互，飞控软件与飞行员、综合航电系统等其他系统之间的交互等。

6. 软件安全性与软件可靠性、软件保密性的关系

在可信计算领域，与安全性（Safety）密切相关的术语还包括保密性（Security）、完整性（Integrity）、可靠性（Reliability）、可生存性（Survivability）和可信性（Dependability）。最为相近的两个概念是可靠性和保密性。

（1）软件安全性与软件可靠性的关系

可靠性是软件的一种属性，容易与安全性混为一谈。软件安全性是从系统和危险以及失效影响的角度来定义；而软件可靠性的定义则是软件在规定时间内、规定环境下完成规定任务而不发生失效的能力。因此，软件可靠性解决的是如何减少软件失效的问题，而软件安全性解决的是如何避免或减少与软件相关的危险条件的发生。二者涉及的范畴有交叉，但不完全相同。软件产生失效的前提是软件存在设计缺陷，但只有外部输入导致软件执行到有缺陷的路径时才会产生失效。因此，软件可靠性关注全部与软件失效相关的设计缺陷，以及导致缺陷发生的外部条件。只有部分软件失效可能导致系统进入危险的状态，故软件安全性只关注可能导致危险条件发生的失效，以及与该类失效相关的设计缺陷和外部输入条件。硬件的失效、操作人员的错误等也可能影响软件的正常运行，从而导致系统进入危险的状态，因此设计软件安全性时还必须对这种危险情况进行分析，并加以考虑。而软件可靠性仅针对系统要求和约束进行设计，考虑常规的容错需求，并不需要进行专门的危险分析。在复杂的系统运行条件下，有时软件、硬件均未失效，但软硬件的交互作用在某种特殊条件下仍会导致系统进入危险的状态。这种情况是软件安全性设计考虑的重点之一，但软件可靠性并不考虑这类情况。

表 2-2 从目的、侧重点、分析范畴、分析技术以及针对对象方面对软件可靠性与软件安全性进行了比较。

表 2-2　软件可靠性与软件安全性的比较

比较对象	目的	侧重点	分析范畴	分析技术	针对对象
软件可靠性	完成系统所要求的功能	软件失效、与软件失效相关的软件设计缺陷，以及导致进入失效相关路径的外部条件	从软件本身出发，关注软件可靠性影响较大的软件失效模式，即发生概率较大的软件失效，并在设计时加以考虑	软件失效模式及影响分析（SFMEA）、软件故障树分析（SFTA）、SFMEA与SFTA综合、软件潜藏分析（SCA）、Petri网分析等	所有软件

续表

比较对象	目的	侧重点	分析范畴	分析技术	针对对象
软件安全性	防止由于软件原因使系统发生事故	与软件相关的危险条件、可能导致危险发生的失效，以及与危险失效相关的设计缺陷、导致进入失效相关路径的外部条件	从软件所在的系统出发，关注那些可能导致危险发生的软件失效或设计缺陷，即后果严重的软件失效，并在设计时加以考虑	SFMEA、SFTA、事件树分析（ETA）、危险与可操作性研究（HAZOP）、软件偏差分析（SDA）、基于系统故障理论的分析（STAMP）、初步危险分析（PHA）、功能危险分析（FHA）、软件子系统危险分析（SSHA）等	安全关键软件

（2）软件安全性与软件保密性的关系

软件保密性[3]融合了可用性（Availability，指在某个时刻可以获得某项服务的概率）、隐私性（Confidentiality，指软件已存储的信息、代码、数据不被访问的能力）和完整性（指软件不被意外或未授权修改的能力），着重关注如何保护软件，使其不被恶意攻击。

软件安全性和软件保密性之间的联系和区别主要表现为：① 二者都与危险相关，软件安全性主要处理危及人员生命、财产安全的危险，而软件保密性主要消除危及数据私有性的危险；② 软件安全性需求和软件保密性需求可能都会与某些重要的功能需求或任务需求冲突；③ 软件安全性需求和软件保密性需求都需要在系统层面谋划布局，且这些需求在系统上下文以外是难以处理的；④ 软件安全性和软件保密性都需要一些极其重要的需求，这些需求决定了系统能否被使用；⑤ 软件保密性着重关注的是对分级信息进行的未授权恶意访问行为，而软件安全性更多关注的是无意行为。

2.1.2　软件安全性举证的概念

Kelly 提出软件安全性举证的概念为：在特定的情况下，软件安全性举证能够提供清晰、易理解并且经得起辩证的论据来表明系统能在可接受的安全状态下运行。

Bishop 指出软件安全性举证是一种基于证物的文书框架，能够为一个系统在特定环境下以可接受的安全水平或者可容忍的风险水平实现特定功能提供可信和有效的论据。

英国国防部舰艇安全性管理系统手册（JSP 430）中给出的定义为：软件安全性举证是普适的、结构化的安全性证据的集合。

英国国防部标准（DEF STAN 00-55）对软件安全性举证的定义为：软件安全

性举证应该基于客观的证据提出一个组织完整并且合理的判断，表明软件已经或即将满足技术需求和软件需求规格说明书中定义的软件安全性声明。

对软件安全性举证的定义进行分析，可以得出其具有以下的特点。

（1）是一个软件安全性证据的集合。

（2）软件安全性证据的结构是经过组织设计的、清晰的。

（3）软件安全性证据是合理的，能经得起辩证的，最终能表明软件安全状态是可接受的。

2.2 软件安全性举证框架的构建原理

安全性的讨论离不开危险，而危险来源于存在的危险场景。危险场景描述了系统构件之间的交互背离了正常行为的场景，这种交互行为将得到非期望的结果，可能产生危险。例如，战机飞行员拟投射巡航导弹，却将飞机的副油箱意外投射了出去，这种异常行为将导致战机处于无充足返航油量的危险境地。

某些危险场景可能涉及软件，主要原因在于，软件的某些失效可能会直接造成危险的发生或者使危险控制不起作用，从而引起某个危险。这种可能引起危险的软件失效被称为危险软件失效。

规避危险的根本措施在于消除危险场景或防止系统进入危险场景，对软件而言，需要防止危险软件失效的发生。而那些防止系统进入危险场景导致危险后果发生的系统级需求即为系统安全性需求，对软件而言就是软件安全性需求。在软件安全性需求的具体技术实现上，针对危险软件失效模式，可以有不同的方案或措施，一般统称为危险规避或减轻措施，此处称为安全性控制，对软件而言就是危险软件失效模式的改进措施。只要安全性控制是正确、充分且能够得以实现的，就可对提交软件的安全性建立信心。这也是软件安全性举证框架的构建原理所在。

图 2-2 所示为软件安全性举证框架的构建原理。其中，用户是指软件系统的使用者，用户能通过软件系统来完成某些任务或实现某些控制；危险是由于软件失效导致系统失效，进而给人类的生命财产和环境造成的灾难性损失。

下面对图 2-2 所示进行简要说明。

（1）虽然软件本身并不会导致事故的发生，但是嵌入式软件并不能单独存在，它在一个电子系统（计算机）中运行，并且常常控制其他硬件。因此，软件可能直接导致一个危险的出现或者用于控制一个危险。为了控制风险，需要进行正确和充分的软件安全性控制。

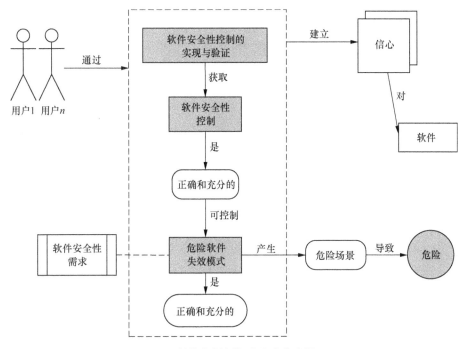

图 2-2　软件安全性举证框架的构建原理

（2）用户需要树立对软件安全性控制的信心，该信心是通过一系列软件安全性保证来获取的。软件安全性保证的作用是试图证明软件系统已满足了其安全性需求，使用户对降低预期的风险抱有信心，这种信心来源于对软件安全性控制正确性和充分性的评估。如果控制风险的软件安全性控制是正确和充分的，则作用到软件系统的安全性风险就会是用户可接受的，用户就会对软件有信心。

（3）提供的软件安全性控制必须在代码级实现，并通过软件安全性测试验证其可正确实现。最终用户通过这一系列论证对提交的软件安全性建立信心。

上述构建原理可进一步形式化阐述如下。

如果将危险看作顶层需求，将危险场景看作导致危险的原因，将软件安全性需求看作规避危险场景的准则，将危险规避或减轻措施（软件安全性控制）视为规避危险的解决方案或设计措施，那么可以建立软件安全性需求与危险之间的递阶层次结构，如图 2-3 所示。该结构同时也说明了软件安全性需求与危险、危险场景、软件安全性控制之间的关系。

相关要素解释如下。

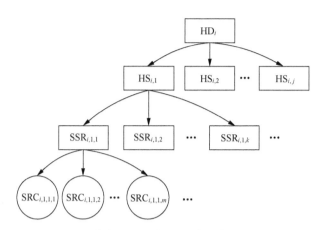

图 2-3 软件安全性需求与危险之间的递阶层次结构

（1）HD_i（$i=1, 2, \cdots, n$）表示第 i 个可能导致事故发生的危险。

（2）$HS_{i,j}$（$j=1, 2, \cdots, o$）表示可能导致 HD_i 的第 j 个危险场景。

（3）$SSR_{i,j,k}$（$k=1, 2, \cdots, p$）表示由 $HS_{i,j}$ 派生出的第 k 个软件安全性需求。

（4）$SRC_{i,j,k,m}$（$m=1, 2, \cdots, r$）表示遵循软件安全性需求 $SSR_{i,j,k}$ 的第 m 个危险规避或减轻策略（软件安全性控制）。

由上述要素，给出下述条件。

条件 1：任何一个风险不可接受的危险场景的存在，将导致系统进入危险状态。换言之，如果系统不处于任何风险不可接受的负面场景中，那么系统将能够规避导致危险发生的场景，可以表达为：

$$\forall i \in [1,n]，使 \bigcap_{j=1}^{o} \sim HS_{i,j} \mapsto \sim HD_i \qquad (2\text{-}1)$$

条件 2：软件安全性需求必须能有效规避危险场景的出现，即：

$$\forall i \in [1,n], \forall j \in [1,o]，\bigcap_{k=1}^{p} SSR_{i,j,k} \mapsto \sim HS_{i,j} \qquad (2\text{-}2)$$

条件 3：软件安全性控制能有效实现所支持的软件安全性需求，即：

$$\forall i \in [1,n], \forall j \in [1,o], \forall k \in [1,p]，\bigcap_{m=1}^{r} SRC_{i,j,k,m} \mapsto SSR_{i,j,k} \qquad (2\text{-}3)$$

推论：如果条件 1、条件 2、条件 3 同时成立，那么所有的软件安全性控制（即 $SRC_{i,j,k,m}$，$i \in [1,n]$，$j \in [1,o]$，$k \in [1,p]$，$m \in [1,r]$）将能确保危险 HD_i（$i=1, 2, \cdots, n$）不会发生。

该推论可以采用上述条件的传递性进行证明。

2.3　软件安全性举证框架

根据软件安全性举证的概念及结构，软件安全性举证的构建包含下面三部分内容。

（1）软件安全性顶层要求。

（2）构建软件安全性论据。

（3）选择并提供相应的证据。

其中，软件安全性顶层要求是构建软件安全性举证的起点，构建软件安全性论据则是其中的重点，也是本部分的重点。

在软件安全性举证的构建原理的指导下，结合现有安全性举证构建方法的不足，提出了软件安全性举证框架，如图 2-4 所示。为了更清晰地组织好这一系列经过规划的、系统的活动，该框架把这些活动分别划归到包，对应于软件安全性举证开发的目标层、论据层和证据层。该框架的七个包与软件安全性举证结构的关系如表 2-3 所示。

表 2-3　软件安全性举证结构与软件安全性举证框架的包的对应关系

序号	软件安全性举证结构	软件安全性举证框架的包
1	软件安全性保证目标	软件安全性要求包
2	软件安全性论据	（1）软件安全性需求分析包
		（2）危险软件失效分析包
		（3）危险软件失效的消除或缓解实现包
		（4）危险软件失效的消除或缓解验证包
		（5）软件安全性过程因素包
3	软件安全性证据	（1）软件安全性证据包
		（2）软件安全性过程因素包

软件安全性举证框架是一个以危险软件失效及其控制为核心，从软件角度来实现系统安全性风险管理的闭环，主要围绕危险软件失效的确定及表明危险软件失效已被消除的确认等相关活动。软件安全性举证框架的构建以基于产品方法为主、基于过程方法为辅，并将二者相结合。

（1）以基于产品的安全性举证构建方法为主线，从危险识别-危险控制-控制实现的角度进行论证，此处称其为"满足性论证"。

（2）"满足性论证"能被接受的条件存在一个前提，即已完整、正确地获取了相关危险、危险控制措施等，并且最终的证据是可信的，为此还需要对这个前提和证据可信的问题进行论证，此处称其为"充分正确性论证"，即采用了基于过程的方法来增强其实现的信心。

从软件安全性的定义"软件安全性涉及确保软件在系统环境中运行而不产生不可接受的风险"出发，将软件安全性举证开发的保证目标设定为：软件在系统环境中运行产生的风险是可接受的。为了表明这个保证目标是可实现的，软件安全性举证论据开发从以下两个方面展开。

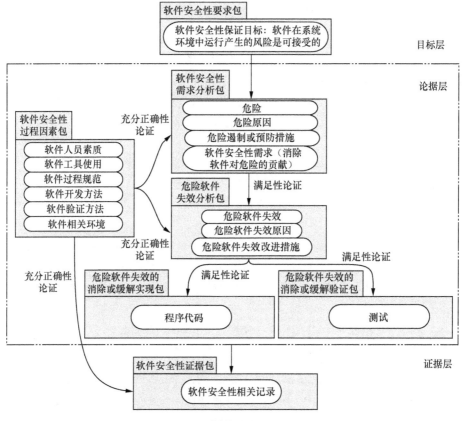

图 2-4　软件安全性举证框架

（1）充分正确性论证：表明所论证对象是完整并且正确的。

（2）满足性论证：表明所论证对象都已经实现并且得到满足。

围绕软件安全性保证目标，首先从系统危险出发，从危险原因、危险遏制或预防措施等角度来获知软件对危险的贡献，通过消除软件对危险的贡献来获取软件安全性需求。通过论证软件安全性需求的实现来表明软件安全性保证目标的实现，其前提是已完整正确地获取了软件安全性需求，即需要对软件安全性需求进行充分正确性论证。

软件安全性需求没有实现即表明软件失效，这种失效在此称为危险软件失效，所以可以通过论证危险软件失效已被消除或缓解来表明软件安全性需求的实现，当然其前提是已完整、正确地获取了危险软件失效，即需要对危险软件失效进行充分正确性论证。

危险软件失效没有被消除或缓解即表明软件中存在缺陷（失效原因），没有合适的改进措施避免软件失效的发生，所以可以进一步通过程序代码和测试来验证软件中不存在导致危险软件失效的缺陷。

为了进行充分正确性论证，虽然无法给出证据直接表明其实现情况，但可以从软件界达成的共识"软件质量源于软件过程"这个角度出发，通过论证软件过程规范、软件人员素质及软件开发方法等面向过程的因素来增强软件安全性需求实现的信心。

2.3.1　软件安全性过程因素包

1. 软件安全性过程因素

为了进行充分正确性论证，将在工程中造成产品质量波动的六个因素——人、机、料、法、环、测（基于这六个因素的英文名称的第一个字母，简称为 5M1E）引入其中，可从软件人员素质、软件工具使用、软件过程规范、软件开发方法、软件验证方法和软件相关环境六个方面进行进一步论证，如图 2-5 所示。

（1）软件人员素质

人犯的错误是软件失效链的源头。人是影响软件安全性的核心过程因素，一般要遵循以下要求。

① 建立相应的软件人员梯队。

② 相关软件人员符合岗位技能要求，经过相关培训、考核。

③ 相关软件人员应具备专业知识和操作技能，考核合格者持证上岗。

④ 相关软件人员严格遵守软件过程规范和标准，对工作认真负责，严把质量关。

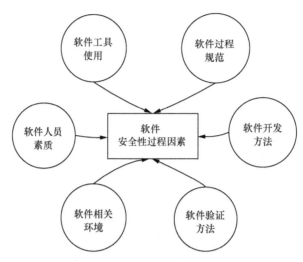

图 2-5　软件安全性过程因素

（2）软件工具使用

软件开发本身不再是"算法+数据结构=程序"的结构，而是"设计模式+对象组件+工具=程序"。因此，软件工具使用是影响软件安全性的重要因素之一，主要有下面几方面的要求。

① 建立相应的软件工具集。

② 软件工具均符合软件实际需要，能满足软件开发各环节的需要。

③ 软件工具处于完好状态和受控状态。

④ 有完整的软件工具管理办法，软件工具的购置、维护、检测等均有明确规定。

⑤ 软件工具的各项管理方法均有效实施，有软件工具台账、工具技能档案、维护检测计划和相关记录，记录内容完整、准确。

（3）软件过程规范

软件过程规范是指影响软件安全性开发过程的标准、规范、操作规程，可有效预防管理失误和操作失误，是预防软件失效的重要手段。要使每个软件开发人员、管理人员及软件安全性人员不违章操作，熟悉工作规程方法，明白工作流程，知道今天做什么、为什么做、谁做、什么时候做、怎么做才能减少失误，从而预防软件失效。软件过程规范一般包含以下几方面的要求。

① 建立相应的软件过程。

② 有正规、有效的关于软件生产过程、质量控制、配置管理等的操作文件，对人员、操作流程、技术方法等提出具体的技术要求。

③ 对于每个质量控制点，规定检查要点、检查方法和接收准则，并规定相关处理办法。

④ 规定并执行软件体系文件的编制、评定和审批程序，以保证生产现场所使用文件的正确性、完整性、统一性，使软件体系文件处于受控状态，现场能取得现行有效版本的文件。

⑤ 各项文件能严格执行，记录资料能及时按要求填报。

（4）软件开发方法

软件开发方法是影响软件质量和安全性的最直接因素。一般要求：正确选择并使用软件开发过程中的技术方法（包括需求分析方法、体系结构方法及所使用的语言等）。

（5）软件验证方法

软件验证包括分析和测试两个方面，要求如下。

① 选择合适的软件安全性分析方法且方法使用正确。

② 选择合适的软件测试方法且方法使用正确。

（6）软件相关环境

① 软件开发环境及平台满足软件开发要求。

② 软件测试环境及平台满足软件测试要求。

③ 软件运行环境及平台与文档描述一致。

2. 论证对象与软件安全性过程因素的笛卡儿乘积关系

在对论证对象进行充分正确性论证时，需要对论证对象和软件安全性过程因素进行笛卡儿乘积。

笛卡儿乘积：给定一组集合 D_1, D_2, $\cdots$, D_n，这 n 个集合的笛卡儿乘积 $D_1 \times D_2 \times \cdots \times D_n$ 是所有可能的有序元组$<d_1, d_2, \cdots , d_n>$的集合。其中，$d_1 \in D_1, d_2 \in D_2, \cdots , d_n \in D_n$。

例如，论证对象 A={系统危险、软件安全性需求、危险软件失效}，软件安全性过程因素集合 B={过程规范、工具使用、使用方法、人员、环境}，则论证对象和软件安全性过程因素的笛卡儿乘积关系就是这两个集合中的每个元素进行对应组合，即：

$A \times B$={（系统危险，过程规范），（系统危险，工具使用），（系统危险，使用方法），（系统危险，人员），（系统危险，环境），（软件安全性需求，过程规范），（软件安全性需求，工具使用），（软件安全性需求，使用方法），（软件安全性需求，人员），（软件安全性需求，环境），（危险软件失效，过程规范），（危险软件失效，工具使用），（危险软件失效，使用方法），（危险软件失效，人员），（危险软件失效，环境）}。

因此，在进行系统危险的充分正确性论证时，可以从识别系统危险过程的规范性、相关系统危险识别工具、系统危险识别方法、系统危险识别人员等方面来论证所获取的系统危险是充分正确的。

2.3.2　软件安全性需求分析包

从系统角度标识的软件安全性风险都将被分析并最终转换为软件安全性需求，软件安全性需求必须明确地标识在软件需求文档中。因此，软件安全性保证目标"软件在系统环境中运行产生的风险是可接受的"的论证可以直接转换为论证"实现了全部的软件安全性需求"。

软件是否安全，最终须通过系统体现出来，因此必须在系统环境中讨论软件安全性。软件本身并不会造成伤害，但嵌入式软件并不是单独存在的，而是在一个电子系统中运行，并且常常控制其他硬件。因此，软件可以通过下面方式影响一个危险。

（1）软件可能导致危险发生（危险原因）。例如，软件可能不正确地命令一个机械臂以超出其运动极限的方式移动，从而导致该机械臂损坏附近的设备或者造成人身伤害。

（2）软件危险控制的失效可能允许一个危险发生（危险遏制）。例如，监视压力并当压力达到阈值时打开某个阀门可能是一个软件危险控制，该软件危险控制的失效会导致容器过压、发生破裂或者其他危险。

（3）用于缓解意外事故发生的软件可能失效（危险遏制）。例如，清洗有毒气体的控制软件可能失败（由于系统其他部分失效），导致该气体残留在室内或者被不适当地排放到外部大气中。

（4）用于验证危险硬件或者软件危险控制的软件可能失效（危险遏制）。在这种情况下，失效可能是由于非法的结果（或者在控制实际已失败时，验证为控制正常；或者在控制正实际工作时，验证为控制失败）造成的，从而使具有潜在危险的系统被投入运行。

因此，确定软件安全性需求可从以下两个方面着手。

（1）危险原因分析。

（2）危险遏制或预防措施分析。

获取软件安全性需求的第一步是标识系统危险。系统安全性分析中的初步危险分析可以标识系统级的危险，所以确定软件对危险的贡献只须针对软件组件，检查初步危险列表（初步危险分析的结果）中列举的危险，将那些由软件作为原因、控制、缓解或者验证的危险放到软件危险清单中，从而可确定软件安全性需求。如图 2-6 所示，软件安全性需求分析包（Software Safety Claim Package，SSCP）包括两个活动：系统危险分析（Analysis of System Hazard，ASH）和软件安全性需求确定（Determination of Software Safety Requirement，DSSR）。

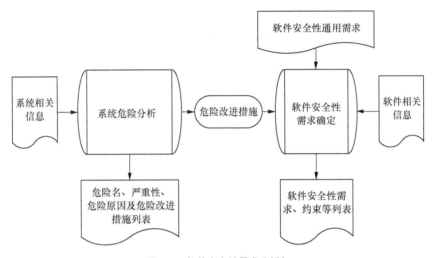

图 2-6　软件安全性需求分析包

1. 系统危险分析及论证要求

（1）系统危险分析

系统危险分析应由软件安全性人员参与，以便初步评估软件的潜在作用。系统危险分析的目的是标识潜在的系统危险，并标识哪些子系统会造成这些危险（标识危险原因）或者需要哪些子系统来控制这些危险（标识危险控制），而危险原因和危险控制可能与软件相关，所以是标识软件安全性需求的第一步。系统危险分析起源于初步危险分析。

通过经验教训、意外事故数据、类似系统的初步危险分析和工程判断，可以标识危险、危险原因和危险控制。表 2-4 的通用危险检查单实例列出了一些通用的危险，该表的最后一列给出了一些实例，说明软件如何能够起到控制危险的作用。对于一个给定系统的潜在危险、危险原因和危险控制的所有组合，应持续进行思考。

在进行系统危险分析时，除了需要标识系统危险、危险原因和危险控制，必要时，还需要关注危险的严重性和可能性，重点关注严重性程度高、可能性概率大的危险。

表 2-4 通用危险检查单实例

通用危险类别	危险	软件控制实例
污染/腐蚀	化学分解、化学置换/结合、潮湿氧化、有机物（真菌、细菌等）、颗粒、无机物（包括石棉）	接收来自硬件传感器（气体色谱仪、粒子探测器等）的输入数据。如果数据超过编程的限制，则激活告警和警报指示器，和/或自动关闭数据源或者激活风扇
电气放电/冲击	外部冲击、内部冲击、静电放电、电晕放电、短路	在通道门打开期间，防止打开电源；不在真空时，禁止高压
环境/气候	雾、闪电、雨、雪、冰雹、沙/尘、真空、风、极端温度	接收来自硬件传感器（粒子探测器、风速探测器等）的输入数据。如果数据超过编程的限制，发送关闭硬件的命令

（2）系统危险的论证要求

系统危险的论证要求包括两个方面：充分正确性论证和满足性论证，即系统危险的确认，以及系统危险的消除或缓解。在系统级别必须能提供证据表明这两个方面。如果识别的系统危险能够被表明是充分正确的且均得到了消除或缓解，那么就可表明系统达到了一个可接受的安全性水平。

① 充分正确性论证：系统危险的确认。系统危险的确认的目的是要表明已标识的危险是完整且正确的（可以从系统危险的识别方法、识别人员、识别过程等方面让人信服已标识的危险是完整且正确的）。特别需要重点论证系统危险的识别方法，表明该方法能识别出与系统相关的所有可能的危险，能充分表明软件在识别系统危险方面所付出的努力。比较常用的系统危险识别技术有：危险检查单、头脑风暴、专家经验、能量流和障碍分析以及零防护分析等。

另外，初步危险分析是"特定"系统危险的第一个来源，而初步危险分析是一个"活"着的文档，在系统的整个生存周期中，在后续的安全性分析中须对危险进行修订和更新。随着设计的成熟，可能会增加或者删除危险。因此，需要注意系统危险的变更。

② 满足性论证：系统危险的消除或缓解。每个系统危险至少有一个危险原因，反过来，危险原因可能会导致一些后果（损害、疾病和经济损失）。危险原因可以是一个硬件缺陷或软件缺陷、一个人员操作错误、一个不期望的输入或事件。对于每一个危险原因，必须至少有一个控制方法，通常是一个设计特征（硬件/软件）或一个过程性步骤。危险控制是一种用于预防危险、降低危险发生可能性或者降低危险影响的方法。危险控制使用硬件、软件、操作规程或者这些方法的组合，以避免危险。因此，通过对危险原因和危险控制的进一步分析，论证"系统危险

的消除或缓解"可以转换为论证"危险控制的实现",即论证"硬件、软件和其他部分安全性需求的实现"。

2. 软件安全性需求确定及论证要求

（1）软件安全性需求确定

对于缓解或者解决软件是其潜在原因或贡献者的那些危险而言,或者对于软件用作危险控制而言,这些软件需求是必要的,这些需求应被指定为软件安全性需求。一般而言,为了保证完全覆盖功能安全性的所有方面,软件安全性功能被分为以下两种。

① "必须工作"的功能。"必须工作"的功能是软件正确运行时必须工作的那些方面。当然,如果要获得所期望的功能,软件的所有元素都"必须工作"。从安全性的观点出发,只考虑那些避免危险或者其他安全性相关事件发生而必须工作的功能。

② "必须不工作"的功能。"必须不工作"的功能是在软件正确运行时不应出现的那些方面。事实上,如果这些"必须不工作"的功能确实出现,则将导致危险的情况出现或者其他不期望的后果发生。

通常软件安全性需求只根据软件"必须工作"的特性来表示软件的安全性,而常常忽略"必须不工作"功能的关键性。

（2）软件安全性需求的论证要求

软件安全性需求的论证要求包括两个方面:充分正确性论证和满足性论证,即软件安全性需求的确认和软件安全性需求的实现。在软件级别必须能提供证据表明这两个方面。如果获取的软件安全性需求能够被表明是充分正确的且全部都已经实现,那么就可表明软件在系统环境下达到了一个可接受的安全性水平。

① 充分正确性论证:软件安全性需求的确认。软件安全性需求确认的目的是要表明已获取的软件安全性需求是完整且正确的。许多软件问题导致的系统危险最终都可以追踪到遗漏、不正确、误解或者矛盾的需求。因此,软件安全性需求的充分正确性论证是非常必须和重要的。根据 2.3.1 节的描述,可以从软件安全性需求的获取方法、获取人员、获取过程等方面让人信服已获取的软件安全性需求是完整且正确的。特别需要重点论证软件安全性需求的获取方法,表明该方法能识别出在系统环境下与软件相关的所有可能的安全性需求,能充分表明软件在获取软件安全性需求方面所付出的努力。

软件安全性需求可以有许多来源,包括系统安全性需求（规格说明）、相关软件安全性标准、相关系统和软件安全性分析、系统约束、用户输入以及软件安全性的"最佳实践"。

上述来源形成的软件安全性需求通常可以分为两类：通用的和特定的。通用的软件安全性需求从一些需求、标准、最佳实践的集合中推导出来，这些需求、标准和最佳实践的集合可以在不同的项目和环境中用于解决共同的软件安全性问题。特定的软件安全性需求是系统独特的功能或者约束，这些功能或者约束可以按下述两个方面进行标识。

（a）自顶向下流动而成的软件安全性需求。初步危险分析从系统危险的角度查看系统，可以识别出系统危险、与软件相关的危险原因和危险控制，从而可直接将危险控制映射到软件，或通过头脑风暴标识出软件危险控制特征并将其说明为软件安全性需求。这些软件安全性需求可直接追踪到系统危险（或系统安全性需求）。

（b）自底向上分析而成的软件安全性需求。在逐步成熟的软件相关信息的基础上，通过对软件功能或设计数据进行失效模式及效应分析（FMEA）、危险与操作性分析（HAZOP）等自底向上分析，对系统需求允许但不期望的设计实现进行分析，并标识新的软件安全性需求。

为了完整标识出所有的软件安全性需求，这两个方面均应使用，除此之外，还应结合软件安全性通用需求进行补充。图 2-7 所示为软件安全性需求的获取思路。

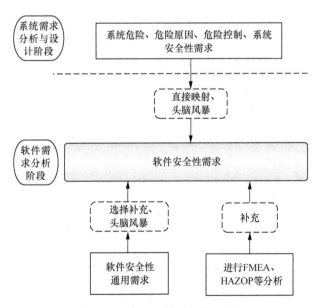

图 2-7　软件安全性需求的获取思路

另外，在后续的软件结构设计安全性分析或软件详细设计安全性分析中还应对软件安全性需求进行修订和更新。随着设计的成熟，可能会增加或者删除相应的软件安全性需求。因此，需要注意软件安全性需求的变更管理。

② 满足性论证：软件安全性需求的实现。软件安全性满足性论证的目的是要表明软件安全性需求已经实现。软件安全性需求没有实现即表明存在危险软件失效，所以可以通过论证危险软件失效已被消除或缓解来表明软件安全性需求的实现。

论证软件安全性需求的满足度，必须对每种需求进行独立的论证，可以论证软件的危险失效模式已经在软件中被消除、在软件中得到控制以及通过系统的其他组件得到控制。建立的论据也要从这三个方面进行论证。

2.3.3 危险软件失效分析包

软件安全性需求实现意味着已经消除或者控制了可能会出现的系统危险软件失效模式。软件安全性需求对应的各种失效模式均不发生时即可表明软件安全性需求已得以实现。

如图 2-8 所示，危险软件失效分析包（Hazardous Software Failure Package，HSFP）包括两个活动：危险软件失效的获取（Achievement of Hazardous Software Failure，AHSF）和危险软件失效改进措施的确定。

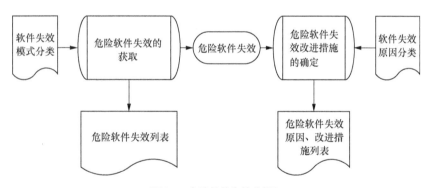

图 2-8 危险软件失效分析包

1. 危险软件失效的获取及论证要求

（1）危险软件失效的获取

危险软件失效模式一直是软件界的关注对象和研究重点。比较有代表性的危险软件失效模式分类方法有：《故障模式、影响及危害性分析指南》（GJB/Z 1391—2006）、《软件异常标准分类》（*Standard Classification for Software Anomalies*）（ANSI/IEEE 1044—2009）、《信息技术 软件工程术语》（GB/T 11457—2006）等。其中，《软件异常标准分类》中标准中的软件异常分类最具有代表性，如表 2-5 所示。因此，危险软件失效模式采用了其中的程序挂起、程序失败、输出问题、未达到性能要求、系统错误信息和其他共 6 类，安全关键软件一般是嵌入式软件，一般可不考虑"操作系统失败"和"整个产品失效"。

表 2-5 《软件异常标准分类》中的软件异常分类

软件异常类型	具体软件异常
操作系统失败	—
程序挂起	—
程序失败	程序不能启动；程序运行不能终止；程序不能退出
输出问题	错误的格式；不正确的结果、数据；不完全或有遗漏；拼写问题、语法问题；美化问题
未达到性能要求	不能满足用户对运行时间的要求；不能满足用户对数据处理量的要求；多用户系统不能满足用户数的要求
整个产品失效	—
系统错误信息	—
其他	程序运行改变了系统配置参数；程序运行改变了其他程序的数据；其他

（2）危险软件失效的论证要求

危险软件失效的论证要求包括两个方面：充分正确性论证和满足性论证，即危险软件失效的确认，以及危险软件失效的消除或缓解。在软件功能级别必须能提供证据表明这两个方面。如果获取的危险软件失效改进能够被表明是充分正确的且全部都已被消除或缓解，那么就可表明软件的安全性需求都已实现。

危险软件失效的确认的目的是要表明已确定的危险软件失效是完整且正确的，可以从危险软件失效的获取方法、获取人员、获取过程等方面让人信服已确定的危险软件失效是完整且正确的。

危险软件失效满足性论证的目的是要表明确定的危险软件失效都已被消除或缓解，可以通过分析危险软件失效原因，从而通过危险软件失效改进措施的实现来表明危险软件失效不会发生。

2. 危险软件失效改进措施的确定及论证要求

（1）危险软件失效改进措施的确定

获取了危险软件失效之后，为了消除或缓解危险软件失效，需要分析每个危险软件失效原因及相应的改进措施。

危险软件失效原因是软件中潜藏的缺陷，一个危险软件失效可能是由一个软件缺陷引起的，也可能是由多个软件缺陷共同作用引起的。在进行危险软件失效原因分析时，应尽可能全面地分析所有可能的软件缺陷，为制定危险软件失效改进措施提供依据。

危险软件失效原因包括：逻辑遗漏或执行错误、算法的编码错误、软硬件接口故障、数据操作错误、数据错误或丢失等。

根据上述分析得到的危险软件失效原因及影响的严重性等，确定需要采取的危险软件失效改进措施。改进措施可以有两种：一种是修改软件缺陷；另一种是增加硬件防护措施。

（2）危险软件失效改进措施的论证要求

危险软件失效改进措施的论证要求包括两个方面：充分正确性论证和满足性论证，即危险软件失效改进措施的确认和危险软件失效改进措施的实现。在软件功能级别必须能提供证据表明这两个方面。如果获取的危险软件失效改进措施能够被表明是充分正确的且全部都已实现，那么就可表明危险软件失效已被消除或缓解。

危险软件失效改进措施的确认的目的是要表明已确定的危险软件失效改进措施是完整且正确的，可以从危险软件失效改进措施的确定方法、确定人员、确定过程等方面让人信服已确定的危险软件失效改进措施是完整且正确的。

危险软件失效改进措施满足性论证的目的是要表明确定的危险软件失效改进措施已经实现，既可以通过查看程序代码直接验证，也可通过测试的结果来验证。

2.3.4　危险软件失效的消除或缓解实现包

危险软件失效已被消除或缓解的最直接证明手段是用正确的程序代码表明引发危险软件失效的原因都有相应的措施来规避，从而进行论证。危险软件失效的消除或缓解实现包的目的是通过提供相应的程序代码表明危险软件失效不会发生。正确的程序代码是危险软件失效已被消除或缓解的最直接体现。

2.3.5 危险软件失效的消除或缓解验证包

危险软件失效已被消除或缓解的最好证明手段是用软件测试结果（也可用分析、评审等其他手段）表明危险软件失效不会发生，从而进行论证。危险软件失效的消除或缓解验证包的目的是通过提供不同的测试结果来表明危险软件失效不会发生。

软件测试的目的是表明软件能正确和安全地运行。软件测试包括功能测试、安全性测试等。功能测试是在真实或者仿真环境中进行的。安全性测试的重点在于定位程序的薄弱之处，标识因违反安全性需求而引起软件失效的极端或者不期望的情况。安全性测试是补充开发者的测试，而不是重复开发者的测试。

2.3.6 软件安全性证据包

软件安全性证据的选择与论据紧密相关，证据的形式呈多样化，证据的获取通常需要与多方沟通协调。证据可以是专家意见、各种验证活动的结果、历史数据等多种形式，一般需要满足如下的要求。

（1）必要性——证据只能表达所要支持论据范围之内的内容。过多信息的证据会扰乱评估者，而信息过少又不足以支持论据。

（2）充足性——证据必须非常清晰、明确以及客观。

（3）合适性——各种类型的证据（如分析结果、测试、历史数据等）必须适合所要支持的论据。

基于安全性举证的软件安全性论证的好坏不仅依赖论据中推理的质量，而且还依赖相关证据的可信度[4]。为了提高证据的可信度，必要时，可从下面的过程因素进行进一步的论证。

（1）人员是否合格。

（2）所使用的工具是否有效。

（3）过程是否规范。

（4）所使用的方法是否正确。

（5）相关环境是否满足要求。

| 2.4　基于 GSN 的软件安全性举证的论证模式 |

2.3 节介绍了软件安全性举证框架，该框架明确了软件安全性举证开发的论据来源及论证要求，与具体的软件开发标准和开发过程无关，也与安全性举证的表述方法无关。目前有不同的方法可以展示安全性举证，本节介绍基于 GSN 的软件安全性举证的论证模式。

根据 2.3 节对软件安全性举证框架的描述，可将应用此框架的执行过程概述如下。

（1）获取系统危险列表。

（2）分析系统危险列表中每个危险的严重性、危险原因和危险控制方法。

（3）结合过程因素论证危险是完整且正确的。

（4）通过表明危险控制（涉及硬件、软件和其他组件的安全性需求）的实现来论证危险的消除或缓解。

（5）获取软件安全性需求。

（6）针对每个软件安全性需求，分析相应的危险软件失效、失效原因和失效改进措施。

（7）结合软件安全性过程因素论证软件安全性需求是完整且正确的。

（8）通过论证危险软件失效改进措施的实现来表明软件安全性需求的实现。

（9）从程序代码审查和测试两方面提供证据来表明危险软件失效改进措施的实现。

下面结合软件安全性举证框架和执行过程，把框架中某些通用的元素抽象成 GSN 安全性举证的论证模式的形式，并明确它们之间的关系，在此基础上组织成整体。该框架主要包括六种 GSN 安全性举证的论证模式：系统级别的安全性的论证模式、软件对系统危险贡献的缓解的论证模式、软件安全性顶层的论证模式、软件安全性需求实现的论证模式、危险软件失效已被消除或缓解的论证模式，以及软件失效改进措施实现的论证模式。

2.4.1　系统级别的安全性的论证模式

该模式的目的在于从系统危险角度表明系统安全性满足的顶层论证要素，尤其是为软件安全性举证提供的背景信息。开发该模式的核心是获取系统危险，并需要论证已经充分正确地获取了系统危险。该模式包括八个保证目标、四种策略以及三个背景信息，如图 2-9 所示。其中，三个背景信息和一个保证目标还需要进一步实例化，五个保证目标还需要进一步开发。

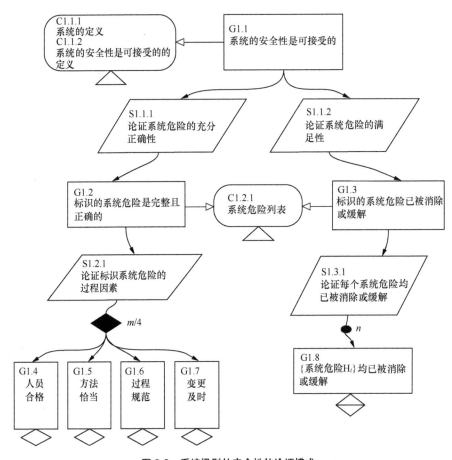

图 2-9 系统级别的安全性的论证模式

开发该模式的风险是没有完全获取系统危险，导致获取的软件安全性需求也不完全，因此论证的可信性有所下降。

表 2-6 列出了该模式中每个元素的含义及应用时需要注意的问题。

表 2-6　系统级别的安全性的论证模式中每个元素的含义及应用时需要注意的问题

标识	类型	含义	应用时需要注意的问题
G1.1	保证目标	这是安全性举证的最终保证目标：提供充分的论据表明系统的安全性是可接受的	—

标识	类型	含义	应用时需要注意的问题
C1.1.1	背景	对 G1.1 做进一步解释。对系统给出清晰的定义，包括系统的组成结构、主要功能、接口和运行环境等，便于获取系统危险	应用时需要进一步实例化
C1.1.2	背景	对 G1.1 做进一步解释。给出系统安全性可接受的条件，明确系统安全性在什么情况下是可接受的	应用时需要进一步实例化
S1.1.1	策略	给出 G1.1 分解的理由。从系统危险的充分正确性进行进一步论证：即已标识的系统危险是完整且正确的	——
S1.1.2	策略	给出 G1.1 分解的理由。从系统危险的满足性进行进一步论证：即系统危险的消除或缓解	——
G1.2	保证目标	G1.1 在 S1.1.1 理由下分解的子保证目标之一，要求标识的系统危险是完整且正确的，并提供相应的论证进行支撑	——
G1.3	保证目标	G1.1 在 S1.1.2 理由下分解的子保证目标之一，要求标识的系统危险已被消除或缓解，并提供相应的论证进行支撑	——
C1.2.1	背景	对 G1.2 和 G1.3 做进一步解释。给出已经获取/识别的系统危险有哪些，即系统危险列表	应用时需要进一步实例化
S1.2.1	策略	给出 G1.2 分解的理由，或可从哪些角度进行进一步论证。从标识系统危险的过程因素来论证已标识的系统危险是完整且正确的	——
G1.4	保证目标	G1.2 在 S1.2.1 理由下分解的子保证目标之一。要求标识系统危险的人员是合格的，有相关的专业知识和技术背景，有能力开展系统危险的标识工作	应用时需要进一步开发
G1.5	保证目标	G1.2 在 S1.2.1 理由下分解的子保证目标之一。要求标识系统危险的方法是恰当的，运用了合适且正确的方法开展系统危险的标识工作	应用时需要进一步开发
G1.6	保证目标	G1.2 在 S1.2.1 理由下分解的子保证目标之一。要求标识系统危险的过程是符合规范或相关标准的，按照一定的流程开展系统危险的标识工作	应用时需要进一步开发
G1.7	保证目标	G1.2 在 S1.2.1 理由下分解的子保证目标之一。要求标识系统危险的变更得到及时控制，能说明后续的安全性分析对危险进行了修订和更新	应用时需要进一步开发
S1.3.1	策略	给出 G1.3 分解的理由，或可从哪些角度进行进一步论证。从标识系统危险原因均得到了消除或控制来论证系统危险已被消除或缓解	——
G1.8	保证目标	G1.3 在 S1.3.1 理由下分解的了保证目标。G1.3 可以有 n 个类似的子保证目标，与系统危险数一样。要求每种系统危险 H_i 均被消除或缓解	应用时需要进一步实例化和开发

2.4.2　软件对系统危险贡献的缓解的论证模式

该模式的目的在于通过降低硬件、软件和其他部分的风险表明每种系统危险均已被消除或缓解的论证要素，也为软件安全性举证提供所在背景信息。它是"系统级别的安全性的论证模式"中保证目标 G1.8 的进一步开发。开发该模式的核心是分析系统危险原因、危险改进措施，从危险原因和危险控制方面明确硬件、软件和其他组件对系统危险的不同贡献。该模式包括了四个保证目标、一个策略和八个背景信息，如图 2-10 所示。其中，八个背景信息和一个保证目标还需要进一步实例化，三个保证目标还需要进一步开发。

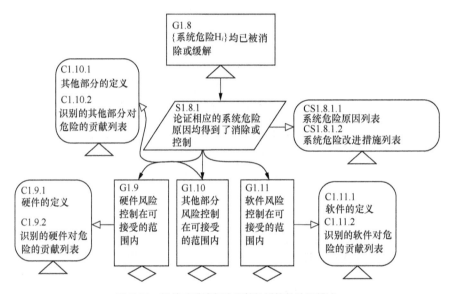

图 2-10　软件对系统危险贡献的缓解的论证模式

开发该模式的风险是没有完全理清硬件、软件和其他部分对系统危险的贡献，导致获取的软件安全性需求不完全，因此论证的可信性有所下降。

表 2-7 列出了该模式中每个元素的含义及应用时需要注意的问题。

表 2-7　软件对系统危险贡献的缓解的论证模式中每个元素的含义及应用时需要注意的问题

标识	类型	含义	应用时需要注意的问题
G1.8	保证目标	要求每种系统危险 H_i 均已被消除或缓解	应用时需要进一步实例化

标识	类型	含义	应用时需要注意的问题
S1.8.1	策略	给出 G1.8 分解的理由，或可从哪些角度进一步论证。从标识的系统危险原因均得到了消除或控制来论证系统危险均已被消除或缓解	—
CS1.8.1.1	背景	对 S1.8.1 做进一步解释。给出已经获取/识别的系统危险有哪些危险原因，即给出系统危险原因列表	—
CS1.8.1.2	背景	对 S1.8.1 做进一步解释。针对系统危险原因，给出已经获取/识别的系统危险有哪些相应的危险控制方法，即给出系统危险改进措施列表	—
G1.9	保证目标	G1.8 在 S1.8.1 理由下分解的子保证目标之一。从硬件角度出发，要求与硬件相关的危险原因及改进措施得以解决，即硬件风险控制在可接受的范围内	应用时需要进一步开发
C1.9.1	背景	对 G1.9 做进一步解释。对硬件给出清晰的定义，包括硬件的组成结构、主要功能、接口和运行环境等，便于获取与硬件相关的危险	应用时需要进一步实例化
C1.9.2	背景	对 G1.9 做进一步解释。给出从硬件角度看有哪些对危险的贡献列表	应用时需要进一步实例化
G1.10	保证目标	G1.8 在 S1.8.1 理由下分解的子保证目标之一。从其他部分角度出发，要求与其他部分相关的危险原因及改进措施得以解决，即其他部分风险控制在可接受的范围内	应用时需要进一步开发
C1.10.1	背景	对 G1.10 做进一步解释。对其他部分给出清晰的定义，包括其他部分的组成结构、主要功能、接口等，便于获取与其他部分相关的危险	应用时需要进一步实例化
C1.10.2	背景	对 G1.10 做进一步解释。给出从其他部分角度看有哪些对危险的贡献列表	应用时需要进一步实例化
G1.11	保证目标	G1.8 在 S1.8.1 理由下分解的子保证目标之一。从软件角度出发，要求与软件相关的危险原因及改进措施得以解决，即软件风险控制在可接受的范围内	应用时需要进一步开发
C1.11.1	背景	对 G1.11 做进一步解释。对软件给出清晰的定义，包括软件的组成结构、主要功能、接口和运行环境等，便于获取与软件相关的危险	应用时需要进一步实例化
C1.11.2	背景	对 G1.11 做进一步解释。给出从软件角度看有哪些对危险的贡献列表	应用时需要进一步实例化

2.4.3　软件安全性顶层的论证模式

该模式提供了从软件的顶层角度表明系统安全性满足的论证要素，它是"软件对系统危险贡献的缓解的论证模式"中保证目标 G1.11 的进一步开发。从系统危险被消除或缓解的角度要求所有的软件安全性需求都应正确无误地实现。开发该模式的核心是需要论证已经正确、完整地获取软件安全性需求。该模式包括了九个保证目标、四个策略以及两个背景信息,如图 2-11 所示。其中,两个背景信息和一个保证目标还需要进一步实例化,六个保证目标还需要进一步开发。

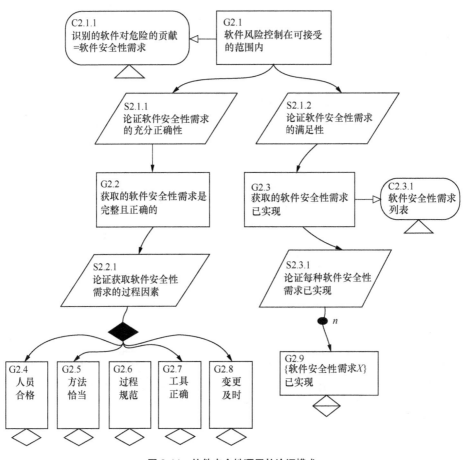

图 2-11 软件安全性顶层的论证模式

开发该模式的风险是没有完全获取软件安全性需求,特别是在软件级别,缺少自底向上分析进而补充的软件安全性需求,因此论证的可信性有所下降。

表 2-8 列出了该模式中每个元素的含义及应用时需要注意的问题。

表 2-8　软件安全性顶层的论证模式中每个元素的含义及应用时需要注意的问题

标识	类型	含义	应用时需要注意的问题
G2.1	保证目标	同 G1.11。从软件角度出发，要求与软件相关的危险原因及改进措施得以解决，即软件风险控制在可接受的范围内	—
C2.1.1	背景	对 G2.1 做进一步解释。指出软件对系统危险的贡献将转换为软件安全性需求	应用时需要进一步实例化
S2.1.1	策略	给出 G2.1 分解的理由。从软件安全性需求的充分正确性进行进一步论证，即已获取的软件安全性需求是完整且正确的	—
G2.2	保证目标	G2.1 在 S2.1.1 理由下分解的子保证目标，要求获取的软件安全性需求是完整且正确的，并提供相应的论证进行支撑	—
S2.1.2	策略	给出 G2.1 分解的理由。从软件安全性需求的满足性进行进一步论证，即软件安全性需求的实现	—
G2.3	保证目标	G2.1 在 S2.1.2 理由下分解的子保证目标，要求获取的软件安全性需求已实现，并提供相应的论证进行支撑	—
C2.3.1	背景	对 G2.3 做进一步解释，给出软件安全性需求列表	应用时需要进一步实例化
S2.2.1	策略	给出 G2.2 分解的理由，或可从哪些角度进行进一步论证。从获取的软件安全性需求的过程因素来论证获取的软件安全性需求是完整且正确的	—
G2.4	保证目标	G2.2 在 S2.2.1 理由下分解的子保证目标之一。要求获取的软件安全性需求的人员是合格的，有相关的专业知识和技术背景，有能力开展软件安全性需求的获取工作	应用时需要进一步开发
G2.5	保证目标	G2.2 在 S2.2.1 理由下分解的子保证目标之一。要求获取的软件安全性需求的方法是恰当的，运用了合适且正确的方法开展软件安全性需求的获取工作	应用时需要进一步开发
G2.6	保证目标	G2.2 在 S2.2.1 理由下分解的子保证目标之一。要求获取的软件安全性需求的过程是符合规范或相关标准的，按照一定的流程开展软件安全性需求的获取工作	应用时需要进一步开发
G2.7	保证目标	G2.2 在 S2.2.1 理由下分解的子保证目标之一。要求获取的软件安全性需求的工具是正确的，运用了正确的工具开展软件安全性需求的获取工作	应用时需要进一步开发
G2.8	保证目标	G2.2 在 S2.2.1 理由下分解的子保证目标之一。要求获取的软件安全性需求的变更得到及时控制，能说明后续的安全性分析对软件安全性需求进行了修订和更新	应用时需要进一步开发
S2.3.1	策略	给出 G2.3 分解的理由，或可从哪些角度进行进一步论证。从识别的系统危险原因均得到了消除或控制来论证系统危险已被消除或缓解	—
G2.9	保证目标	G2.3 在 S2.3.1 理由下分解的子保证目标。G2.3 可以有 n 个类似的子保证目标，与软件安全性需求数一样。要求每种软件安全性需求 X 都已实现	应用时需要进一步实例化和开发

2.4.4 软件安全性需求实现的论证模式

该模式提供了从软件失效是否解决角度表明某个软件安全性需求已实现的论证要素，它是"软件安全性顶层的论证模式"中保证目标 G2.9 的进一步开发，明确了从危险软件失效的论证角度来表明软件安全性需求的实现。开发该模式的核心是分析每个软件安全性需求相应的失效。该模式包括了九个保证目标、两个策略以及两个背景信息，如图 2-12 所示。其中，两个背景信息还需要进一步实例化，八个保证目标还需要进一步开发。

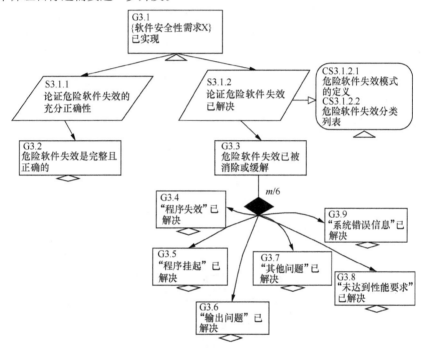

图 2-12　软件安全性需求实现的论证模式

开发该模式的风险是没有分析每个软件安全性需求的所有失效，因此论证的可信性有所下降。

表 2-9 列出了该模式中每个元素的含义及应用时需要注意的问题。

表 2-9　软件安全性需求实现的论证模式中每个元素的含义及应用时需要注意的问题

标识	类型	含义	应用时需要注意的问题
G3.1	保证目标	同 G2.9。从软件角度出发，要求软件安全性需求 X 已实现	应用时需要实例化

标识	类型	含义	应用时需要注意的问题
S3.1.1	策略	给出 G3.1 分解的理由。从危险软件失效的充分正确性进行进一步论证，即已分析的危险软件失效是完整且正确的	—
G3.2	保证目标	G3.1 在 S3.1.1 理由下分解的子保证目标，要求分析的危险软件失效是完整且正确的，并提供相应的论证进行支持	应用时需要进一步开发
S3.1.2	策略	给出 G3.1 分解的理由。从危险软件失效的满足性进行进一步论证，即危险软件失效已解决	—
CS3.1.2.1	背景	对 S3.1.2 做进一步解释。给出什么是危险软件失效模式，即给出危险软件失效模式的定义	应用时需要实例化
CS3.1.2.2	背景	对 S3.1.2 做进一步解释。给出有哪些危险软件失效分类，即给出危险软件失效分类列表	应用时需要实例化
G3.3	保证目标	G3.1 在 S3.1.2 理由下分解的子保证目标。要求危险软件失效已被消除或缓解，并提供相应的论证进行支撑	—
G3.4	保证目标	G3.3 的子保证目标之一。要求危险软件失效分类之一"程序失效"已解决	应用时需要进一步开发
G3.5	保证目标	G3.3 的子保证目标之一。要求危险软件失效分类之一"程序挂起"已解决	应用时需要进一步开发
G3.6	保证目标	G3.3 的子保证目标之一。要求危险软件失效分类之一"输出问题"已解决	应用时需要进一步开发
G3.7	保证目标	G3.3 的子保证目标之一。要求危险软件失效分类之一"其他问题"已解决	应用时需要进一步开发
G3.8	保证目标	G3.3 的子保证目标之一。要求危险软件失效分类之一"未达到性能要求"已解决	应用时需要进一步开发
G3.9	保证目标	G3.3 的子保证目标之一。要求危险软件失效分类之一"系统错误信息"已解决	应用时需要进一步开发

2.4.5　危险软件失效已被消除或缓解的论证模式

该模式提供了某一类危险软件失效已解决的论证要素，它是"软件安全性需求实现的论证模式"中保证目标 G3.3 ～ G3.9 的进一步开发，明确了从危险软件失效原因的论证角度来表明危险软件失效已解决，首先需要论证每个危险软件失效不会发生；然后论证相应的危险软件失效原因不会发生。开发该模式的核心是需要论证已经正确完整地获取危险软件失效。

该模式包括了三个保证目标、两个策略以及三个背景信息，如图 2-13 所示。其中，三个背景信息和两个保证目标还需要进一步实例化，一个保证目标还需要进一步开发。

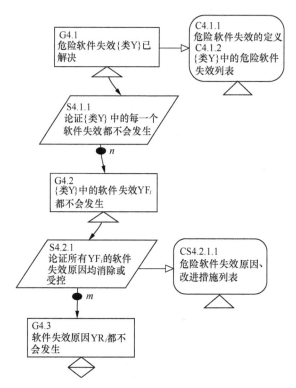

图 2-13   危险软件失效消除或缓解的论证模式

表 2-10 列出了该模式中每个元素的含义及应用时需要注意的问题。

表 2-10   危险软件失效消除或缓解的论证模式中每个元素的含义及应用时需要注意的问题

标识	类型	含义	应用时需要注意的问题
G4.1	保证目标	类似 G3.3～G3.9。从软件角度出发，要求与软件相关的危险原因及改进措施得以解决，即软件风险控制在可接受的范围内	应用时需要实例化
C4.1.1	背景	对 G4.1 做进一步解释。给出什么是危险软件失效，即给出危险软件失效的定义	应用时需要实例化
C4.1.2	背景	对 G4.1 做进一步解释。给出危险软件失效列表	应用时需要实例化
S4.1.1	策略	给出 G4.1 分解的理由，或可从哪些角度进行进一步论证。从具体的危险软件失效不会发生的角度论证这一类危险软件失效不会发生	—
G4.2	保证目标	G4.1 在 S4.1.1 理由下分解的子保证目标。G4.1 可以有 n 个类似的子保证目标，与具体的软件失效数一样。要求每个具体的软件失效 YF_i 都不会发生	应用时需要实例化

续表

标识	类型	含义	应用时需要注意的问题
S4.2.1	策略	给出 G4.2 分解的理由，或可从哪些角度进行进一步论证。从软件失效不会发生的角度论证具体的软件失效不会发生	—
CS4.2.1.1	背景	对 S4.2.1 做进一步解释。给出危险软件失效原因、改进措施列表	应用时需要实例化
G4.3	保证目标	G4.2 在 S4.2.1 理由下分解的子保证目标。要求每一个危险软件失效都不会发生	应用时需要进一步开发和实例化

2.4.6 软件失效改进措施实现的论证模式

该模式提供了某一个软件失效原因不会发生的论证要素，它是"危险软件失效已被消除或缓解的论证模式"中保证目标 G4.3 的进一步开发。该模式从危险软件失效的改进措施的实现角度来论证危险软件失效原因不会发生，首先论证相应的每一项危险软件失效改进措施已实现；然后分别从程序代码和测试结果两个方面表明软件失效改进措施已实现。开发该模式的核心是需要论证每一项软件失效改进措施均已实现。该模式包括了四个保证目标、三个策略、两个背景信息以及两个解决方案，如图 2-14 所示。其中，两个背景信息、一个保证目标、两个解决方案还需要进一步实例化。

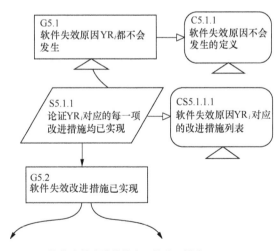

图 2-14　软件失效改进措施实现的论证模式

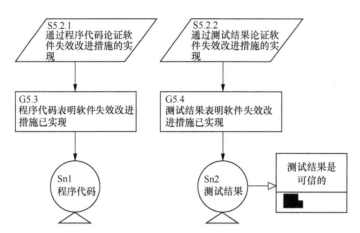

图 2-14　软件失效改进措施实现的论证模式（续）

表 2-11 列出了该模式中每个元素的含义及应用时需要注意的问题。

表 **2-11**　软件失效改进措施实现的论证模式中每个元素的含义及应用时需要注意的问题

标识	类型	含义	应用时需要注意的问题
G5.1	保证目标	同 G4.3。要求论证每一个失效原因都不会发生	应用时需要进一步实例化
C5.1.1	背景	对 G5.1 做进一步解释。给出软件失效原因不会发生的定义	应用时需要进一步实例化
S5.1.1	策略	给出 G5.1 分解的理由，或可从哪些角度进行进一步论证。从对应的软件失效改进措施已实现角度论证某一个软件失效原因不会发生	—
CS5.1.1.1	背景	对 S5.1.1 做进一步解释。给出所论证的软件失效原因对应的改进措施列表	应用时需要进一步实例化
G5.2	保证目标	G5.1 在 S5.1.1 理由下分解的子保证目标。要求软件失效改进措施已实现	—
S5.2.1	策略	给出 G5.2 分解的理由，或可从哪些角度进行进一步论证。从程序代码角度论证软件失效改进措施的实现	—
G5.3	保证目标	G5.2 在 S5.2.1 理由下分解的子保证目标。要求程序代码表明软件失效改进措施的实现	—
S5.2.2	策略	给出 G5.2 分解的理由，或可从哪些角度进行进一步论证。从测试角度论证软件失效改进措施的实现	—
G5.4	保证目标	G5.2 在 S5.2.2 理由下分解的子保证目标。要求测试表明软件失效改进措施已实现	—
Sn1	解决方案	提供实际程序代码表明软件失效改进措施已实现	应用时需要进一步实例化

标识	类型	含义	应用时需要注意的问题
Sn2	解决方案	提供测试结果表明软件失效改进措施已实现	应用时需要进一步实例化

|2.5 应用实例|

2.5.1 刹车系统介绍

刹车系统是飞机的重要系统，对飞机起飞、着陆时的安全有重要的影响。飞机刹车系统（Aircraft Braking System，ABS）的组成如图 2-15 所示。其中，虚线部分为防滑调节部分。在无防滑情况下，正常刹车过程为：飞行员通过刹车指令传感器向刹车控制单元（Braking System Control Unit，BSCU）传递刹车位移指令，BSCU 根据指令向压力伺服阀输出相应的刹车压力信号控制向机轮输出的刹车压力，实现机轮的制动。实际刹车时，BSCU 会利用轮速传感器实时监测机轮的速度信号，并根据机轮出现抱死迹象时的速度信号变化计算防滑压力信号，以调节刹车压力信号的输出，从而解除机轮抱死现象，最终实现飞机的安全、平稳着陆。

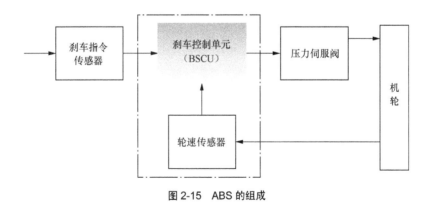

图 2-15 ABS 的组成

驻留在 BSCU 中的刹车控制软件在正常刹车时不起作用，只在防滑调节进行刹车时才参与工作。该软件的主要用途是对飞机刹车系统进行刹车控制、防滑控制、接地保护、轮间保护、自动刹车、起落架止转刹车等操作。

2.5.2　应用过程

根据软件安全性举证框架的描述及基于 GSN 的框架应用方法的介绍，制定如下的刹车控制软件安全性举证开发流程。

（1）获取刹车系统危险列表，分析列表中每种危险的等级。

（2）应用"系统级别的安全性的论证模式"生成刹车系统级别的安全性论证的安全性举证。

（3）分析刹车系统危险列表中每种危险的原因和控制方法。

（4）应用"软件对系统危险贡献的缓解的论证模式"生成刹车控制软件对刹车系统危险贡献的安全性举证。

（5）获取软件的安全性需求，分析与软件安全性需求获取相关的过程因素。

（6）应用"软件安全性顶层的论证模式"生成刹车控制软件安全性顶层的安全性举证。

（7）针对每种软件安全性需求，分析其失效、失效原因及相应的改进措施。

（8）应用"软件安全性需求实现的论证模式"生成刹车控制软件安全性需求实现的安全性举证。

（9）应用"危险软件失效已被消除或缓解的论证模式"构建危险刹车控制软件失效实现的安全性举证。

（10）获取程序代码和测试结果。

（11）应用"软件失效改进措施实现的论证模式"生成刹车控制软件失效改进措施实现的安全性举证。

2.5.3　应用结果

1. 刹车系统危险及其严重性

（1）获取刹车系统危险

危险是指存在潜在的风险状况，这种状况可能导致或者造成事故的发生。通过文献调研、历史数据、专家访谈及头脑风暴等方式，刹车系统主要存在的危险包括：爆胎或起火、刹车疲软、侧滑和跑偏、油液污染以及虚警。

（2）分析刹车系统危险的等级

分析刹车系统危险等级的目的是识别危险所造成后果的严重程度，以便按照优先级为不同等级的危险制定改进措施，表 2-12 给出了严重性等级及定义。

表 2-12　严重性等级及定义

严重性等级	严重性定义
关键	引起人员死亡，系统报废或对周围环境造成灾难性破坏
严重	引起人员严重伤害，系统严重损坏，任务失败或严重破坏环境
一般	引起人员轻度伤害，系统轻度损坏，导致任务延误或降级，环境受影响
轻微	不会导致人员伤害，不影响任务完成，不影响环境，但使用的方便性或舒适性有所降低

对上述危险进行严重性等级分析，得出的刹车系统危险等级如表 2-13 所示。本书只关注等级为严重性以上的危险，即爆胎或起火、刹车疲软、侧滑和跑偏。

表 2-13　刹车系统危险等级

危险名称	等级
爆胎或起火	灾难性
刹车疲软	严重性
侧滑和跑偏	严重性
油液污染	较严重
虚警	一般

2. 刹车系统级别的安全性论证的安全性举证

在"系统级别的安全性的论证模式"的指导下，得出基于 GSN 的刹车系统级别的安全性论证的安全性举证如图 2-16 所示。此处仅列出了对"爆胎或起火"危险的安全性举证，其他危险的安全性举证类似。

3. 刹车系统危险原因及相应的解决措施和刹车控制软件对危险的贡献

（1）分析刹车系统危险原因及相应的解决措施

表 2-14 所示对爆胎或起火、刹车疲软以及侧滑和跑偏三类刹车系统危险进行了分析。

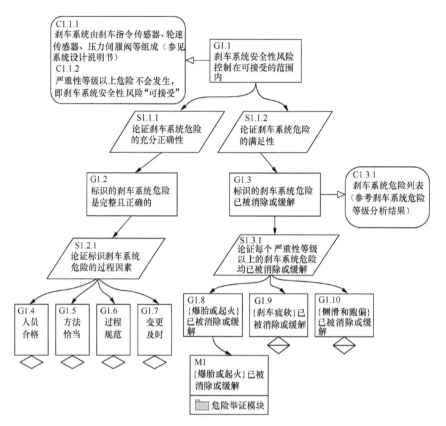

图 2-16　刹车系统级别的安全性论证的安全性举证

表 2-14　刹车系统危险原因及解决措施

编号	危险名称	危险描述	危险原因	解决及预防措施
1	爆胎或起火	飞机刹车主要是靠轮胎和地面跑道间的结合力矩来实现的,当轮胎磨损过度或吸收的热量过多时,就有可能出现爆胎或起火现象,造成操作困难,严重时会出现起落架坍塌、飞机损坏和人员伤亡现象	出现爆胎或起火现象的原因主要有以下几种。 ① 飞机带刹车着陆,着陆瞬间能量冲击巨大,如果机轮不能自由滚转,很容易造成轮胎爆胎和机轮损伤。 ② 防滑控制工作异常(拖胎),未能及时解除抱死机轮的刹车压力,造成轮胎与地面"单点"接触,轮胎会快速磨损而爆胎。 ③ 当系统部件有故障时,为保障飞机的整体安全,人为牺牲机轮、轮胎,致使轮胎吸收过多的	① 增加接地保护功能,在飞机主轮未充分转动起来之前,飞行员即施加刹车指令,刹车系统能根据飞机的实际着陆状态,将刹车指令过滤掉,这样就可有效防止带刹车着陆,保证飞机的安全。 ② 增加刹车系统的裕度,增强其重构功能,提升刹车系统的检测和测试性,以使刹车系统在出现一次甚至二次故障时仍能工作且性能不变。 ③ 大力发展轮胎压力检测系统(Tire Pressure Monitoring System,TPMS)。目前,国外的民机及先进战机中都采用了 TPMS,可维持正常的轮胎压力,从而避免因着陆瞬间冲击引起的爆胎;减轻轮胎的磨

续表

编号	危险名称	危险描述	危险原因	解决及预防措施
			能量，超过了设计要求，热量积累到一定程度，引起爆胎或起火。 ④ 轮胎充气压力不当	损；避免因轮胎压力不平衡致使刹车效率下降。 ④ 加强和完善刹车系统检查制度，及时更换受损轮胎，确保刹车系统的正常工作
2	刹车疲软	主要指飞机刹车功能失灵，造成刹车无压力、刹不住车等严重后果，导致飞机无法刹车减速，冲出跑道，发生灾难性事故	主要有以下两种原因。 ① 刹车材料不合适。碳刹车盘的摩擦系数衰减，导致刹车盘所能提供的刹车力矩严重偏离跑道和轮胎间的地面结合力矩，飞机的刹车减速率低于预期，刹车距离超过跑道长度，导致飞机冲出跑道。 ② 油液污染。伺服阀的喷嘴与挡板若被一些较大且硬的污染物卡死，就会导致负载增大，严重时还会致力矩电机线圈被烧断，造成飞机刹车无压力、刹不住车等严重后果	① 研制出高性能的 C/C 复合材料，改进碳刹车盘性能。 ② 刹车系统的液压入口及回油处增加高精度的油滤，并定期检查与更换油滤，使污染的油液得到充分的过滤。 ③ 在更换压力伺服阀、机轮等液压附件时，应有防尘措施，及时用干净的堵头、盖或锡纸包扎好，防止尘埃、油脂进入系统内。 ④ 开展油液监控工作。 ⑤ 采用先进的全电刹车系统代替传统的液压刹车系统。 ⑥ 研制智能刹车系统，建立刹车盘材料数据库，飞机的刹车系统根据实际使用情况，自动调整刹车压力，从而达到飞机刹车过程的整体平稳、安全
3	侧滑和跑偏	一般称在刹车过程中维持直线行驶或按预定弯道行驶的能力为刹车时的方向稳定性。刹车时自动向左或向右偏驶称为"制动跑偏"。侧滑是指刹车时某一轴或两轴发生横向移动。跑偏与侧滑是有联系的，严重的跑偏有时会引起后轴的侧滑，易发生侧滑的飞机也有加剧跑偏的趋势。跑偏、侧滑是造成飞机事故的重要原因	主要有以下几种原因。 ① 飞机着陆至具有积水、积雪和结冰的跑道时，可能引起滑水现象，导致其机轮无法转起，飞机滑行方向失去控制。 ② 出现某一抱死的机轮失去抓地力，可能导致飞机向正常的一侧转向，更严重的情况就是出现侧滑、摆尾。 ③ 刹车强度太大也可能导致侧滑。路面状况不同，车轮-地面的附着特性也不同。刹车时，如果刹车强度太大，可能导致机轮的滑移率超过刹车稳定的范围，从而导致刹车方向失稳。 ④ 车前后轮刹车不均衡	① 加强对刹车系统的维护与安全检查。刹车系统的正常维护与安全检测是维持刹车性能的重要措施，通过维护和检查，可以保证刹车性能可靠且符合国家对刹车性能指标的规定，从而使刹车效能和刹车方向满足刹车要求。 ② 在刹车系统中加装刹车控制阀，在刹车管路上加装限压阀、比例调节阀或感载比例调节阀，不仅可改善刹车方向的稳定性，还可充分发挥刹车效能。 ③ 加装防抱装置。防抱装置能对机轮的相对运动状态进行准确控制，可以在保证刹车效能充分发挥的同时，确保刹车方向稳定

（2）分析刹车控制软件对刹车系统危险的贡献

从表 2-14 所示可知，刹车控制软件不是刹车系统危险的一个原因，其作用主要是对刹车系统危险进行控制，通过刹车控制软件的参与来减少危险的发生。这也就解释了刹车系统正常刹车时软件不参与，而只有当防滑调节进行刹车时软件才参与工作的原因。表 2-15 给出了刹车系统就"爆胎或起火"危险对刹车控制软件提出的安全性要求。

表 2-15 刹车系统对刹车控制软件提出的安全性要求

编号	危险名称	刹车系统对刹车控制软件提出的安全性要求
1	爆胎或起火	① 刹车控制软件具有接地保护功能。飞机在空中飞行时,踩刹车指令不刹车;飞机在地面滑行时,延迟刹车。 ② 刹车控制软件具有胎压监控功能。单个轮胎爆胎,解除刹车;两个以上轮胎爆胎,解除防滑

4. 刹车控制软件对刹车系统危险贡献的安全性举证

根据刹车系统对刹车控制软件提出的安全性要求,在"软件对系统危险贡献的缓解的论证模式"的指导下,得出基于 GSN 表述的刹车控制软件对刹车系统危险贡献的安全性举证如图 2-17 所示。

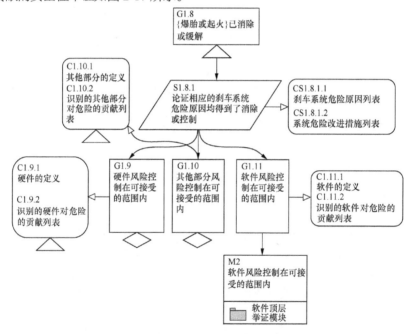

图 2-17 刹车控制软件对刹车系统危险贡献的安全性举证

5. 刹车控制软件安全性需求的相关信息

依据一定的软件安全性需求获取方法和相应的流程,得出与"爆胎或起火"危险相关的刹车控制软件安全性需求主要有两个。

（1）接地保护功能。当轮载信号无效且主轮未充分转动时,飞行员操纵脚蹬踏板或选择自动刹车是无效的,正常或备用刹车控制单元能接收刹车指令信号,但不会产生刹车控制信号,此时主轮仍可自由充分转动。只有在轮载信号有效且主轮充分转动后，飞行员才可通过操作实施正常刹车。这样既可防止飞行员在空中误刹车，也可避免带刹车着陆引起爆胎。

（2）胎压监控功能。飞机在地面上时，单个轮胎爆胎，解除刹车；两个以上轮胎爆胎，解除防滑。

6. 刹车控制软件安全性顶层的安全性举证

根据刹车控制软件安全性列表，在"软件安全性顶层的论证模式"的指导下，得出基于 GSN 表述的刹车控制软件安全性顶层论证的安全性举证如图 2-18 所示。

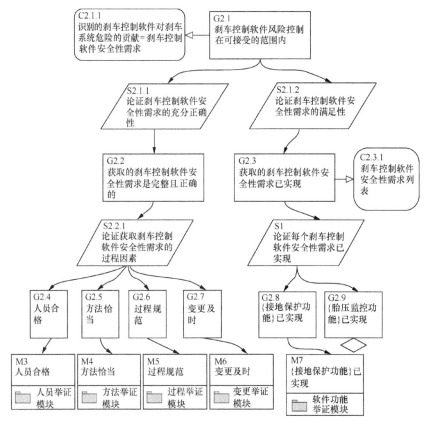

图 2-18　刹车控制软件安全性顶层论证的安全性举证

7. 危险刹车控制软件失效的相关信息

针对刹车控制软件安全性需求，参考软件异常分类即"程序挂起、程序失败、输出问题、未达到性能要求、系统错误信息和其他"，分析可能的危险刹车控制软件失效模式、失效原因及相应的改进措施，如表 2-16 所示。

表2-16 危险刹车控制软件失效模式分析

编号	对象	分类	失效模式	可能的失效原因	失效影响			严重性	改进措施
					局部影响	高一层次影响	最终影响		
1.1	接地保护	输出问题	飞机在空中飞行时，接收到刹车指令信号，却产生刹车控制信号	①未对轮载信号输入异常进行检测。②飞机在空中判断错误。③刹车信号置位错误	接地保护功能失效	误刹车	可能引起爆胎、起火或刹车疲软	严重	①进一步明确判断条件，即当空中飞行的总线轮载信号或者最小机轮速度大于25 km/h，或者总线轮载信号有效，表示许可刹车："1"为允许刹车；"0"为禁止刹车。②明确置位含义："1"为允许刹车，"0"为禁止刹车
1.2			飞机在地面滑行时，接收到刹车指令信号，却不产生刹车控制信号	①未对轮载信号输入异常进行检测。②飞机在地面判断错误。③刹车信号置位错误	接地保护功能失效	误刹车	可能引起爆胎、起火或刹车疲软	严重	（同上）
1.3		未达到刹车性能要求	飞机着落，接收到刹车指令信号，马上产生刹车控制信号	①未规定延迟时间。②规定的延迟时间错误	接地保护功能失效	误刹车	可能引起爆胎、起火	严重	飞机着落，规定一定的刹车延迟时间（延迟2 s）的刹车信号
1.4			飞机着落，接收到刹车指令信号，经过较长时间才产生刹车控制信号	（同上）	接地保护功能失效	误刹车	可能引起爆胎、起火	严重	（同上）
2.1	胎压监控	输出问题	根据胎压路数信号，输出的爆胎路数有误	①爆胎路数判断错误。②爆胎信号置位错误	胎压监控功能失效	致使刹车效率下降	致使刹车效率下降	重要	①明确置位含义："1"为已爆胎；"0"为未爆胎。②在地面，接收到胎压信号，将数值相加，从而得到爆胎的数量
2.2			根据胎压信号，解除防滑信号，即解除了不该解除的防滑信号	①未规定解除防滑信号条件。②解除防滑信号的判断错误	胎压监控功能失效	致使刹车效率下降	致使刹车效率下降	重要	①标识12路轮胎编号。②在地面，接收到胎压信号，若数值大于1，再判断是哪几路爆胎，解除该路防滑
2.3			根据胎压信号与实际不符，即解除了不该解除的刹车信号	①未规定解除刹车信号条件。②解除刹车信号的判断错误	胎压监控功能失效	致使刹车效率下降	致使刹车效率下降	重要	①标识12路爆胎编号。②在地面，接收到胎压信号，若数值等于1，解除该路刹车

8. 刹车控制软件安全性需求实现的安全性举证

针对"接地保护功能"需求，在"软件安全性需求实现的论证模式"的指导下，得出基于 GSN 表述的刹车控制软件安全性需求实现的安全性举证如图 2-19 所示。

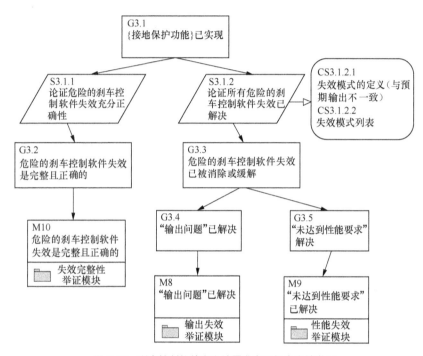

图 2-19　刹车控制软件安全性需求实现的安全性举证

9. 危险刹车控制软件失效实现的安全性举证

针对"输出问题"这一软件异常分类，在"危险软件失效已被消除或缓解的论证模式"的指导下，得出基于 GSN 表述的危险刹车控制软件失效实现的安全性举证如图 2-20 所示。

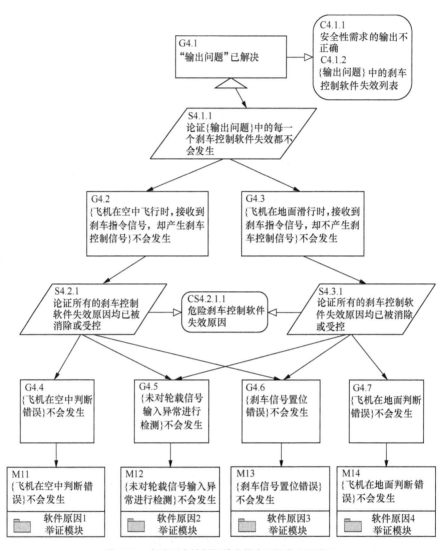

图 2-20　危险刹车控制软件失效实现的安全性举证

10. 刹车控制软件失效改进措施实现的安全性举证

针对"飞机在空中判断错误"这一软件失效原因，在"软件失效改进措施实现的论证模式"的指导下，得出基于 GSN 表述的刹车控制软件失效改进措施实现的安全性举证如图 2-21 所示。

当软件安全性论证到此，这时如果有人质疑测试结果的真实有效性，可进一步论证测试结果的可信问题，如无，则可停止论证。

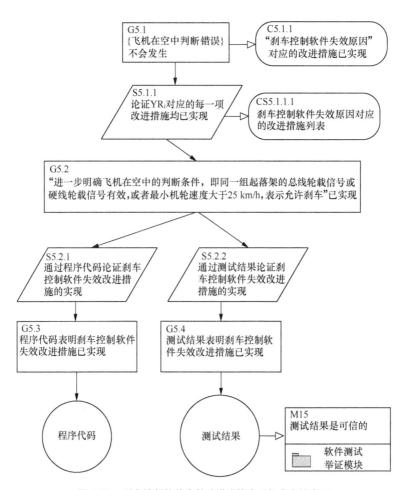

图 2-21　刹车控制软件失效改进措施实现的安全性举证

在本次应用中，进一步对测试结果的可信问题进行了论证，其相应的安全性举证如图 2-22 所示，通过论证以下与测试相关的过程因素符合要求来表明测试结果是可信的。

① 测试人员素质高。

② 测试方法恰当并运用正确。

③ 测试环境满足测试要求。

④ 测试相关过程规范。

上述四个方面如果不是很显而易见的话，可对其进一步进行论证，最终分解到可以直接从测试记录支撑的子保证目标，从而表明测试结果是可信的。

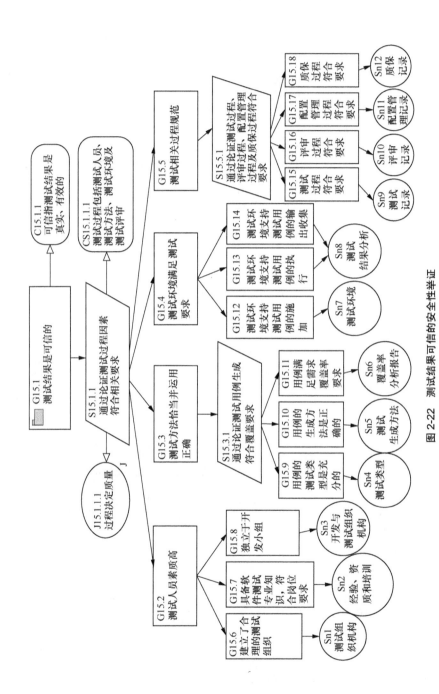

图 2-22　测试结果可信的安全性举证

　　从本次应用可以得出，在应用软件安全性举证框架开发诸如"软件对系统危险贡献的缓解的论证模式"在内的六个 GSN 论证模式时，只需加以实例化并在某些地方进一步开发即可构建刹车控制软件安全性举证，从而大大提高了软件安全性举证构建的效率。

| 本章小结 |

　　软件安全性举证是软件保证举证方法应用到软件安全性领域的更具体的名称，其目的在于表明软件已经或即将满足安全性保证目标。本章的目的是解决软件安全性举证的构建问题，从软件安全性举证的内容角度进行了阐述，从危险识别-危险控制-控制实现的角度给出软件安全性举证框架的构建原理，在构建原理的指导下进而给出了基于产品和过程的独立于具体表述方法的软件安全性举证框架，指明了软件安全性举证的论证论据和证据类型，具有普适性和可扩展两方面的特性。该框架为软件安全性举证构建提供了一条技术途径。另外，为了更易于理解和应用通用框架，本章通过对某型号的刹车系统的实例应用，进一步加强了对软件安全性举证框架及其应用方法的理解。

| 参考文献 |

[1] KELLY T P. Arguing safety: a systematic approach to managing safety cases[D]. York: University of York, 1998.

[2] LEVESON N. Software safety: why, what, and how?[J]. ACM Computing Surveys, 1986, 18(2): 125-163.

[3] AVIZIENIS A, LAPRIE J C, RANDELL B. Fundamental concepts of dependability[R]. UCLA, 2000.

[4] HABLI I, KELLY T. Safety case depictions vs. safety cases-would the real safety case please stand up?[C]// 2007 2nd Institution of Engineering and Technology International Conference on System Safety. London: IET, 2007. DOI: 10.1049/ cp:20070472.

第 3 章

软件可靠性举证方法

　　软件可靠性举证是软件保证举证应用于软件可靠性领域后的更具体的名称。软件可靠性举证能够建立软件保证目标和证据之间的联系，可以根据软件保证目标追溯哪部分工作没有完善，以及根据软件保证目标灵活选取相关软件可靠性活动，帮助了解软件可靠性实现的程度[1]。

　　在实际工作中，软件可靠性举证构建主要面临两个难点：一是论据的选择，即从哪些角度、哪些方面论证一个具体的软件可靠性举证目标；二是举证模式的复用，即如何将某些举证论证结构抽象成可靠性举证模式，便于举证论证结构的复用，提高软件可靠性举证构建效率。本章围绕软件可靠性举证构建中的难点，在介绍软件可靠性举证相关基础知识的基础上，首先详细阐述了基于软件可靠性特性度量模型、基于缺陷防控模型和基于"4+1"准则的三种软件可靠性举证框架；然后为了更易于理解和应用这三种框架，介绍了与此相对应的基于 GSN 的软件可靠性举证的论证模式；最后给出了一个软件可靠性举证的应用实例，目的在于为软件可靠性举证构建提供应用参考。

|3.1　软件可靠性举证的基础知识|

3.1.1　几个基本概念

1. 错误、缺陷、故障和失效

基于《信息技术　软件工程术语》（GB/T 11457—2006）、IEEE 的软件可信性等标准，得到下面错误、缺陷、故障和失效的概念。

（1）错误（Mistake）：在软件开发过程中出现的不符合期望或不可接受的人为差错。

（2）缺陷（Bug/Defect）：存在于软件产品中不期望或不可接受的偏差。

（3）故障（Fault）：软件产品不能执行规定功能的状态。

（4）失效（Failure）：软件产品丧失完成规定功能的能力的事件。

软件失效意味着软件不可靠，所以可以通过软件是否失效判断软件是否可靠，并根据软件失效发生的次数和时间间隔判断软件可靠的程度：失效次数越多，失效时间间隔越短，软件越不可靠。软件失效是怎么发生的呢？

"错误"是软件开发人员在软件开发过程中出现的错误（失误或疏忽），会导致软件产品中存在"缺陷"。只要不修改软件产品中已有的缺陷，则缺陷会永远留在软件产品中，缺陷是软件产品固有的属性。当缺陷被激发时，软件会出现故障。"故障"是软件在运行中的一种内部状态，这种状态是不可接受的或不希望的，当软件无容错机制时，软件会发生失效事件。"失效"是动态运行的结果，是软件的运行偏离了需求。因此，软件失效的发生过程如图 3-1 所示。

图 3-1　软件失效的发生过程

综上所述，软件开发人员在软件开发过程中出现的错误最终会在软件产品中以缺陷的形式存在，故障和失效都是由软件产品中存在的缺陷引起的，软件执行遇到软件中的缺陷且无容错机制时会导致软件失效。因此，为了使软件更可靠，就要尽量消除软件缺陷。

2. 软件可靠性

软件可靠性是软件的固有特性，是重要的软件顾客满意度度量要素。可靠的软件是完整的、能够满足用户需求的、正确的。软件可靠性是软件质量评价指标中的重要指标之一，也是软件开发方和用户十分关心的质量指标之一。美国计算机学会（Association for Computing Machinery，ACM）于 1983 年给出了软件可靠性的定义[2]，此后该定义被美国标准化研究院接受成为国家标准。《信息技术　软件工程术语》（GB/T 11457—2006）采用了这个定义，并将软件可靠性定义如下。

定义 1 在规定条件下，在规定的时间内，软件不引起系统失效的概率。该概率是系统输入和系统使用的函数，也是软件中存在的缺陷的函数。系统输入将确定是否遇到已存在的缺陷（如果有缺陷存在的话）。

定义 2 在规定的时间周期内，在规定条件下，程序执行所要求的功能的能力。

其中，定义 1 是从定量角度给出软件可靠性的定义；定义 2 则是从定性角度给出软件可靠性的定义。规定条件是指软件运行的软、硬件环境和软件操作剖面：软件环境包括数据库系统、操作系统、编译系统、应用程序等；硬件环境指计算机的 I/O、CPU 等；软件操作剖面是对软件使用方式的数值描述，可以理解为各种使用方式的使用概率。规定的时间一般可分为日历时间、执行时间和时钟时间。所要求的功能是指软件产品为提供给定的服务所必须具备的功能。

软件可靠性不但与软件存在的缺陷有关，而且与软件系统输入和系统使用有关。

3. 软件可靠性举证

随着软件安全性举证的广泛研究，举证概念逐渐应用到其他软件质量属性上，出现了软件可靠性举证。SAE JA1002 和 SAE JA1003 给出了软件可靠性举证的定义。

（1）SAE JA1002 中的软件可靠性举证提供了该方法的正当理由，并在项目进行过程中记录那些能够证明软件满足了可靠性需求的证据。

（2）SAE JA1003 定义软件可靠性举证为提供令人信服的论据说明软件产品具有规定的可靠性水平。软件可靠性举证可获得必要的假设、主张、论据和证据，这些必须是准确的、及时的和完整的，并且以一种令人信服的方式得到委托方和认证机构的批准。

SAE JA1002 和 SAE JA1003 明确定义了软件可靠性举证，但 SAE JA1003 对软件可靠性举证的定义更清晰。因此，参考 SAE JA1003，我们给出如下软件可靠性举证的定义。

软件可靠性举证是通过一系列文档化的证据为委托方和认证机构提供令人信服的论据以说明软件产品达到了规定的可靠性水平。

3.1.2 软件可靠性工程

关于软件可靠性工程的定义，目前暂无国际公认的统一定义，我国的软件可靠性专家认为软件可靠性工程和硬件可靠性工程相似。因此，参考硬件可靠性工程的定义，将软件可靠性工程理解为：为了达到软件产品的可靠性要求而进行的一系列设计、分析、测试和管理等工程活动。其内涵涉及以下四方面活动和有关技术[3]。

（1）软件可靠性分析：指与软件可靠性有关的分析活动和技术，如可靠性需求分析、故障树分析、失效模式和影响分析以及软件开发过程中有关软件可靠性的特性分析等。

（2）软件可靠性设计和实现：指为满足软件可靠性要求而采用相应技术进行的设计活动，如软件可靠性分配，测试前的软件可靠性预计、防错设计、容错设计、纠错设计、故障恢复设计等。

（3）软件可靠性测量、测试和评估：指对软件产品及其相关过程进行的与可靠性相关的测量、测试和评估活动，如在软件生命周期各阶段进行的有关软件可靠性的设计、制造和管理方面的属性测量，进行的软件可靠性测试、软件可靠性评估和软件可靠性验证等。

（4）软件可靠性管理：指确定影响软件可靠性的因素，制定必要的设计和实现准则，以及对软件开发各阶段软件可靠性相关过程和产品的要求，同时依据前面所述有关测量数据和分析结果来控制与改进软件开发过程，进行风险管理（不仅考虑可靠性等技术风险，而且考虑进度和经费方面的风险），改进费用效益关系，对采购或重用的软件进行可靠性管理等。

实施软件可靠性工程要解决三个问题，即软件可靠性指标的确定与分配、软件可靠性要求的实现和软件可靠性的验证。

3.1.3　软件可靠性相关标准

1988 年，IEEE 制定了第一份关于软件可靠性度量体系方面的标准以及该标准的实施指南。2005 年，IEEE 对软件可靠性度量体系标准进行了修订。2008年，IEEE 对 R-013-1992 标准进行修订［R-013-1992 标准是 AIAA（美国航空与航天学会）在 1992 年制定的关于软件可靠性评估的标准］。20 世纪 90 年代至今，我国在借鉴国外相关标准的情况下也制定了自己的软件可靠性标准。与软件可靠性相关的标准有《可靠性维修性保障性术语》（GJB　451A—2005）、《军用软件可靠性评估指南》（GJB/Z 161—2012）、《军用软件安全性设计指南》（GJB/Z 102A—2012）和《故障模式影响及危害性分析指南》（GJB/Z 1391—2006）。软件可靠性相关标准详情如表 3-1 所示。

表 3-1　软件可靠性相关标准详情

标准号	标准名称	标准内容
IEEE Std 982.2—1998	软件可靠性度量实施指南	主要回答了如何使用这些度量参数对软件可靠性进行度量的问题
IEEE Std 982.1—2005	软件可信性度量词典	主要回答了使用哪些参数对软件可靠性度量的问题，即用户可以通过哪些方面对软件质量、特别是软件的可靠性进行了解和评价
IEEE Std 1633—2016	IEEE 推荐的软件可靠性实践	主要解决了如何进行软件可靠性评估的问题，包括软件可靠性评估过程和软件可靠性评估模型两方面
GJB 451A—2005	可靠性维修性保障性术语	对产品（包括软件、硬件或两者结合）的可靠性、维修性、保障性术语进行了定义，特别是引入了软件可靠性术语
GJB/Z 161—2012	军用软件可靠性评估指南	规定了军用软件可靠性评估的基本要求和规程，并给出了软件可靠性评估模型等，适用于软件开发过程中计算机软件配置项测试、系统测试，以及软件运行和维护阶段进行软件可靠性评估
GJB/Z 102A—2012	军用软件安全性设计指南	规定了军用软件安全性涉及的实施指南，适用于军用软件需求分析、设计和实现时的软件安全性设计，软件可靠性设计也可参考本指导性技术文件
GJB/Z 1391—2006	故障模式影响及危害性分析指南	介绍了嵌入式软件 FMECA 的目的与工作时机、步骤与实施、注意事项

IEEE 软件可靠性标准主要包括软件可靠性度量体系和软件可靠性评估两方面。软件可靠性度量体系由《软件可信性度量词典》（IEEE Std 982.1—2005）和《软件可靠性度量实施指南》（IEEE Std 982.2—1998）组成，IEEE Std 982.1—2005 是 IEEE Std 982.1—1988 的修订版；软件可靠性评估主要为 IEEE Std 1633，最新版发布于 2016 年，替代了 IEEE Std 1633—2008。

《可靠性维修保障性术语》（GJB 451A—2005）对产品（包括软件、硬件或两者结合）的可靠性、维修性、保障性术语进行了定义，但是，其中只有三条是 IEEE Std 982.1—2005 中有的，IEEE Std 982.1—2005 中有九条度量参数（包括危险因子、剩余缺陷数、剩余测试时间、网络可靠性、缺陷密度、测试覆盖率、软件需求的一致性、故障密度、软件需求的可追溯性）是国内标准没有的，占度量参数总数的 75%。

3.2　软件可靠性举证框架

构建软件可靠性举证框架的目的在于给出论据以及证据以表明软件可靠性保

证目标的满足，它只确定论据和证据的类型，不涉及论据和证据的具体内容。

根据软件可靠性举证的概念，软件可靠性举证分为三部分：保证目标、论据和证据，软件可靠性举证框架把软件可靠性举证的相关活动划分成框架包，分别对应保证目标、论据和证据三部分，如表3-2所示。

表 3-2 软件可靠性举证结构三要素和软件可靠性举证框架包的对应关系

序号	软件可靠性举证结构	框架包
1	保证目标	软件可靠性主张包
2	论据	软件可靠性论据包
3	证据	软件可靠性证据包

软件可靠性举证框架主要是以图的形式将可靠性主张层、可靠性论据层和可靠性证据层表示出来，并以图的形式阐述软件可靠性主张包、软件可靠性论据包和软件可靠性证据包的内容，以及它们之间的关系。软件可靠性举证框架的通用形式如图 3-2 所示。

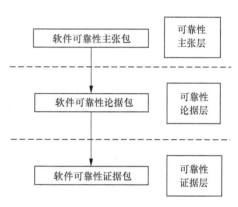

图 3-2 软件可靠性举证框架的通用形式

软件可靠性举证方法可以分为两种：基于产品的举证是从可靠性特性满足或需求满足的角度表明保证目标实现；基于过程的举证主要是验证软件研制过程是否满足了标准中所规定的要求。软件可靠性要求有定性和定量之分。因此，软件可靠性举证可进一步细分为面向产品定量、面向产品定性和面向过程。面向产品定量的软件可靠性举证框架是基于软件可靠性特性度量模型的，面向产品定性的软件可靠性举证框架是基于"4+1"准则的，面向过程的软件可靠性举证框架是基于缺陷防控模型的。下面分别介绍这三种软件可靠性举证框架。

3.2.1 基于软件可靠性特性度量模型的软件可靠性举证框架

1. 软件可靠性特性度量模型

ISO/IEC 25010 标准描述了软件产品质量模型，其中包含了可靠性和可靠性特性。ISO/IEC 25021 标准定义了一系列基本和推导的度量，用于软件开发生命周期中的软件质量评估。依据 ISO/IEC 25010 和 ISO/IEC 25021 标准，就可以给出软件可靠性特性度量模型，且每个特性有相应的度量。图3-3 所示的软件可靠性特性度量模型结构描述了可靠性、可靠性特性和度量之间的关系。

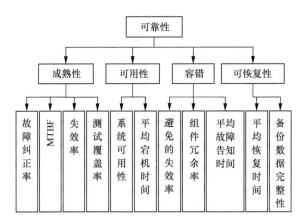

图 3-3　软件可靠性特性度量模型结构

　　软件可靠性包括四个特性，分别是成熟性、可用性、容错和可恢复性。成熟性是用来评价在正常运行条件下，软件满足可靠性需求的程度，包括四个度量，分别是故障纠正率、MTBF、失效率和测试覆盖率。故障纠正率是指纠正发现的可靠性相关故障的比例，MTBF 是指软件运行中的平均失效的间隔时间，失效率是指定义的时间内的平均失效数，测试覆盖率是指实际执行的软件功能占测试集中软件功能的比例。

　　可用性是用来评价当需要使用时，软件可以使用的程度。可用性包括两个度量，分别是系统可用性和平均宕机时间。系统可用性是指系统实际执行时间占规定运行时间的比例，平均宕机时间是指当失效出现时，系统不能使用的时间。

　　容错是用来评价尽管出现软件故障，软件仍然按期望运行的程度。容错包括三个度量，分别是避免的失效率、组件冗余率和平均故障告知时间。避免的失效率是指通过控制避免故障模式发生关键和严重失效的比例，组件冗余率是指为避免系统失效而设置的系统冗余组件的比例，平均故障告知时间是指系统报告故障发生的时间。

　　可恢复性是用来评价在出现中断事件或发生失效时，软件恢复受影响的数据或重新确立期望的系统状态的能力。可恢复性包括两个度量：平均恢复时间和备份数据完整性。平均恢复时间是指软件从失效恢复所需的时间，备份数据完整性是指数据项定期备份的比例。

2. 基于软件可靠性特性度量模型的软件可靠性举证框架

软件可靠性包括成熟性、可用性、容错和可恢复性四个特性，其对应的度量名称、度量描述和度量计算方法/度量函数如表 3-3 所示。

表 3-3　软件可靠性度量表

软件可靠性特性名称	度量名称	度量描述	度量计算方法/度量函数
成熟性	故障纠正率	纠正发现的可靠性相关故障的比例	故障纠正率=纠正的可靠性相关的故障/发现的可靠性相关的故障
	MTBF	软件运行中的平均失效的间隔时间	MTBF=运行时间/软件失效数
	失效率	定义的时间内的平均失效数	失效率=观察时间内发现的失效数/观察时间
	测试覆盖率	实际执行的软件功能占测试集中软件功能的比例	测试覆盖率=实际执行的软件功能/测试集里包含的软件功能
可用性	系统可用性	系统实际执行时间占规定运行时间的比例	系统可用性=实际的系统运行时间/规定的系统运行时间
	平均宕机时间	当失效出现时，系统不能使用的时间	平均宕机时间=总的宕机时间/观察到的宕机数
容错	避免的失效率	通过控制避免故障模式发生关键和严重失效的比例	避免的失效率=关键或严重失效避免数/执行的故障模式测试用例数
	组件冗余率	为避免系统失效而设置的系统冗余组件的比例	组件冗余率=系统冗余组件数/系统组件数
	平均故障告知时间	系统报告故障发生的时间	平均故障告知时间=（系统告知故障的时间−故障被发现的时间）/发现的故障数
可恢复性	平均恢复时间	软件从失效恢复所需的时间	平均恢复时间=对每一个失效恢复和初始化操作的总时间/总失效数证据
	备份数据完整性	数据项定期备份的比例	备份数据完整性=实际定期备份的数据项数量/为了错误恢复需要备份的数据项数量

在软件可靠性举证框架中，这四个特性分别对应软件成熟性主张、软件可用性主张、软件容错主张和软件可恢复性主张。软件可靠性特性是由软件可靠性分解得到的，软件可靠性特性可以分解成软件可靠性度量，软件可靠性度量主要通过度量函数值验证。软件可靠性论据包包括软件可靠性特性度量包和软件可靠性度量分析包。软件可靠性证据包是指软件可靠性举证过程中的相关文档。软件可靠性举证结构三要素和基于软件可靠性特性度量模型的软件可靠性举证框架包的对应关系如表 3-4 所示。

表 3-4　软件可靠性举证结构三要素和基于软件可靠性特性度量模型的软件可靠性举证
框架包的对应关系

序号	软件可靠性举证结构	框架包
1	保证目标	软件可靠性主张包
2	论据	软件可靠性特性度量包 软件可靠性度量分析包
3	证据	软件可靠性证据包

　　保证目标"软件可靠性是可接受的"主要是通过软件可靠性特性保证目标满足来证明的。基于软件可靠性特性对应度量计算方法，为了表明软件可靠性特性保证目标满足，需要获取软件可靠性度量元，并通过软件可靠性度量函数值表明软件可靠性特性保证目标的满足来表明。例如，对成熟性的可靠性度量 MTBF，可靠性度量元是软件失效数和运行时间，度量函数是运行时间/软件失效数。通过测试和运行中收集到的数据计算度量函数值得到 MTBF，以表明软件可靠性保证目标是否满足。基于软件可靠性特性度量模型的软件可靠性举证框架如图 3-4 所示。

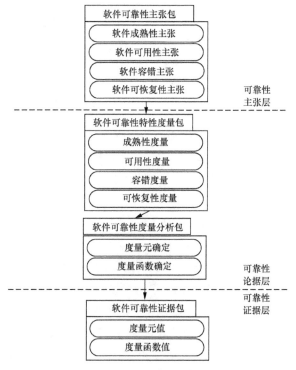

图 3-4　基于软件可靠性特性度量模型的软件可靠性举证框架

3.2.2　基于缺陷防控模型的软件可靠性举证框架

1. 缺陷状态分类

缺陷在软件中常以不同的状态出现：有些缺陷没有出现在软件中；有些缺陷曾经出现在软件中，但被剔除了；有些缺陷始终存在于软件中，但已采取措施避免软件失效发生；还有些缺陷始终存在于软件中，并且在软件运行时，碰到该缺陷会导致软件失效发生。

结合缺陷在软件中存在的四种状态，可以将缺陷状态分为四种：预防消除的缺陷、检测到的缺陷、未检测到但受遏制的缺陷以及未检测到且未遏制的缺陷，如图 3-5 所示。

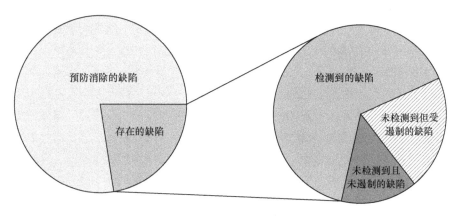

图 3-5　缺陷状态分类

2. 缺陷防控模型

软件可靠性工程中提出了三种缺陷防控措施：缺陷预防、缺陷检测与消除以及容错。

缺陷预防是通过注重软件开发过程因素，从而尽量减少引入缺陷。缺陷检测与消除是指首先采取一定的措施发现缺陷，然后修改软件，从而消除缺陷的存在。容错是指通过容错机制，即使在软件存在缺陷的情况下，软件不会失效仍能完成规定的功能。

依据以上三种缺陷防控措施，给出缺陷防控模型，如图 3-6 所示。

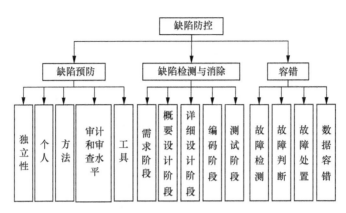

图 3-6　缺陷防控模型

缺陷预防主要考虑五个方面：独立性、个人、方法、审计和审查水平、工具。独立性分为机构独立、部门独立和个人独立。个人分为专家、实际工作者（有经验）和被监督的实际工作者。方法分为有客观推理的方法、有客观验收标准的方法和没有客观验收标准的方法。审计和审查水平分为机构独立审计和审查、部门独立审计和审查、自审查。工具可分为通过客观推理表明（验证）工具、有证据表明（验证）工具和无证据表明（验证）工具。

缺陷检测与消除从时间维度可以分为需求阶段缺陷检测与消除、概要设计阶段缺陷检测与消除、详细设计阶段缺陷检测与消除、编码阶段缺陷检测与消除以及测试阶段缺陷检测与消除。不同阶段对缺陷检测与消除的要求不同，需要提供证据表明这些要求能得到满足。缺陷检测与消除可以采用的技术有分析、测试和评审，不同的开发阶段采用相应的技术。

由于开发 100% 无缺陷的软件几乎是不可能的，因此需要使用设计技术来检测故障并恢复正确，将这些故障产生后果最小化，即需要容错。容错主要包括故障检测、故障判断、故障处置和数据容错。故障检测是对运行过程中的软件进行检测；故障判断是指根据检测结果判断软件是否存在故障；故障处置是指确定软件发生故障后，为使软件正常运行，对软件采取的措施；在数字系统中，对数据的操作容易出现间歇性或者瞬时故障，因此需要进行数据容错。

3. 基于缺陷防控模型的软件可靠性举证框架

依据缺陷防控模型，软件可靠性举证主张包主要包括软件缺陷预防主张、软件缺陷检测与消除主张以及软件容错主张，软件可靠性论据包主要包括软件缺陷预防包、软件缺陷检测与消除包以及软件容错包，在软件开发过程中收集到的相关的证据作为软件可靠性证据包。软件可靠性举证结构三要素和基于缺陷防控模型的软件可靠性举证框架包的对应关系如表 3-5 所示。

表 3-5 软件可靠性举证结构三要素和基于缺陷防控模型的软件可靠性
举证框架包的对应关系

序号	软件可靠性举证结构	框架包
1	保证目标	软件可靠性主张包
2	论据	软件缺陷预防包 软件缺陷检测与消除包 软件容错包
3	证据	软件可靠性证据包

因此，基于缺陷防控模型的软件可靠性举证框架如图 3-7 所示。

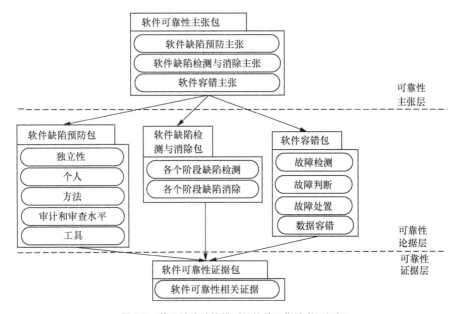

图 3-7 基于缺陷防控模型的软件可靠性举证框架

3.2.3 基于"4+1"准则的软件可靠性举证框架

对于高可靠系统，软件不可靠带来的问题是很严重的。例如，如果不能正确处理飞机控制系统的软件异常情况，就会导致飞机出现故障。因此，需要解决由于软件不可靠引起的系统故障。为了解决软件不可靠问题，首先需要提出软件可靠性需求。软件可靠性需求是指处理异常情况的需求，主要包括一些处理软件在设计中可能出现情况的需求。然后需要进行软件可靠性设计，将软件可靠性需求进行分解，并且确保分解得到的每一层能够保持上一层需求的含义，从而保持顶层需求。软件可靠性设计的目的是满足可靠性需求，在设计过程中，仍然会引入可靠性相关的失效，为此，需要解决这类失效。在此基础上，本节给出软件可靠性举证的"4+1"准则。其中，4 表示四个基本准则，包括在软件可靠性开发过程中，应识别软件可靠性需求以解决软件引起的系统关键失效；在软件可靠性设计过程中，应持续分解软件可靠性需求以保证其实现；软件可靠性需求应该被满足；识别和消除软件可靠性相关失效。另外的 1 是指进行软件可靠性举证。下面将分别介绍这四个基本准则。

1. 在软件可靠性开发过程中，应识别软件可靠性需求以解决软件引起的系统关键失效

在高可靠性系统中，软件是核心支持技术，软件的不可靠可能导致系统关键失效。1980 年，美国北美防空司令部错误报告受到导弹袭击。事后分析发现，事件是电路系统软件没有考虑软件故障问题导致的。因此，在软件可靠性开发过程中，应识别软件可靠性需求以解决软件引起的系统关键失效，此时定义具体和可验证的软件可靠性需求就很重要。例如，在定义容错需求时，如果只是定义了通用软件需求，或者只是简单的正确性需求，就不能解决系统关键失效。总之，需要通过定义软件可靠性需求以解决系统关键失效，并论证系统关键失效的管理是有效的。

2. 在软件可靠性设计过程中，应持续分解软件可靠性需求以保证其实现

在软件开发过程中，软件设计被逐步分解成更详细的设计，服务于更详细的软件设计推导得到的需求（被称为派生的软件需求）。在顶层设计中，已经确立了正确和完整的软件可靠性需求，在软件可靠性需求分解的过程中，必须保持这些需求的含义。

1993 年，汉莎航空 2904 号航班发生事故，导致两人死亡。飞机发生事故的原因是在需求分解过程中，没有保持飞机顶层需求的含义。飞机顶层需求是：飞机着陆后，启动推力反向器和扰流器，从而使飞机减速。推力反向器的启动条件是

两个主起落架承受的质量都超过 12 吨或飞机的机轮转速超过 72 节（1 节约等于 1.852 千米/时），扰流器的启动条件是两个主起落架承受的质量都超过 12 吨。但是，事发当天，飞机故意向右倾斜，飞行速度比平时略快，以补偿预期的横风，但实际上不是横风，而是尾风。结果，飞机在接触地面时保持向右倾斜，这意味着只有一个起落架承受质量。此外，非常潮湿的跑道会导致滑水现象产生，这意味着在地面上的一个轮子不是以所需的 72 节的速度旋转的。所以，推力反向器和扰流器都没有被启动，最终导致飞机出现事故。

需求分解的问题是持续保持需求的有效性，如何表明设计需求等同于更抽象的需求。有时需求满足了，但是在真实的环境条件下，环境因素、人的因素和其他因素都可能使需求分解问题复杂化，这些需求有可能不等同于更高层的需求。

这个问题的理论解决方案是在最顶层需求获取所有需求信息，但这在实践中是不可能的。不管怎样，在软件开发过程中，设计决策需要更详细的需求（设计决策之后这些需求才能被正确认识）。

3. 软件可靠性需求应该被满足

定义了有效的软件可靠性需求之后，无论是分配的软件可靠性需求还是派生的软件可靠性需求，证明这些需求满足是很有必要的。软件可靠性需求满足的前提条件是需求定义足够细致，并且是可验证的。表明软件可靠性需求满足的验证技术的类型与开发阶段和实现技术有关，限定具体的验证技术既不灵活也不明智。

1999 年，火星极地登陆者号准备着陆时，软件错误导致引擎过早关闭而使着陆任务失败。进一步分析发现，在着陆传感软件的压力测试过程中，软件的故障注入测试是不充分的，导致软件缺陷很难被发现。

鉴于软件系统的复杂性，一种验证方法还不足以充分验证软件需求。因此，需要结合多种验证方法产生验证证据。尽管测试和专家评审可以分别产生主要的验证证据和次要的验证证据，但形式化验证在满足软件需求的适用性和有效性上逐渐增强，也应受到重视。

4. 识别和消除软件可靠性相关失效

尽管软件设计的软件可靠性需求满足顶层可靠性需求，但这不能保证需求已经考虑了软件所有的可靠性相关的失效。软件设计和开发过程中可能引起软件不期望的行为，这不能够通过简单的需求分解避免。软件可靠性相关失效主要来自以下两个方面。

（1）由软件设计决策导致的不期望的行为和交互。

（2）软件开发过程中的系统错误。

2005 年 8 月，波音 777 飞机经历了大量严重警告、虚假的失控迹象和危险的自动驾驶事件。对这些软件设计的副作用引起的事件，只能通过全面考虑潜在的软件失效模式及其影响来预测。如果飞机在飞行过程中识别了潜在的可靠性相关失效，就可能采取措施解决这些失效问题，为此需要进行软件设计潜在影响分析。

软件不可靠行为并不是都来自于软件设计的副作用，也可能是软件设计和开发过程中错误导致的结果。例如，在第一次海湾战争中，美国的爱国者导弹未能跟踪和拦截伊拉克的飞毛腿导弹，导致美军出现重大伤亡。事后查明是软件出了问题：雷达控制软件的误差使得其失去了对导弹跟踪系统的控制，导致该系统被关闭，引发事故。这些看似不重要的开发过程的错误可能导致严重后果的案例并不少见。

在实践中，系统地确立每一个错误的因果关系是不现实的。因此，系统在一段时间内采用已经解决了一些可靠性相关失效的经验可能是最有效的。另外，确定软件设计的关键环节也很重要，可以确保开发过程足够严格。

将以上四个基本准则结合起来，进行软件可靠性举证，就完成了基于"4+1"准则的软件可靠性举证。软件可靠性举证结构三要素和基于"4+1"准则的软件可靠性举证框架包的对应关系如表 3-6 所示，基于"4+1"准则的软件可靠性举证框架如图 3-8 所示。

表 3-6 软件可靠性举证结构三要素和基于"4+1"准则的软件可靠性举证框架包的对应关系

序号	软件可靠性举证结构	框架包
1	保证目标	可靠性主张包
2	论据	软件可靠性需求有效性分析包 软件可靠性需求分解分析包 软件可靠性需求满足分析包 软件可靠性相关失效分析包
3	证据	软件可靠性证据包

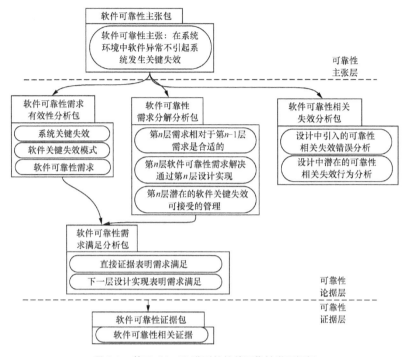

图 3-8　基于 "4+1" 准则的软件可靠性举证框架

3.2.4　几种框架的分析比较

　　基于软件可靠性特性度量模型的软件可靠性举证框架、基于缺陷防控模型的软件可靠性举证框架和基于 "4+1" 准则的软件可靠性举证框架,分别从不同角度对软件可靠性进行保证举证,以表明软件可靠性保证目标的实现。下面从角度、保证目标属性、优点和缺点对这三个框架进行比较,如表 3-7 所示。

表 3-7　三个框架的比较

框架	角度	保证目标属性	优点	缺点
基于软件可靠性特性度量模型的软件可靠性举证框架	面向产品定量	软件可靠性、特性和度量	软件可靠性、特性、度量和度量元之间的关系明确,举证过程清晰、易理解	对定性保证目标不适用
基于缺陷防控模型的软件可靠性举证框架	面向过程	缺陷预防、缺陷检测与消除以及容错	从缺陷这一根本影响软件可靠性的角度论证软件是可靠的	需要有对缺陷相关的大量经验
基于 "4+1" 准则的软件可靠性举证框架	面向产品定性	软件可靠性需求	考虑了设计过程中引入软件可靠性相关失效	论证过程较复杂

|3.3 基于 GSN 的软件可靠性举证的论证模式 |

论证模式是包含有基本论证原理和核心论证结构的一类特殊的举证结构模型。Kelly 最早提出了安全性举证的论证模式，抽象地描述了举证构建过程中的一些基本原理和论证策略，并通过应用领域实例化来构建具体的举证结构。

举证框架是论证模式的理论基础，举证框架主要包括保证目标、论据和证据，但举证框架只考虑保证目标、论据和证据的类型，不涉及具体的保证目标、论据和证据。论证模式具有抽象性、可复用性、自主性、协作性等特性，包含了若干模式元素，并提供了构建论证结构的一些必要信息，如保证目标、论据、证据、假设、背景等。

3.3.1 基于软件可靠性特性度量模型的软件可靠性举证的论证模式

软件可靠性特性度量模型能提供软件可靠性面向产品定量的指标，可用于面向产品定量保证目标满足的论证。根据软件可靠性特性度量模型，软件可靠性定量保证目标可以通过软件可靠性度量满足，但不同的软件保证目标的度量不一样，需要根据特定软件的可靠性特性度量模型确定，模型包含哪些度量，软件可靠性定量保证目标就包括那些度量。基于软件可靠性特性度量模型的软件可靠性举证顶层的论证模式如图 3-9 所示。

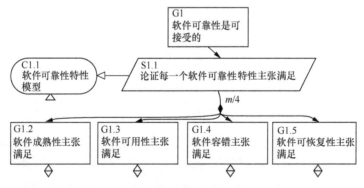

图 3-9　基于软件可靠性特性度量模型的软件可靠性举证顶层的论证模式

1. 软件成熟性主张满足的论证模式

软件成熟性主张满足主要通过度量故障纠正率、MTBF、失效率和测试覆盖率满足来实现。其中，故障纠正率=纠正的可靠性相关的故障/发现的可靠性相关的故障，MTBF=运行时间/软件失效数，失效率=观察时间内发现的失效数/观察时间，测试覆盖率=实际执行的软件功能/测试集里包含的软件功能。因此，软件成熟性主张满足的论证模式如图 3-10 所示。

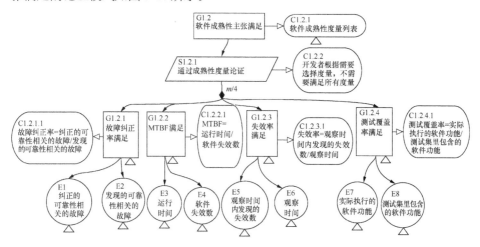

图 3-10　软件成熟性主张满足的论证模式

2. 软件可用性主张满足的论证模式

软件可用性主张满足主要通过度量系统可用性和平均宕机时间满足来实现。其中，系统可用性=实际的系统运行时间/规定的系统运行时间，平均宕机时间=总的宕机时间/观察到的宕机数。因此，软件可用性主张满足的论证模式如图 3-11 所示。

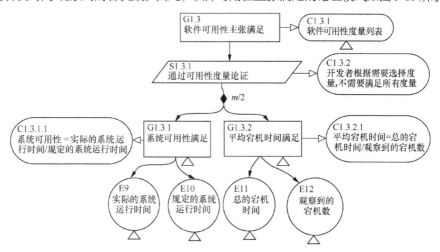

图 3-11　软件可用性主张满足的论证模式

3. 软件容错主张满足的论证模式

软件容错主张满足主要是通过度量避免的失效率、组件冗余率和平均故障告知时间满足来实现。其中，避免的失效率=关键或严重失效避免数/执行的故障模式测试用例数，组件冗余率=系统冗余组件数/系统组件数，平均故障告知时间=（系统告知故障的时间－故障被发现的时间）/发现的故障数。因此，软件容错主张满足的论证模式如图 3-12 所示。

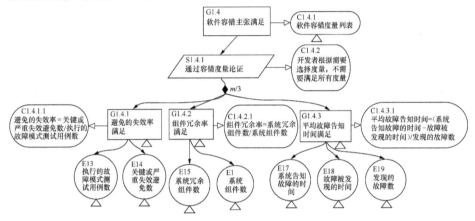

图 3-12　软件容错主张满足的论证模式

4. 软件可恢复性主张满足的论证模式

软件可恢复性主张满足通过度量平均恢复时间和备份数据完整性满足来实现。其中，平均恢复时间=对每一个失效恢复和初始化操作的总时间/总失效数证据，备份数据完整性=实际定期备份的数据项数量/为了错误恢复需要备份的数据项数量。因此，软件可恢复性主张满足的论证模式如图 3-13 所示。

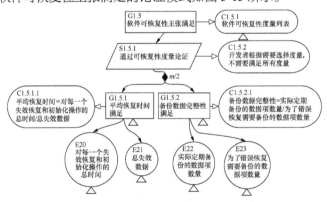

图 3-13　软件可恢复性主张满足的论证模式

3.3.2　基于缺陷防控模型的软件可靠性举证的论证模式

由基于缺陷防控模型的软件可靠性举证框架可以看出，缺陷防控主要包括缺陷预防、缺陷检测与消除以及容错。因此，基于缺陷防控模型的软件可靠性举证的论证模式主要包括软件可靠性缺陷预防主张满足的论证模式、软件可靠性缺陷检测与消除主张满足的论证模式和软件可靠性容错主张满足的论证模式。

1. 软件可靠性缺陷预防主张满足的论证模式

软件可靠性缺陷预防通过考虑过程因素，达到减少缺陷的目的。过程因素考虑五个方面：独立性、个人、方法、审计和审查水平、工具。因此，软件可靠性缺陷预防主张满足的论证模式如图 3-14 所示。

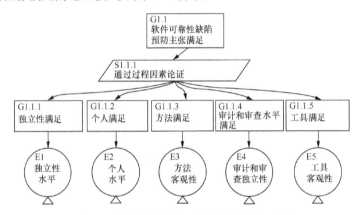

图 3-14　软件可靠性缺陷预防主张满足的论证模式

2. 软件可靠性缺陷检测与消除主张满足的论证模式

缺陷检测与消除主要是指对需求阶段、概要设计阶段、详细设计阶段、编码阶段和测试阶段的缺陷检测与消除，不同阶段会有不同阶段对缺陷检测与消除的主张。参考 SAE JA1003 标准，下面给出软件开发过程中每个阶段的保证目标，主要包括需求阶段的缺陷去除效率（DRE）和每页文档的缺陷数主张；概要设计阶段的缺陷去除效率和每页文档的缺陷数主张；详细设计阶段的软件缺陷不存在主张；编码阶段的缺陷去除效率和千行代码缺陷数主张；单元测试阶段的需求覆盖率、功能覆盖率、路径覆盖率和语句覆盖率主张；系统/集成测试阶段的需求覆盖率、功能覆盖率、测试剖面和可靠性增长主张。需要提供相应的证据表明这些主张满足，软件可靠性缺陷检测与消除主张满足的论证模式如图 3-15 所示。

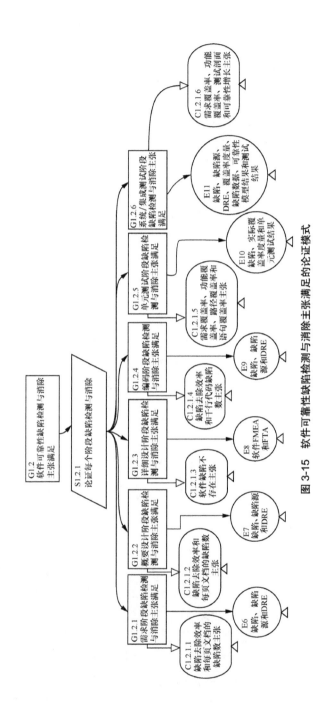

图 3-15 软件可靠性缺陷检测与消除主张满足的论证模式

3. 软件可靠性容错主张满足的论证模式

从基于缺陷防控模型的软件可靠性举证框架可以看出，可从故障检测、故障判断、故障处置和数据容错四个方面提高软件容错能力，相应的软件可靠性容错主张满足的论证模式如图 3-16 所示。

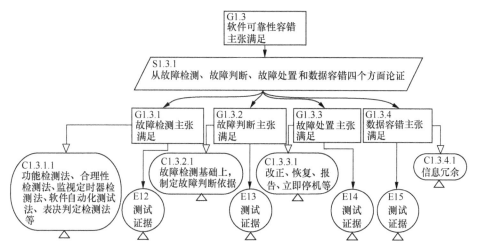

图 3-16　软件可靠性容错主张满足的论证模式

故障检测的方法有很多，如功能检测法、合理性检测法、监视定时器检测法、软件自动化测试法、表决判定检测法等。故障判断是在故障检测的基础上做出软件是否发生故障的判断。例如，使用监视定时器检测法检测故障时，需要说明满足什么条件才能表明软件发生故障。故障处置方式有改正、恢复、报告、立即停机等。

在数字系统中，数据常以"位"或"字"的形式发生故障，为了避免或减少故障，可以增加信息冗余，从而提高数据容错能力。信息冗余是指通过在数据之外增加额外的信息，用于保证数据的正确性。在数据传输和存储过程中，可以通过编码技术实现信息冗余；在信息处理过程中，可以通过数据合理化检查和处理以保证数据的正确性和可靠性。

3.3.3　基于"4+1"准则的软件可靠性举证的论证模式

根据基于"4+1"准则的软件可靠性举证框架，每个准则对应一个论证模式，加上顶层论证模式，基于"4+1"准则的软件可靠性举证有五个论证模式，分别是基于"4+1"准则的软件可靠性举证顶层的论证模式、基于"4+1"准则的软件可靠性需求有效性的论证模式、基于"4+1"准则的软件可靠性举证需求分解的论证模式、基于"4+1"准则的软件可靠性举证需求满足的论证模式和基于"4+1"准则的软件可靠性相关失效已被消除的论证模式,下面分别对每个论证模式进行介绍。

1. 基于"4+1"准则的软件可靠性举证顶层的论证模式

为了表明软件异常导致的系统关键失效得到控制,首先要明确软件异常导致的系统关键失效列表,以及由此分配的软件可靠性需求列表;然后通过论证软件可靠性需求的满足来表明系统关键失效得到消除;最后从三个方面论证软件可靠性需求得到满足:第一,软件可靠性需求是有效的,它是其他子主张的基础,需求不适合,围绕需求的任何工作都是没有说服力的;第二,软件可靠性需求得到满足,软件可靠性需求通过软件实现,需求只有实现了才能发挥其作用;第三,设计中没有引入导致软件可靠性相关失效的行为,软件可靠性相关失效在软件设计中达到可接受的管理,以保证软件在设计过程中没有引入新的可靠性相关失效。因此,基于"4+1"准则的软件可靠性举证顶层的论证模式如图 3-17 所示。

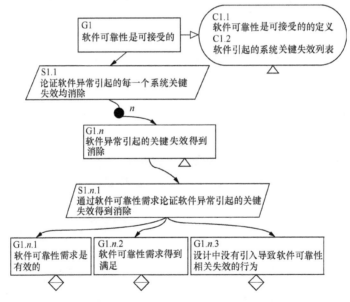

图 3-17　基于"4+1"准则的软件可靠性举证顶层的论证模式

2. 基于"4+1"准则的软件可靠性需求有效性的论证模式

一般来说,软件可靠性需求主要通过自顶向下从系统可靠性需求确定;也可通过自底向上基于软件可靠性设计准则,故障树分析(FTA)和失效模式、影响及危害度分析（FMECA）确定。软件可靠性设计准则中有专门针对软件可靠性需求分析的要求；FTA 可以将系统关键失效作为顶事件，逐层找出软件异常的原因；FMECA 可主动确定软件可能的失效模式、失效原因、失效影响及严酷度、改进措施等，从而找出软件异常导致的系统关键失效。因此，软件可靠性需求一般有四个来源，分别是系统分配、可靠性设计准则、FTA 和 FMECA。软件可靠性需求有效性主要从需求来源进行论证，基于"4+1"准则的软件可靠性需求有效性的论证模式如图 3-18 所示。

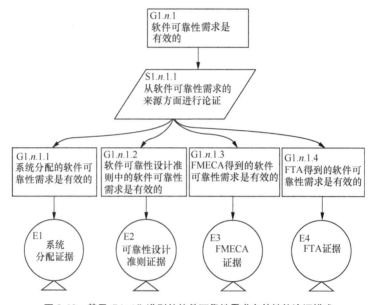

图 3-18　基于"4+1"准则的软件可靠性需求有效性的论证模式

3. 基于"4+1"准则的软件可靠性举证需求满足的论证模式

无论是系统分配的软件可靠性需求还是是派生的软件可靠性需求，在确认软件可靠性需求有效之后，表明这些软件可靠性需求已满足是很有必要的。既可以通过直接提供证据表明软件可靠性需求得到满足，也可以通过下一层设计结果表明软件可靠性需求得到满足。基于"4+1"准则的软件可靠性举证需求满足的论证模式如图 3-19 所示。

4. 基于"4+1"准则的软件可靠性举证需求分解的论证模式

软件可靠性举证需求满足论证模式中主张"下一层软件可靠性是可接受的"需要通过软件可靠性举证需求分解进行论证。软件设计会进一步分解和细化软件需求分析阶段的需求，直到设计的最底层的软件可靠性需求。为了保证在最底层的软件可靠性相关失效得到控制，需要保证最底层需求之上的每一层软件可靠性相关失效均得到控制。

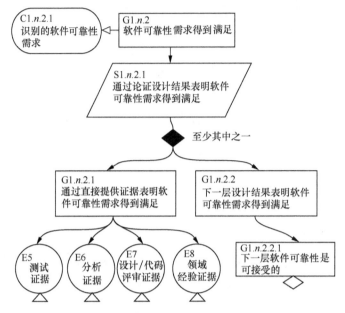

图 3-19 基于"4+1"准则的软件可靠性举证需求满足的论证模式

软件可靠性举证需求分解论证模式与顶层论证模式相似，但这里的论证保证目标已不是顶层主张，而是下一层（n 层）软件可靠性相关失效得到控制。围绕论证的也是 n 层软件可靠性需求，以此论证 n 层软件可靠性需求是有效的、n+1 层软件设计的实现表明 n 层软件可靠性需求得到满足、n+1 层软件设计中没有引入导致软件可靠性相关失效的行为。因此，基于"4+1"准则的软件可靠性举证需求分解的论证模式如图 3-20 所示。

5. 基于"4+1"准则的软件可靠性相关失效已被消除的论证模式

软件设计导致的可靠性相关失效的原因主要是软件设计中引入了与可靠性失效相关的人为错误和软件设计中存在潜在的可靠性相关失效行为。因此，在软件可靠性相关失效已被消除论证模式中应保证这两种情况不发生。软件设计中没有引入可靠性失效相关的人为错误可通过人工审查报告证据支持，软件设计中不存在潜在的可靠性相关失效行为可通过 FMECA 识别潜在的软件失效模式，然后通过失效改进措施证据表明潜在的软件可靠性相关失效不会发生。基于"4+1"准则的软件可靠性相关失效已被消除的论证模式如图 3-21 所示。

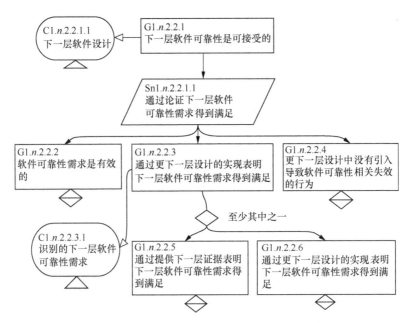

图 3-20 基于 "4+1" 准则的软件可靠性举证需求分解论证模式

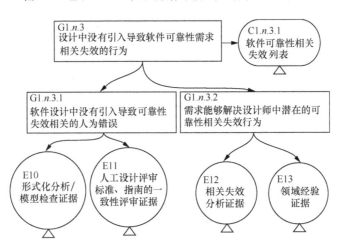

图 3-21 基于 "4+1" 准则的软件可靠性相关失效已被消除的论证模式

|3.4 应用实例|

接下来对 SAE JA1003 标准中案例的加载控制软件进行实例应用。一是为了说明三种软件可靠性举证框架和论证模式的适用性；二是为在实际工程中应用三种软件可靠性举证框架和论证模式提供参考。

3.4.1　实例软件简介

这个实例关注的是某加载控制（LC）软件程序的交付问题。加载控制软件位于集成模块化航电系统（IMA）处理器模块的可编程只读存储器（PROM）中，是保证 IMA 可靠的关键软件。集成模块化航电系统（IMA）结构如图 3-22 所示。

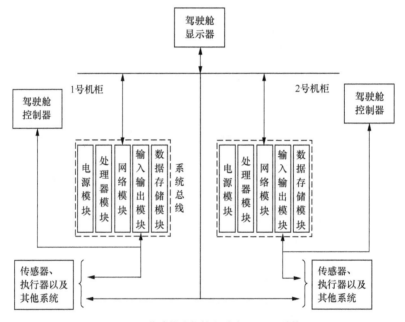

图 3-22　集成模块化航电系统（IMA）结构

加载控制软件的目的是将待使用的软件加载到处理器模块中并确保加载成功完成，加载过程如图 3-23 所示。

加载控制软件在首次交付时应具有以下功能。

① 加载待使用的软件包到 RAM（随机存储器）处理器模块中。

② 设计的 IMA 的处理器模块可以更换运行中的软件，该处理器模块包含两个 NVRAM（非易失随机存储器）内存，第一个运行软件会被加载到 NVRAM 地址 1 中。

③ 当外部命令激活处理器模块后，第一个更新的运行软件版本会被加载控制软件加载到 NVRAM 地址 2 中，运行软件的下一个版本会被加载到 NVRAM 地

址 1 中，如此循环。

④ 当外部命令激活处理器模块后，加载控制软件会进行以下处理。

（a）使用数字签名技术来认证新的运行软件，该技术属于软件完整性检查技术。

（b）首先加载已经认证的软件至"其他 NVRAM 地址"并通过内存完整性检查，确保正确加载已认证的软件，如果内存也已经正常工作，就切换软件的"活动地址"。

（c）如果加载成功，向驾驶舱显示器发送成功信息。

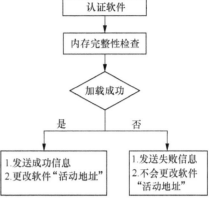

图 3-23　加载控制软件的加载过程

（d）如果加载不成功，则不改变软件的"活动地址"，并向驾驶舱显示器发送失败消息以及导致软件不能成功加载的可能原因。

3.4.2　基于软件可靠性特性度量模型的软件可靠性举证的应用过程

根据举证保证目标的概念，保证目标定义时也可进一步明确四个相关内容，分别是保证目标属性、保证目标属性值的约束、属性值不确定性的约束和保证目标适用条件约束。

在 SAE JA1003 标准的实例中，确立了加载控制软件可靠性特性度量模型，如图 3-24 所示。其中，故障纠正率=100%，测试覆盖率=100%，MTBF=2500 IMA op hrs。

第一个保证目标属性是故障纠正率，属性值的约束是故障纠正率=100%，该保证目标被认为是精确的，因此属性值的不确定性是 0，保证目标适用的条件是该加载控制软件位于 IMA 处理器模块的 PROM 中。第三

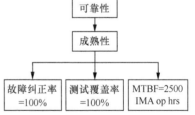

图 3-24　加载控制软件可靠性特性度量模型

个保证目标属性是 MTBF，属性值的约束是 MTBF=2500 IMA op hrs，该保证目标被认为是精确的，因此属性值的不确定性是 0，由于和第一个保证目标是同一软件，因此，该保证目标适用的条件也是该加载控制软件位于 IMA 处理器模块的 PROM 中。

依据加载控制软件可靠性特性度量模型，确定了需要满足的软件可靠性度量，

并通过测试证据表明保证目标满足，保证目标不确定性与论证过程的可信程度以及证据的不确定性有关，要达到保证目标属性值的不确定性是 0，需要论据绝对可信，并且证据不确定性为 0，但在实际情况下这是不可能的。在实例中，为了简化论证过程，假设论据是可信的，证据不确定性为 0，在后面的论证过程中都有这个假设。

　　系统测试和回归测试被认为是软件可靠性论证的十大最佳实践之一。因此，可以将测试结果作为证据，测试覆盖率可以增加证据的可信性。软件可靠性特性满足的论证过程如图 3-25 所示，总共发现十九个可靠性相关的故障，并且均已排除，满足故障纠正率=100%；实际执行的软件功能数为 20，测试集里包含的软件功能数也为 20，满足测试覆盖率=100%；运行时间为 100 可执行小时，这里把 1 可执行小时等同于 1250 IMA op hrs，软件失效数为 50，满足 MTBF=2500 IMA op hrs。

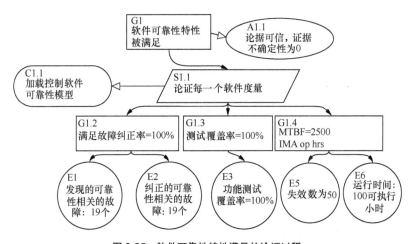

图 3-25　软件可靠性特性满足的论证过程

3.4.3　基于缺陷防控模型的软件可靠性举证的应用过程

1. 加载控制软件缺陷预防主张满足的论证

　　缺陷预防是通过考虑软件开发过程因素，达到减少缺陷的目的。过程因素主要考虑五个方面：独立性、个人、方法、审计和审查水平、工具。这里的保证目标是定性保证目标，以独立性为例，保证目标属性——独立性满足等级 3，属性值是 1（表示满足），属性值的不确定性是 0，保证目标的适用范围是软件位于 IMA 处理器模块的 PROM 中。

加载控制软件的验证机构和开发机构是独立的，不会影响验证结果的可信性；参加加载控制软件的各类评审专家具有相应的技术技能，熟悉软件领域的各类评审工作，能够认真、公正、诚实履行职责。其他开发和测试加载控制软件的人员都具有相应的技术技能，能胜任自身担任的工作岗位；加载控制软件开发过程中采用的各类设计、分析、测试等方法选择正确并正确使用，产生的输出结果可信；加载控制软件的审计和审查水平满足要求，独立开展的检查活动遵循规范。加载控制软件开发过程中采用的各类工具符合软件实际需要，能正确操作，满足软件开发各环节需求。通过上述分析，加载控制软件的独立性、个人、方法、审计和审查水平、工具五个方面的过程因素，能够满足缺陷预防的主张。因此，加载控制软件缺陷预防主张满足的论证过程如图 3-26 所示。

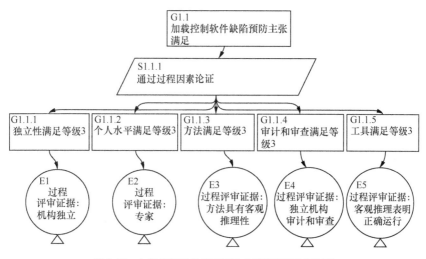

图 3-26 加载控制软件缺陷预防主张满足的论证过程

2. 加载控制软件缺陷检测与消除主张满足的论证

加载控制软件缺陷检测与消除主张是分阶段的，以软件需求阶段主张缺陷去除效率为例，其主张属性是缺陷去除效率（DRE），属性值是缺陷去除效率 ≥ 70%，属性值的不确定性是 0，主张的适用范围是软件位于 IMA 处理器模块的 PROM 中。

软件缺陷检测与消除的手段一般包括分析、评审和测试。加载控制软件开展了失效分析、各类评审和测试等缺陷检测与消除活动，这些活动结果是加载控制软件缺陷检测与消除主张满足的证据。以加载控制软件的正式审查为例进行说明。正式审查是评审的一种形式，是指在软件开发全生命周期中识别出软件工程产品的缺陷，审查对象为软件开发各类文档和代码，包括软件需求规格说明书（SRS）、设计说明书（SDD）、源代码（Code）和测试计划/结果（SVP）等。加载控制软件的正式审查结果如表 3-8 所示。加载控制软件对发现的缺陷进行了修改，以满足 DRE 指标。

表 3-8   证据实例：正式审查

审查对象	规模/页	缺陷总数/个	主要缺陷数/个	总人时数/人时	主要缺陷密度	主要源 SRS/个	主要源 SDD/个	主要源 Code/个	主要源 SVP/个
SRS	30	75	12	30	0.16	12	0	0	0
SDD	90	123	45	40	0.37	4	41	0	0
Code	4500	158	72	112	0.46	4	6	62	0
SVP	190	122	60	80	0.49	1	7	15	37

加载控制软件可靠性缺陷检测与消除的论证过程如图 3-27 所示。

3. 加载控制软件容错主张满足的论证

加载控制软件软件容错主张主要包括故障检测、故障判断、故障处置和数据容错四方面的主张。以故障检测为例，主张属性是故障检测功能满足，属性值的约束是 1（表示定性主张满足），属性值的不确定性是 0，主张的适用范围是软件位于 IMA 处理器模块的 PROM 中。

加载控制软件通过内存完整性检测判断软件是否正确加载，根据内存完整性检查判断是否出现故障，即软件加载是否成功。如果加载失败，就发送失败信息，并且不更改软件"活动地址"。主要通过测试证据表明容错主张满足，加载控制软件软件容错主张满足的论证过程如图 3-28 所示。

基于缺陷防控模型加载控制软件可靠性举证中，缺陷预防主张主要通过软件开发过程因素是否满足保证目标等进行论证；缺陷检测与消除主张主要通过软件开发各个阶段的缺陷检测与消除相关的主张是否满足进行论证；容错主张主要通过基于测试结果对故障检测、故障判断、故障处置和数据容错四方面是否满足进行论证。

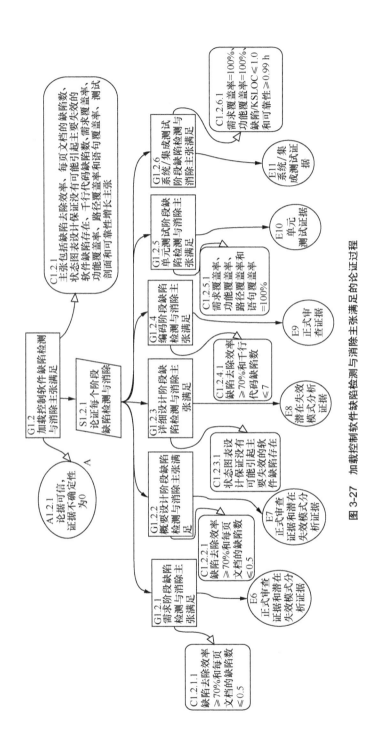

图 3-27 加载控制软件缺陷检测与消除主张满足的论证过程

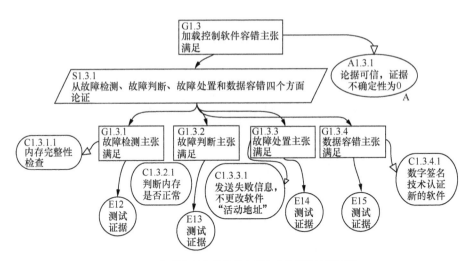

图 3-28　加载控制软件软件容错主张满足的论证过程

3.4.4　基于"4+1"准则的软件可靠性举证的应用过程

为了确保系统是可靠的，有必要保证软件异常不会引起系统关键失效，软件不会导致系统不可靠。加载控制软件对应的系统关键失效有：加载错误软件、软件加载失败和软件加载成功但处理失败，与这些系统关键失效相关的软件异常有下面两个。

异常 1：软件加载了未认证的软件。

异常 2：软件加载失败，但地址信息切换。

确定了可能的软件异常之后，需要明确软件具有什么功能才可以使异常不引起系统关键失效，即需要定义软件可靠性需求。这里的软件可靠性需求相当于软件可靠性举证顶层保证目标，根据保证目标等级确定准则和该软件的自身特点，可以确定软件需要满足等级 3，因此软件可靠性举证保证目标需要包括"正常行为"约束或"异常行为"检测和处理约束，因此，从系统角度分配了以下软件可靠性需求。

需求 1：加载软件前，认证新软件。

需求 2：软件加载失败时，加载控制软件输出加载失败，不改变加载地址。

在这里，将软件可靠性需求作为软件可靠性举证的顶层论证保证目标。以需求 2 为例，保证目标属性是关于行为的，保证目标属性是"软件加载失败时，加载控制软件输出加载失败，不改变加载地址"，由于是定性保证目标，因此，只有两种可能：满足（看作 1）和不满足（看作 0）。因此，保证目标属性值是 1，允许的不确定性是 0，保证目标的适用范围是软件位于 IMA 处理器模块的 PROM 中。应用所给的准则包括下面三个。

准则一：应该定义软件可靠性需求解决软件引起的系统关键失效。

准则二：软件可靠性需求应该被满足。

准则三：识别和消除软件可靠性相关失效。

因此，加载控制软件软件可靠性举证顶层的论证过程如图 3-29 和图 3-30 所示，表明加载控制软件异常不会导致系统关键失效。

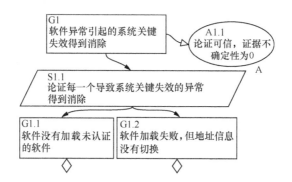

图 3-29　软件可靠性举证顶层的论证过程 1

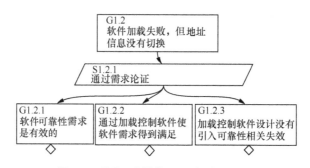

图 3-30　软件可靠性举证顶层的论证过程 2

需求 2 是来自系统分配的软件可靠性需求，系统可靠性需求是软件加载失败，地址信息不能切换。软件可靠性需求首先包括对加载失败的报告，然后对加载失败处理，因此，分配给软件之后，软件可靠性需求是"软件加载失败时，加载控制软件输出加载失败，不改变加载地址"。FMECA 和软件可靠性设计准则均未补充新的软件可靠性需求，故软件可靠性需求是有效的论证过程如图 3-31 所示。

图 3-32 表明通过加载控制软件使软件需求得到满足的论证过程，这里只论证

需求 2 被满足的过程，主要包括以下两方面。

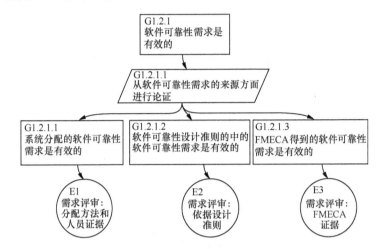

图 3-31　软件可靠性需求是有效的论证过程

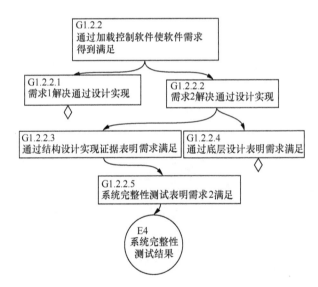

图 3-32　通过加载控制软件使软件需求得到满足的论证过程

一方面，通过提供软件结构层面产生的证据，以论证需求 2 得到满足。在这种情况下，系统集成测试结果用于表明需求 2 得到满足。

另一方面，通过底层设计分解来论证需求 2 得到满足，需要论证加载控制软件的每个底层设计模块的实现来表明需求 2 得到满足。

　　需求 2 分解后，底层设计模块有输入输出、处理器、控制器、网络、数据存储和电源。图 3-33 所示为通过底层设计模块表明需求 2 满足的论证过程，对底层的每一个设计模块进行了论证。

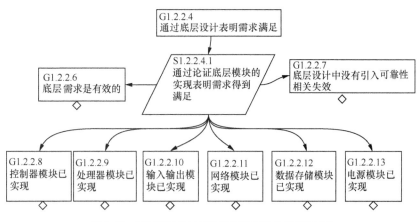

图 3-33　通过底层设计模块表明需求满足的论证过程

　　加载控制软件论证过程中没有引入可靠性相关失效的论证过程如图 3-34 所示，主要包括两方面：首先论证考虑加载控制软件设计的完整性，通过加载控制软件设计评审证据来表明设计中没有引入软件可靠性相关失效；其次论证考虑软件可能的非预期（未指定）行为不会发生，通过软件 FMECA 和软件需求评审证据来表明。

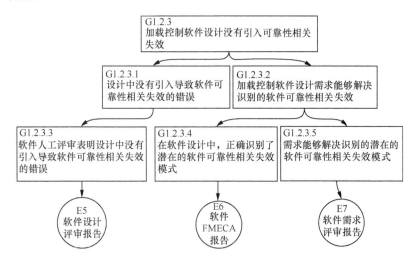

图 3-34　加载控制软件设计没有引入可靠性相关失效的论证过程

在图 3-33 中，主张"底层需求是有效的"需要进一步开发和实例化，以论证输入输出模块的需求有效性举例说明，其他底层模块的论证类似。软件需求分析阶段是软件设计阶段的输入，所以软件设计底层需求首先来源于软件需求的分配；同时也可来自 FMECA 分析和软件可靠性设计准则评，所以底层需求有效性可以基于软件需求的分配、FMECA 分析和软件可靠性设计准则等证据来表明满足，论证过程如图 3-35 所示。

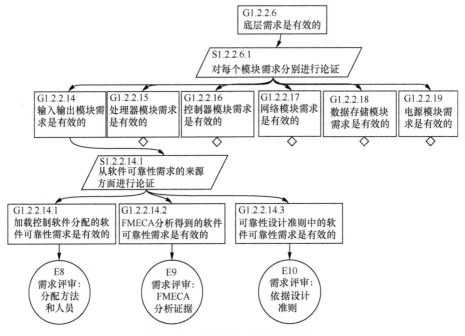

图 3-35　底层需求有效性的论证过程

在图 3-33 中，还有五个涉及底层模块已实现的主张未完成论证，以输入输出模块已实现的论证过程举例说明，其他模块已实现的论证类似。输入输出模块还可进一步细分为下面两个需求。

需求 2.1：加载失败时，输出加载失败。

需求 2.2：加载失败时，输出地址信息不切换。

这两个需求已是最底层需求，可以基于这两个需求的单元测试结果和源代码来表明输入输出模块已实现主张得到满足，如图 3-36 所示。

为了在源代码层表明需求 2.1 被满足，需要执行代码语义分析，并提供代码语义分析报告作为证据，同时，需要通过编译保证目标代码表明需求 2.1 满足，论证过程如图 3-37 所示。

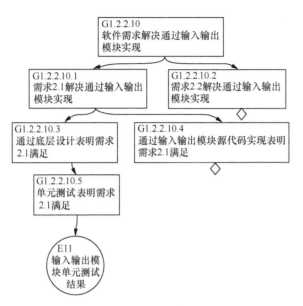

图 3-36 软件需求解决通过输入输出模块实现的论证过程

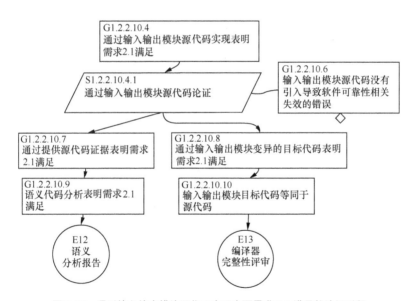

图 3-37 通过输入输出模块源代码实现表面需求 2.1 满足的论证过程

图 3-38 所示表明输入输出模块源代码没有引入导致软件可靠性相关失效的错误，通过代码静态分析和源代码评审表明没有引入软件可靠性相关失效。

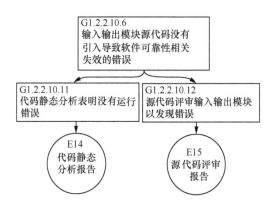

图 3-38　输入输出模块源代码没有引入导致软件可靠性相关失效的错误的论证过程

　　基于"4+1"准则的软件可靠性举证的证据主要包括需求评审、设计评审、代码评审、FMECA 分析、语义分析、静态分析、单元测试、系统测试等，每种证据都支持相应的保证目标，当证据不能够满足保证目标时，可以根据问题确定哪部分工作没有完成，从而采取相应的措施，使软件可靠性举证目标得到满足。测试证据、分析证据和评审证据都有各自的适用性和局限性，这些证据应相互补充、共同支持顶层的软件可靠性举证保证目标的实现，增强保证目标满足的可信性。

| 本章小结 |

　　软件可靠性举证是软件保证举证方法应用到软件可靠性领域的更具体的名称，其目的是表明软件已经或即将满足可靠性要求。本章对软件可靠性举证进行了较为深入的阐述，首先基于举证保证目标和可靠性的相关概念，从面向产品定量、面向过程、面向产品定性角度，介绍了三种软件可靠性举证框架，分别是基于软件可靠性特性度量模型的软件可靠性举证框架、基于缺陷防控模型的软件可靠性举证框架和基于"4+1"准则的软件可靠性举证框架，并提供了三种框架下的论证模式，为举证论证结构的复用提供便利，大大节约了举证构建的时间；同时进行实例应用，分别从软件可靠性特性度量模型、缺陷防控和"4+1"准则角度对加载控制软件进行应用，为更好地指导软件可靠性举证构建实践提供参考。

参考文献

[1] FEATHER M. How the fundamental assurance question pervades certification[C]// IEEE International Symposium on Software Reliability Engineering Workshops. Piscataway, USA: IEEE, 2013. DOI: 10.1109/ISSREW.2013.6688831.

[2] Standards Coordinating Committee of the Computer Society of the IEEE. IEEE standard glossary of software engineering terminology: IEEE Std 610.12-1990[S]. Piscataway, USA: IEEE, 1990.

[3] 陆民燕. 软件可靠性工程[M]. 北京：国防工业出版社, 2011.

第 4 章

软件保密性举证方法

　　软件保密性举证是软件保证举证应用于软件保密性领域后的更具体的名称。随着软件在系统中占据的比重不断增加，软件保密性水平不高带来的问题日益凸显：软件的不稳定导致系统崩溃和数据丢失、软件漏洞使黑客可以轻易地窃取信息、软件缺陷让病毒成功攻击系统等，从而造成巨大的损失。因此，软件交付时达到所规定的软件保密性要求就显得非常重要，保密性举证是表征一个软件保密性要求是否达到的有效手段。作为举证技术的核心要素，论证结构对举证的成败起着至关重要的作用。如果缺乏条理的论证结构，即使可利用的证据再丰富，仅靠简单的堆积也是无法提供任何有效的保证的。因此，如何开发出逻辑清晰、结构良好的论证结构，进而有效地将各种来源、各种类型的证据组织起来，发挥证据间的"合力"效应，是保密性举证必须解决的问题。

　　本章立足于软件保密性举证，结合软件保密性相关概念，首先给出了一种通用软件保密性举证开发框架，以产品为主，过程为辅，产品和过程相结合的角度论证软件保密性水平；然后以论证模式的形式给出了举证开发框架的一种可复用的实现方式；接着为方便框架的实际应用，提供了论证模式的实例化应用方法；最后给出一个应用实例，为软件保密性举证开发提供参考。

|4.1　软件保密性举证的基础知识|

4.1.1　软件保密性的相关概念

1. 软件保密性的概念

软件保密性日益成为众多学者关注的焦点，不同学者试图从下面不同角度去诠释软件保密性，目前尚未形成统一的概念共识。

（1）质量特性角度

《系统和软件工程——系统和软件质量要求及评估（SQuaRE）——系统和软件质量模型》（ISO/IEC 25010）将保密性列为八大特性之一，从质量特性角度定义了软件保密性：软件产品保护信息和数据的能力，以使未授权的人员或系统不能阅读或修改这些信息和数据，而不拒绝授权人员或系统对它们的访问。保密性下设机密性、完整性、真实性、抗抵赖性和可核查性五个子特性。

① 机密性：产品或系统确保数据只有在被授权时才能被访问的程度。

② 完整性：系统、产品或组件防止未授权访问、篡改计算机程序或数据的程度。

③ 真实性：对象或资源的身份表示能够被证实符合其声明的程度。

④ 抗抵赖性：活动或事件发生后可以被证实且不可被否认的程度。

⑤ 可核查性：实体的活动可以被唯一地追溯到该实体的程度。

（2）工程角度

软件保密专家 McGraw 从工程角度认为软件保密性使得软件在受到恶意攻击的情况下依然能够继续正确运行[1]。

剑桥大学的 Anderson 教授进一步解释了保密工程的含义：保密工程的核心在于构建出在面对恶意（Malice）、错误（Error）或灾难（Mischance）时，依旧可依赖的系统[2]。

（3）风险角度

Türpe 教授从风险角度阐述了软件保密性，将软件保密性定义为软件某些属性和特征的缺失，这种缺失使得软件如果被有恶意企图的攻击者利用，就会对软件的使用人员或第三方机构造成风险。其中，软件保密性的属性和特征包含的范围十分广泛，小至执行存取控制的软件模块，大到软件与用户交互的方式。此外，该定义也凸显了软件保密性测试的难度。通常，软件测试只能展示缺陷的存在性，而不能证明其缺失性，而保密性最终表现为某些类型缺陷的缺失。因此，软件保密性测试是十分困难的，它需要在攻击者攻击之前找到那些并未明确指出的潜在漏洞。

Abram 认为，充分的保密性与由于对信息的遗失、误用、未授权的访问或修改所引起的风险和危害程度相当。

知名密码学家 Schneier 也指出，保密性就是要阻止其他人有意或无保证行为所造成的不利的结果发生[3]。

（4）保证角度

Redwine 对保密性的理解则体现了保证的思想：保密的软件必须以一种并非绝对的，但却是可判定的高置信的方式，实现一系列明确的保密属性以及在其所期望的使用环境中必须具有的功能。

Firesmith 在文献[4]中也指出，保密性是对有价值的资产的恶意危害进行阻止、降低以及正确响应等行为所到达的程度。因此，保密性是一个质量因素，它表明了对那些有价值的资产的保护程度。

不同角度和层次的软件保密性定义具有各自不同的特点，从不同侧面反映了对保密性的理解。总的来看，软件保密性大多体现为以下两个方面的特点。

① 对外方面，着重于软件与环境（攻击者）的交互及其后果。正是由于存在恶意企图的攻击者对软件进行攻击，才产生了软件保密性问题。软件保密性的最显著特征就是外部环境中攻击者的存在，这也是软件保密性与其他质量属性（如安全性、可靠性）的最大区别。

② 对内方面，强调对敏感有价值的计算机资源的保护。这种定义从多个子特征的角度定义保密性，详细阐释了保密性的内涵，也体现了保密性与其他质量属性间的交集。这种定义为软件保密性设计提供了指导，但对于不同类型软件甚至同一软件的不同风险承担者，其关注的软件保密性焦点可能也不相同。

保密性定义是进行软件保密性其他工作的基础，但从目前情况看还没有形成统一的认识。本章在上述文献的基础上着重从对外方面给出了如下的软件保密定义。

软件保密性是指软件在遭受攻击时，以一种高置信的方式，达到其可接受运行要求的能力。

2. 软件保密性关联模型

以威胁（Threat）的概念为例，Chivers 和 Fletcher[5]认为威胁是可能发生在资产上的一种潜在的危害（Harm），这种观点与美国国家标准委员会的 Mead 等人的定义是一致的；而另一种定义则将攻击或攻击者与威胁相混淆，如 Firesmith[4]将威胁定义为"可能导致一个或多个相关攻击的一种通用的条件、情况或状态"。ISO 15408 没有定义"威胁"本身，而是认为一个威胁应按照威胁代理、攻击、攻击所针对的资产进行描述；Breu 等则从威胁与保密性需求的关系的角度来阐述威胁[6]：任何能够导致保密性需求违反的事件都应被定义为威胁。这种定义以保密性需求来定义威胁，与大多数学者用威胁来定义保密性需求的思路截然相反。

类似上述的术语概念，如资产（Asset）、漏洞（Vulnerability）等广泛存在于保密性领域中。为避免概念理解上的混淆，下面给出本章涉及的软件保密性相关概念并给出一个概念关联模型，以便于阅读与理解。

（1）资产（Asset）：系统中应被保护使其免受恶意伤害的任何事物。在保密工程中，资产应该被保护，因为它是攻击的潜在保证目标。资产涉及范围很广，涉及系统的方方面面，文献[7]对资产分类进行了很好的开拓性工作，作者将资产分为人员（People）、财产（Property）、环境（Environment）和服务（Service）四大类，并对各类进行了细化。但该分类中，一些资产子类之间存在重叠，并且欠缺对软资产的考虑。因此，下面在上述基础上给出一个改进的基于计算机系统的通用资产模型（General Asset Model，GAM）。

资产分为直接保证目标资产和间接保证目标资产。直接保证目标资产是攻击者直接定位攻击（Targeted Attack）的系统资产，间接保证目标资产是攻击者无法开展直接定位攻击，但可通过攻击直接保证目标资产使其受影响的资产。

直接保证目标资产包括人员、系统实体、环境和服务四部分。

这里人员专指攻击中的受害者。涉及一次攻击的受害者有多种，大体可分为下面四类。

第一类受害者：处于系统内部，作为广义系统组成部分的受害者，如系统操作人员、经理、系统维护人员等。

第二类受害者：处于系统外部，但期望与系统交互的受害者，如用户、供应商。

第三类受害者：广大无意与系统发生交互的无辜公众。

第四类受害者：下一代受害者，如未出生的婴儿、有缺陷的儿童等。

本书只考虑狭义层面的受害者，即分类中的第一、二类受害者。攻击者可对其进行钓鱼、恐吓等典型的社会工程学攻击。

　　系统实体指客观存在的系统组件，包括数据、软件和硬件三个部分。环境指系统运行过程中，除了人员以外必要的外部依赖。服务指系统为满足系统最终保证目标所提供的功能。

　　间接保证目标资产包括金钱（货币实体）和声誉两个组成部分。对任何系统的攻击都可能造成金钱和声誉方面的损失，损失大小根据系统运行环境的差异有所不同。

　　（2）威胁（Threat）：可能发生在资产上的一种潜在的攻击。

　　（3）风险（Risk）：对资产进行攻击可能导致的潜在负面影响的度量。风险 R 通常以概率的形式进行度量，表现为危害的负面影响 S 与危害发生可能性 P 的乘积，即

$$R = P \times S$$

　　（4）危害（Harm）：攻击对资产所造成的负面的影响。

　　（5）攻击（Attack）：一个攻击者的未授权的、试图对资产造成危害的行为。一个攻击可能成功，也可能不成功。由于具有恶意特征，大多数攻击属于犯罪行为，即利用计算机资源进行犯罪活动，如有针对性的信息监听、服务器 DoS 攻击等。尽管在少数攻击中，攻击者本人并非出于犯罪目的，如仅仅是炫耀个人技术水平，但这些行为也常常会对系统资产造成重大危害。

　　（6）攻击者（Attacker）：一个攻击开展的代理（人或程序），期望对资产造成危害。

　　（7）漏洞（Vulnerability）：系统中的任何可能增加一次攻击成功可能性的弱点。不仅在程序编写过程有可能引入漏洞，在系统架构和设计、系统安装和配置、以及系统用户的训练过程中也可能引入漏洞。

　　（8）对策（Countermeasure）：为满足一个或多个保密性要求、减少一个或多个保密性漏洞所采取的架构机制。对策中的架构机制不局限于技术层面，还包含管理、操作和技术控制多个方面的内容。对策可通过硬/软件组件、操作规程、人员训练等多种手段、多种形式实现。

　　（9）利益相关者（Stakeholder）：对包含资产的系统感兴趣的人。广义的利益相关者不仅包含对软件系统有正面期望的人，还包括有负面期望的人。此处利益相关者仅仅指第一类，即对软件系统有正面期望的人。

4.1.2　软件保密性举证的概念

　　在保密性领域，虽未见明确给出的保密性举证定义，但也进行了一些类似的探索和尝试。

文献[8]提出了 MOATs（Methodical Organised Argument Trees）方法。MOATs 是文档化系统的某种保密性子特性在考虑范围之内的保证论证。每一个节点是包含了一个保证声明和假设条件的内部节点文件。保证目标是基于系统风险分析确定、风险分析估计可能的失效引起的后果。

美国海军研究实验室开发了 NVRM（Network Visual Rating Methodology）方法。NVRM 衍生于 GSN，同样根据策略来分解保证目标，最后用证据来支持保证目标。NVRM 是一个用来开发和评估论证的工具集和语言。其论证的是在大的运行环境中，任务关键信息被系统充足的保护。这种方法包括了保密性的三种子特性（机密性、完整性和可用性）和四条原则（物理的、技术的、运行的、人员的）来构成有效的保密性论证。

卡内基梅隆大学软件工程研究所的研究人员针对如何构建保密性举证提出了一些基本建议，如论证的结构、论证的开发步骤以及一些应用指南，并给出了一个简单的应用实例。这些建议和指南有一定的指导意义，但却比较粗略，而且其方法主要面向产品的生产商，未拓延到更广泛的产品风险共担者。

Ankrum 介绍了他在美国国家安全局开展的一个实例研究。实例所使用的系统包含若干认证系统并提供一个访问日志，开发的软件达到 CC（Common Criteria，即信息技术安全评估通用准则）EAL 5 级，并且提供了广泛的文档（包括生产商提供的安全保证目标文档和一个由国家安全局提供的保护轮廓）支持。Ankrum 等为实验系统开发了一个保密性举证，并且利用它发现了系统中的许多问题。尽管开发者采用了十分严谨的方式来开发项目和编制文档，但也无法完全论证系统满足了其保密性保证目标。首先，尽管大多数威胁可以被追溯到缓解措施需求，但至少有一个威胁没有对应的需求；其次，一旦明确表明威胁-需求关系链，需求能否真正缓解威胁其实并不清晰；最后，Ankrum 的保密性举证尝试论证所有的保密性功能的依赖因素都被满足，其结论是这种情况并非在所有条件下都成立。

此外，Ankrum 还在文中陈述了如何利用保密性举证提取标准中的隐含论证。他以一个达到 CC EAL 4 的产品为例，顶层声明为"产品满足 CC EAL 4"，并通过论证的方式展示了产品满足 CC 中对应等级的所有相关要求。Ankrum 的方法显示了保密性举证的有效性，但同时也存在着诸如主要是过程论证而非产品论证、创建的举证的过程过于机械化等一些缺陷。

Lautieri 描述了一个命令控制系统的实例研究。他们为该系统提供了一个针对安全性和保密性联合属性的综合论证。他们的论文阐明了如何为实例系统构建一个模块化的举证，并表明这种安全性和保密性的联合论证是可以被单一属性的认证机构所接受的，将两个属性进行联合不会造成交流上的问题。

在保密性领域，类似安全性举证的基于论证的证据组织方法的相关文献并不多见。鉴于安全性举证方法自身以保证目标为导向、以证据为基础、灵活易用的特点，以及保密性领域与安全性领域诸多内在的共同点，加之相关研究人员的探索与尝试[9]和安全性举证研究领域资深专家学者的推荐，都表明了该方法在保密性领域的可行性和应用前景。借鉴软件安全性举证的概念，本章给出了以下的软件保密性举证的定义。

软件保密性举证应该基于客观的证据提出一个组织完整并且合理的判断，表明软件已经或即将满足规定的软件保密性要求。

| 4.2 软件保密性举证框架及基于 GSN 的软件保密性举证的论证模式 |

4.2.1 软件保密性举证框架的结构

威胁的存在引发人们对软件保密性的关注。攻击者可利用系统中存在的漏洞来对系统资产进行攻击和入侵。漏洞在保密事故链中起到一个关键的作用。漏洞是系统保密规程、设计、实现或内部控制的瑕疵或弱点，它可以被有意利用，导致系统保密性策略被违反。因此，漏洞具有典型的逻辑特征，其引起的失效属于逻辑化失效，这有别于传统可靠性工程中强调的硬件的随机性失效。这种特征与攻击者动机和技术水平的差异、攻击时机选择的不可预见性、黑客社区特有的文化氛围以及"地下"知识传播体系等相关因素结合到一起时，就使传统的以量化形式的失效率为核心的技术手段很难应用于对软件保密性的信心评价。这就催生了众多的"最佳实践"方法论。这些"最佳实践"为软件保密性水平的可接受性提供了证据。但是，当前的方法却无法在一个完备的保密性证据集的宏观背景下清晰地定位一条单独的证据所扮演的角色，也就是说，没有明确的表征一个单独的证据与软件保密性保证目标的之间联系。本节介绍了一个以证据为基础、论证为纽带、保证目标为中心的软件保密性举证框架，以论证的方式表征软件的保密性水平。本框架不是为量化的软件保密性失效率提供证明手段，而是为在更宏观的背景下理解每一条软件保密性证据的定位和价值提供指导，并为工程过程中软件保密性证据的生成和选择给出合理的依据。

本框架采用一种灵活的方式，并不强制规定证明软件保密性水平的具体的某项技术和证据，相反，框架着眼于论证模式的应用和证据类型的识别，以此为软件保密性工程师构建举证结构提供指导。图 4-1 所示为软件保密性举证框架的结构及各要素之间的关系。

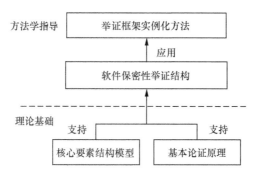

图 4-1　软件保密性举证框架的结构及各要素之间的关系

软件保密性举证框架包含四个主要的组成部分：核心要素结构模型、基本论证原理、软件保密性举证结构和举证框架实例化方法。核心要素结构模型包含了表明软件保密性举证所涉及的核心要素及其相互关系。基本论证原理分别从产品和过程两个角度阐述论证开发所依据的指导原则，明确论证开发的线索和主要脉络。软件保密性举证结构从宏观和微观两个角度全面展示了保密性举证的组织结构，为软件保密性举证框架应用奠定坚实的基础。举证框架实例化方法针对可复用的论证结构，给出了其实例化的应用方法，为举证开发人员的论证框架构建提供有效指导。

4.2.2　软件保密性举证框架的基本论证原理

1. 基于产品的论证原理

基于产品的论证是从产品自身所要求的属性特征出发，建立论证推理链，以自顶向下的方式逐层递推，将最初的保证目标不断细化，探求并组织支撑性证据，以此来论证最初的保证目标得到满足的论证方式。开发基于产品的软件保密性论证，自然需要分析软件为确保自身保密性水平所必须具备的特征。

系统中存在有价值的资产是引发系统保密性关注点的根本动因。软件保密性关联模型表明，攻击者攻击系统的源动力在于系统中存在其感兴趣的资产，攻击者期望滥用或误用这些资产，对资产造成伤害，破坏其价值。一个系统中如果不存在令攻击者感兴趣、有价值的资产，就不会引发任何攻击行为，当然也就不存在保密性考量。因此，确保一个系统的保密性，资产保护是首要保证目标，对资产进行合理有效的分析是后续保护措施的开展基础。

系统一旦部署于恶意环境中，系统中的资产就会面临威胁。威胁是潜在的攻击。威胁以资产作为存在的基础，一个没有相应资产的威胁是无意义的。而威胁的存在即意味着潜在的破坏的可能性，要保护资产，明确每个资产所面临的威胁是必不可少的。因此，为论证资产保护保证目标的满足，必须深入分析资产所面临的每个威胁，并通过论证建立资产及其相关威胁之间的联系。

一个威胁涉及多个场景，每个场景代表一条可能的攻击路径，这些场景被称为威胁场景。要保护资产，必须对资产所面临的威胁进行合理有效的管理，以降低威胁所带来的风险。为有效应对威胁，就必须消除威胁场景或防止系统进入威胁场景。为实现该任务而采取的对策，称为控制措施。威胁场景的多样性也导致控制措施的多样性。一个缺少相应控制措施或控制措施不适合的威胁场景，即系统中存在漏洞，表明存在一条潜在的攻击路径，通过该路径可使威胁演变为攻击，进而对系统造成破坏。为此，一个可接受的保密的系统必须不存在上述漏洞，即所有的可识别威胁场景都存在正确的控制措施，这也是基于产品的保密性论证原理所在。

不难看出，资产、威胁和控制措施之间存在明确的阶梯层次关系，如图 4-2 所示。在图 4-2 中，阶梯层包含四个层次，分别为软件层（Top Layer）、资产层（Asset Layer）、威胁层（Threat Layer）和控制层（Control Layer）。其中，SS（Software System）表示软件系统，PA_i 表示第 i 个受保护的资产（Protected Asset i），$CT_{i,j}$ 表示 PA_i 面临的第 j 个受控威胁（Controlled Threat），$CM_{i,j,k}$ 表示 $CT_{i,j}$ 采用的第 k 个控制措施（Controlled Measures）。

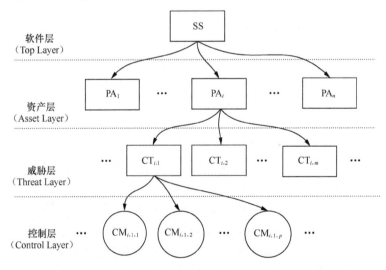

图 4-2　资产、威胁和控制措施之间的阶梯层次关系

结合上述分析，给出如下形式化表述，以进一步明确阶梯层次关系。

首先，定义变量 i, j, k, n, m, p，其中，$n, m, p \in \mathbf{N}$，$i \in [1, n]$，$j \in [1, m]$，$k \in [1, p]$，存在函数 $f: i \rightarrow m$，函数 $g: <i, j> \rightarrow p$，给出如下条件：

① $\displaystyle\bigcap_{i=1}^{n} \mathrm{PA}_i \Rightarrow \mathrm{SS}$

② $\displaystyle\forall i \in [1, n], \bigcap_{j=1}^{m} \mathrm{CT}_{i,j} \Rightarrow \mathrm{PA}_i$

③ $\displaystyle\forall i \in [1, n], \forall j \in [1, m], \bigcap_{k=1}^{p} \mathrm{CM}_{i,j,k} \Rightarrow \mathrm{CT}_{i,j}$

对一个软件系统，如条件①、②、③同时成立，且 $\forall i \in [1, n]$，$j \in [1, m]$，$k \in [1, p]$，$\mathrm{CM}_{i,j,k}$ 为真，则从产品论证角度确保了软件系统是可接受保密的。

（1）软件资产

通过前面的分析可知，作为基于产品软件保密性论证的起点，软件资产的充分识别是达成论证保证目标的基本前提。如何对这些识别出的软件资产进行合理有效的分类，是关乎举证框架通用性的重要问题。虽然有学者从保密性角度对资产分类进行了研究，但都集中于从系统级对资产进行宏观分类，将软件整体视作一个资产，未考虑软件的内部结构特征，缺乏对软件相关资产的细化，无法满足论证要求。在此给出一个适合于软件保密性举证的新的资产模型，为举证框架结构的构建奠定基础。

传统保密性往往从静态的视角看待软件资产，认为软件即静态的文档和代码。但是，从软件自身保密性的角度看待软件资产，这种观点显得比较狭隘，缺乏动态视野。应从系统工程的观点出发，将软件及与软件相关联的组件看作一个整体，这个动态的整体中有哪些需要保护的内容，即软件的相关资产，这也是与软件的保密性保证目标相一致的。

参考系统工程的相关研究可知，一个系统包含整体性、结构性等基本特征。整体性关注于系统边界的界定、从宏观视角将系统看作一个整体，分析系统的环境因素，识别系统与环境因素之间的交互关系。结构性则体现了一种"分解"的思想，关注内部各个组成部分及其相互关系。这一观点对于软件同样具有指导意义。从整体性的角度看，软件被视为一个独立的"黑盒子"，这个"黑盒子"从整体上表现出一些独立的行为特征并与外部组件发生交互。这种基于"黑盒子"的软件世界观被称为软件的外部表征。从结构性的角度看，软件又可细化为一些功能过程及这些过程间的信息传递，这种结构性特征被称为软件的内部结构。任何一个软件，都可被视为外部表征与内部结构兼备的统一体。通过对一个软件外部表征和内部结构的核心要素进行形式化建模，就可清楚阐述软件相关资产。

首先，宏观定义软件系统（SS）为一个三元组，即

$$SS=< EM, IS, ASS >$$

其中，EM 为软件的外部表征（External Manifestation），IS 为软件的内部结构（Internal Structure），ASS 为软件的外部表征与内部结构的关联。

软件的外部表征 EM 关注软件整体与外界的交互，采用如下定义描述。

EM=< Env, exInt >

Env={envEntity$_1$, envEntity$_2$, $\cdots$, envEntity$_n$}, $n \in \mathbf{N}$

exInt={exInt$_1$, exInt$_2$, $\cdots$, exInt$_m$}$\subseteq$\{intDirect$\rightarrow$Env\}, $m \in \mathbf{N}$

intDirect=enum< IN, OUT, BOTH >

其中，Env 表示软件外部环境的实体集，extInt 表示实体集与软件的交互集，intDirect 则以枚举类型定义了交互的方向。

软件的内部结构 IS 关注软件内部功能过程及其数据传递。从动态视角来看，运行于计算机系统中的软件可分为两个部分：指令部分和数据部分。指令部分包含存储于 CPU 可寻址存储器空间中、CPU 各级寄存器中的指令代码，这些指令代码的有机组合在逻辑层次上构成了软件的一个个功能过程，这些功能过程可作为一个整体完成一些规定的任务。数据部分涵盖各级存储器、CPU 各级寄存器中的数据信息，与功能过程相反，这些信息作为一种静态的数据存储，被动地等待功能过程的访问。软件通过数据流将功能过程和数据存储有机组合起来，共同完成软件整体任务的实现。通过上述分析，软件内部结构定义如下：

IS=<Pro, Dast, inInt>

Pro={proc$_1$, proc$_2$, $\cdots$, proc$_n$}, $n \in \mathbf{N}$

Dast={dast$_1$, dast$_2$, $\cdots$, dast$_m$}, $m \in \mathbf{N}$

inInt={inInt$_1$, inInt$_2$, $\cdots$, inInt$_p$}$\subseteq$(\{intDirect$\rightarrow$Pro$\times$Pro\} $\cup$ \{intDirect$\rightarrow$Pro$\times$Dast\}), $p \in \mathbf{N}$

其中，Pro 表示软件功能过程集，Dast 表示软件数据存储集，inInt 表示软件内部结构交互集。

环境实体从外部关联视角与软件整体发生交互，这种交互在软件内部结构视角体现为与软件功能工程的交互。为此，EM 与 IS 的关联关系可表示如下：

ASS=<assEnv, assPro, assInt>

assEnv=Env

assPro$\subseteq$Pro

assInt={assInt$_1$, assInt$_2$, $\cdots$, assInt$_n$}$\subseteq$\{intDirect$\rightarrow$assEnv$\times$assPro\}, $n \in \mathbf{N}$

其中，assEnv 表示关联的环境实体，assPro 表示关联的功能过程，assInt 表示关联

交互。

软件的功能过程是一个逻辑概念，即存在划分粒度的问题，既可采用统一粒度表示，也可采用不同粒度进行分析。当采用多种粒度时，软件的功能过程可用一个逐层分解的等级结构表示。此时，针对每个在层次结构中处于上层的功能过程，均可采用系统视角，将其视为一个外部表征与内部结构的结合体，即可以使用<EM, IS, ASS>结构元进行分析，其分析思路与将软件整体视为一个顶层的功能过程相似。因此，若采用多粒度方式，软件则被视为多个<EM, IS, ASS>结构元的层次化组合体。

当一个攻击者攻击软件时，他既可以从软件外部表征入手，也可借助内部结构突破。因此，对一个软件的保密性进行考量时，必须从外部表征和内部结构同时入手，对两个方面的核心要素都进行保护。通过上文外部表征和内部结构的各要素的建模分析，总结归纳其共同点，给出一个软件相关资产模型（PEDD 模型）。模型由过程类资产（Process Asset）、环境实体类资产（Environment Entity Asset）、数据交换类资产（Data Exchange Asset）以及数据存储类资产（Data Store Asset）组成。

过程类资产与上述内部结构模型中的功能过程相对，表示软件一个功能过程，是一种人为划分的逻辑单位，完成一定的任务。环境实体类资产是外部表征模型中的环境实体集合的抽象，涵盖了软件外部所有与软件发生交互的实体，软件自身无法控制这种实体，如用户、外部系统、激励事件、外部过程等。数据交换类资产综合了外部交互和内部交互两部分内容，表示软件所涉及的所有数据交换集合。数据存储类资产则对应内部结构模型中的软件数据存储。从产品角度论证一个软件的保密性，即要论证上述四类资产得到了有效的保护。

（2）软件威胁分类

在恶意环境中，有价值的资产时刻面临着威胁。详细准确地分析出资产所面临的威胁，并采取措施加以应对是基于产品视角达到保密性保证目标的必由之路。资产的多样性引发威胁的多样性。这种多样性也为保密性举证过程的开展带来困难。为此，学术界和工业界纷纷借鉴分类学的成果，从宏观上将各种具体的威胁进行抽象分类，借此以一种系统化的方式为保密工程人员识别威胁并采用相应的应对措施提供指导。本章致力于给出一种通用的软件保密性举证框架，选取有针对性、适合的威胁分类为框架的通用性奠定良好基础。

学术界和工业界的研究人员根据各自对威胁的认识，从不同角度给出了多种威胁分类方法。下面选取几种有代表性的分类进行比较分析，最终确定举证框架所使用的威胁分类。表 4-1 给出了威胁的分类法并简述其主要分类内容。

表 4-1 威胁分类法简述

分类法	分类内容
Shirey 的分类[10]	泄露（Disclosure）、欺骗（Deception）、中断（Disruption）、篡夺（Usurpation）
Bishop 的分类[11]	嗅探（Snooping）、修改或替换（Modification or Alteration）、伪装或假冒（Masquerading or Spoofing）、源头否认（Repudiation of Origin）、接受否认（Denial of Receipt）、延迟（Delay）、拒绝服务（Denial of Service）
Wang 分类[12]	窃听（Eavesdropping）、密码分析（Cryptanalysis）、密码偷窃（Password Pilfering）、身份假冒（Identity Spoofing）、缓冲区溢出利用（Buffer-Overflow Exploitations）、否认（Repudiation）、入侵（Intrusion）、流量分析（Traffic Analysis）、拒绝服务（Denial of Service）、恶意软件（Malicious Software）
STRIDE 分类[13]	假冒（Spoofing）、篡改（Tampering）、抵赖（Repudiation）、信息泄露（Information Disclosure）、拒绝服务（Denial of Service）和特权提升（Elevation of Privilege）
WASC 威胁分类	六大类、二十四小类，如图 4-3 所示

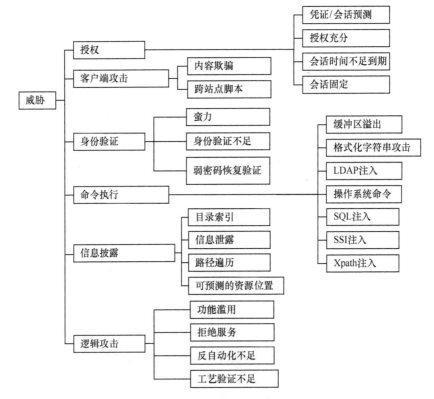

图 4-3 WASC 威胁分类

威胁本质上是一种潜在的攻击。这种潜在的攻击涉及三个核心要素：攻击的方法、攻击的结果以及相关的规避措施。这三要素构成的因果链十分符合 Bow-tie 模型的建模基础[14]。图 4-4 所示为威胁领结模型（Threat Bow-tie Model，TBM）。

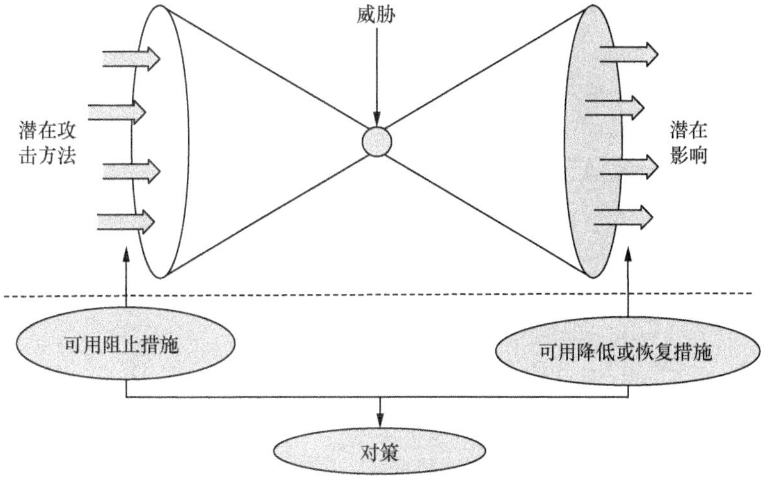

图 4-4　威胁领结模型

　　TBM 清晰展现了威胁各要素的相互关系，作为整个模型关注的焦点，威胁处于 TBM 的中心位置。潜在攻击方法（Potential Attack Method）作为威胁实现的可能诱因，位于 TBM 的左侧。潜在影响（Potential Effect），作为威胁可能造成的后果，位于 TBM 的右侧。为更好地融入规避措施要素，对 TBM 进行扩展，可用阻止措施（Available Prevent Measures）用于阻止潜在攻击的发生，可用降低或恢复措施（Available Reduce or Recovery Measures）则致力于处理潜在的后果。可用阻止措施、可用降低或恢复措施合称为对策（Countermeasures）。

　　利用 TBM 审视各个威胁分类法，不难看出，各分类法都展现了 TBM 中的一个或多个要素。Shirey 的分类是早期较有代表性的研究成果，可视为一个典型的基于后果的分类。虽然其针对的是特定系统（IP 的保密架构），但其分类也可扩展至一般的软件系统，该分类为后续分类奠定了基础。Bishop 在 Shirey 分类的基础上提出了新的分类方法，总体上，Bishop 分类基于后果开展分类，但也融入了方法的因素，如嗅探可视为一种典型的攻击手段，其可能造成信息泄露的后果。Bishop 直接将手段因素和后果因素结合到一起分类。Wang 从攻击视角阐述威胁的分类，但其中也包含了后果的因素。WASC 分类模型的覆盖范围更为广阔，不仅包括了潜在手段，如缓冲区溢出、SQL 注入，也涵盖了相应的后果，如信息泄露，同时还融入了对策因素，如授权和身份验证，这种混合型分类本身会带来对威胁理解上的混乱。STRIDE 分类则是一种典型的基于后果的分类。该分类包含了 Shirey 分类的相关要素，还进行了相应的扩充。STRIDE 中的六个分类全面包含了软件威胁所涉及后果，其单一的分类维度也具有较好的易用性。

在保密性举证中，虽然证据是保证目标确立的根基，但论证开发的过程却是一个由保证目标到证据、自顶向下、逐级细化的逆向过程。同理，依据 TBM，威胁层面的论证即是一个典型的由右至左的逆向过程。要确保软件资产被保护，首先考虑资产面临威胁时会对资产有哪些潜在的后果，然后根据不同的后果探求原因。为使论证结构清晰严谨，应选用侧重单一因素的威胁分类（多因素融合的分类虽然涵盖范围较广，但会造成论证内在逻辑上的混乱，有悖于保密性举证的初衷）。为此，可选用 STRIDE 分类作为基本威胁分类，考虑威胁类型对不同资产类型的适用性，针对不同威胁类型论证相应的控制措施。

2. 基于过程的论证原理

基于过程的论证聚焦于过程自身的可信性，通过系统化、结构化的方式组织影响过程质量的各种证据，以此来表明对软件相关过程得以有效开展的信心。要论证软件的保密性水平，仅从产品角度来论证是不够的，基于过程的软件保密性论证也是必不可少的。首先，从工程角度看，任何产品都离不开其开发制造的具体过程，过程质量影响着最终产品的质量。软件产品自然也不例外。几十年的软件开发实践表明，软件产品的质量很大程度上依赖于软件产品开发时所使用的过程。对软件相关开发过程的信心极大地影响着用户对软件最终产品的信心。其次，对软件保密性举证而言，绝大部分都采用的是归纳论证，其论证可信度与前提的可信度有很大的关联。开发基于过程的保密性举证，能够对基于产品保密性论证过程中所涉及的背景、证据等信息的来源进行证实，提高前提为真的置信度，从而进一步增强用户对论证结论的信心。

为分析影响过程质量的核心要素，增加对过程本身的理解和认识，更好地实施软件开发活动，软件过程建模研究蓬勃兴起。研究人员针对各自特定的软件过程，依不同的建模目的，采用不同的建模方法，构建各种软件过程模型。尽管软件过程模型各有千秋，但一般来说，一个软件过程模型应描述图 4-5 中所含的元素及其相互关系。

一个过程模型以活动为中心，其他要素围绕其展开，一个活动依赖某些角色，使用特定的工具，遵从一定的方向，输出产品。该模型以清晰简洁的方式描述软件过程中的各核心要素及其相互关系，不仅为其他过程模型的构建奠定了基础，也符合前面所述的保密性举证中过程要素的基本原则，为过程论证提供了很好的借鉴。为此，在上述模型的基础上，结合论证的基本特征，给出一个适合于软件保密性过程论证的过程因素影响（Process Factor Impact，PFI）模型，作为软件保密性过程论证开发的基础。

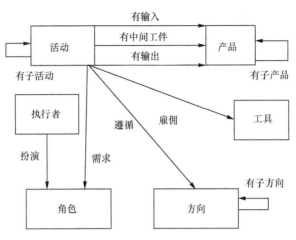

图 4-5　软件过程模型元素

图 4-6 给出了 PFI 模型的基本结构，模型以自顶向下的方式，从宏观到微观展示了软件过程核心要素的影响关系。整体上看，模型分为四个层次：宏观信心层、过程结构层、活动内容层和约束层。宏观信心层从高层表述了对过程的信心与对产品的信心的关系。最终的保证目标是对产品有足够的信心，对过程的信心为对产品的信心提供了有力的支撑。此处的产品不局限于最终交付的软件产品，还可细化至软件从抽象概念到具体实现验证过程中的一切中间工件，如需求规格说明、软件设计文档、软件验证文档等。例如，对需求过程得以有效组织的可信性为需求规格说明的可信性提供了信心，软件设计过程的良好开展则为软件设计文档的可信性奠定了基础。过程结构层力图从过程的组织结构角度阐述相关要素对过程整体信心的影响。任何过程均可划分为一系列的活动，对过程中每个活动的信心是对整体过程的信心的前提，除此之外，活动之间的组织开展关系，如活动间的并发或迭代关系、活动间的一致性等同样对过程整体有重要影响，这些因素在 PFI 模型中被统称为活动的约束，探求这些约束得以满足的证据就可以为活动的有效性提供有力支持。活动内容层进一步细分为影响活动信心的主要元素。活动依赖特定的人员、针对特定的任务、利用适合的方法（包括方法中使用的工具与语言）而展开。其中，人员、任务、方法等要素均为影响活动的关键要素，为确保活动的有效实施，对这些关键要素都有特定的要求，如对人员角色分配的要求，人员资格能力的要求，对任务充分性、合理性的要求等，这些要求在 PFI 模型中同样定义为约束，论证这些约束的满足性是保证活动信心的基础。约束层则以统一的方式概括了上述过程结构层和活动内容层的主要约束。为指导论证开发人员有效识别分析相关的证据，PFI 模型给出了几种典型的约束类，如活动的一致性、工具

使用假设、人员资格等。实际过程中的具体约束依关注层次、关注对象差异而各不相同，为适应这种典型的多样性，PFI 模型中以抽象基类的形式提供了开放的扩展接口，工程应用人员还可在 PFI 模型给出的典型约束关注点基础上，根据具体过程需求进行有针对性的扩展定制。

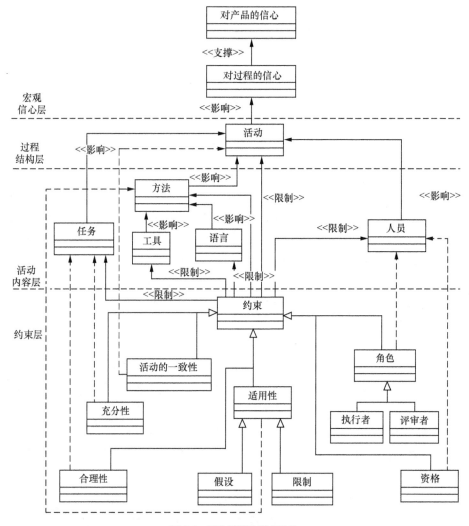

图 4-6　PFI 模型的基本结构

为更好指导举证开发人员构建基于过程的论证，本节在 PFI 模型基础上，给出图 4-7 所示的 PFI 模型应用流程。依照该图中的步骤，以 ISO/IEC 15288 为例，选取其中几个典型的过程，开发了其过程论证模式，具体内容见 4.2.3 节。

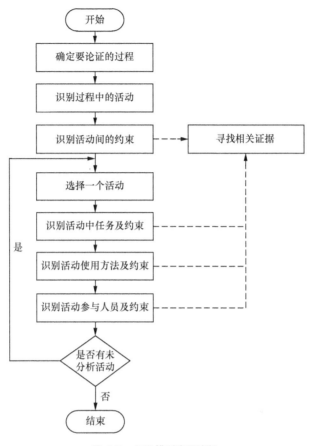

图 4-7　PFI 模型应用流程

4.2.3　软件保密性举证框架的论证结构

论证结构的优劣是软件保密性举证能否成功的关键因素，也是保密性举证开发的难点。为更好地帮助举证开发人构建逻辑清晰、结构良好的软件保密性论证结构，本书给出了软件保密性举证框架的一种实现——一套通用的软件保密性论证结构（General Software Secrecy Argument Structure，GSSAS），如图 4-8 所示。本论证结构从系统角度出发，对软件在系统中运行是可接受保密的这一顶层保证目标进行论证，并分别从产品和过程两种视角展开论证推理。基于产品的论证关注软件的产品属性，主要从资产-威胁-控制措施的角度细化论证链。基于过程的论证以 ISO/IEC 15288 标准为基础进行展开。

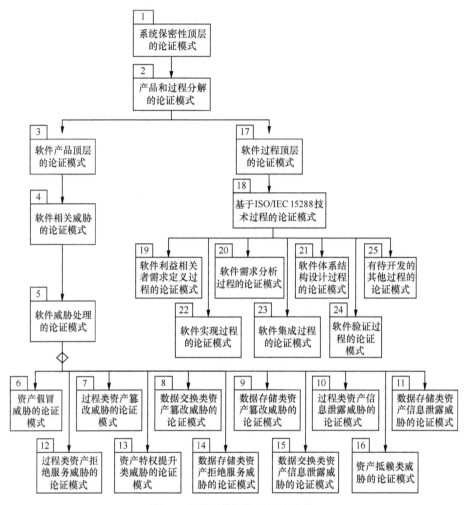

图 4-8 通用的软件保密性论证结构

从整体上看，GSSAS 是逐层分解的树状结构，利用论证模块符号来表示相应论证模式，并借助数字编号作为论证模块编号，下层论证模式为上层论证模式提供支撑，上层论证模式中的论证辅助信息，如上下文、假设等可对下层论证模式产生约束。在 GSSAS 中，除了作为核心关联的"被支持"（Supported-by）关系外，还在基于产品的论证模式间使用到了选择性符号。

GSSAS 涵盖了十四个产品论证模式和九个过程论证模式。按照结构类型，GSSAS 模式又可分为分解型论证模式和原子型论证模式。分解型论证模式处于整个论证结构的树杈节点位置（如模式 2、5、18 等），主要将论证保证目标以远保证目标的形式分解子保证目标到下层论证模式中；原子型论证模式处于叶子节点位置，但其自身内部的论证结构比较庞大、自成体系。

这些论证模式按照层次关系进行组合和协作，并可根据软件的具体信息进行实例化，最终得到层次清晰、完整的软件保密性论证实例结构。同时，它们也具有一定自主性，可使用部分来构建某一视角的论证实例结构（如基于产品的论证）。此外，随着技术的发展，可根据实际情况拓展完善既有论证模式，或者开发新的论证模式来对本举证框架进行扩充。具体的论证模式详述如下。

1. 系统保密性顶层的论证模式

系统保密性顶层的论证模式如图 4-9 所示。由第 2 章可知，软件保密是计算机系统保密的重要组成部分，开展软件保密性论证自然需立足于系统保密的背景下，考虑系统保密运行下的软件保密问题。系统保密性论证可依据系统的体系结构结合概念运行（Concept Operation）展开，依系统各组成部分间的耦合性进行划分并独立开展论证过程。系统保密性分为三大部分：硬件可接受保密论证、软件可接受保密论证、其他组件可接受保密论证。硬件和其他组件的可接受保密论证具体结构不在本章的介绍范围之内，在此不予展开。

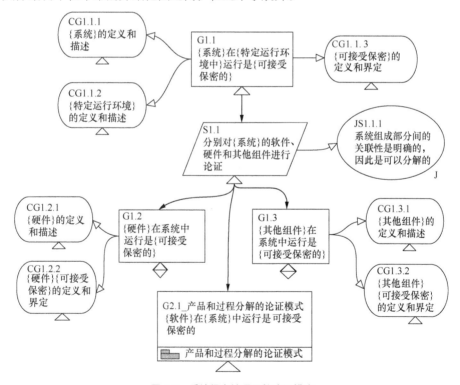

图 4-9　系统保密性顶层的论证模式

本论证模式对保证目标系统在特定运行环境中运行是可接受保密的（G1.1）进行论证。按照前述的系统保密性举证框架，该保证目标可分解为硬件（G1.2）、软件（G2.1）和其他组件（G1.3）三大方面的子模块进行详细论证，在此仅对 G2.1 进行细化分解。

2. 产品和过程分解的论证模式

产品和过程分解的论证模式如图 4-10 所示，在此针对保证目标 G2.1 展开论证。依照前面的基本论证原理，举证框架从产品和过程两个方面的关注点考量软件的保密性，故论证逻辑也从产品和过程两个方面展开。本论证模式即完成产品和过程论证结构的明确划分。将软件在系统中运行是可接受保密的（G2.1）细化为软件最终产品实现是可接受保密的（G3.1）和软件开发过程是可接受保密的（G17.1）两个子保证目标，分别进一步开展论证。"软件最终产品实现是可接受保密的"确立了产品论证的顶层保证目标，是产品论证开展的前提，故以远保证目标的形式进行定义，明确表明与产品论证模块的关联。同理，"软件开发过程是可接受保密的"给出了过程论证的顶层保证目标，同样以远保证目标的形式进行定义，表明与过程论证模块的关联。

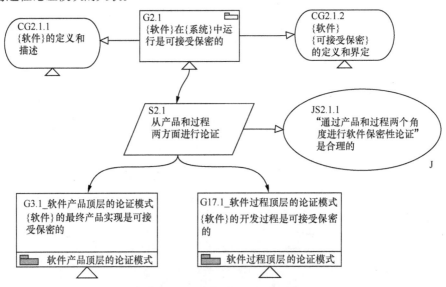

图 4-10　产品和过程分解的论证模式

3. 软件产品顶层的论证模式

本模式针对论证模式 2 中的 G3.1 展开论证。从产品角度看，只有当软件所有的关键资产都得到了有效保护，才能确保论证图 4-11 所示保证目标 G3.1 的实现。因此，该保证目标按照"论证软件资产被保护""对软件关键资产分别进行论证""论证软件关键资产所属类型"等策略，可逐级分解为"软件相关威胁的论证模式"，即 G4.1。

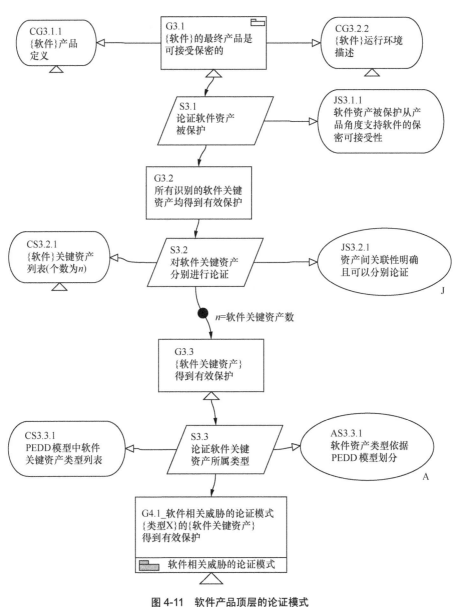

图 4-11　软件产品顶层的论证模式

4. 软件相关威胁的论证模式

软件关键资产在面临威胁时得到可接受的应对和处理，可确保软件关键资产的保密。因此，按照策略"论证软件关键资产面临的威胁"和"论证威胁所属类型"，可将论证模式 3 中的 G4.1 分解为 G5.1_软件威胁处理的论证模式，如图 4-12 所示。"对软件关键资产的描述""软件威胁列表""STRIDE 分类中的威胁类型列表"等可作为背景参考材料对论证过程进行支撑。

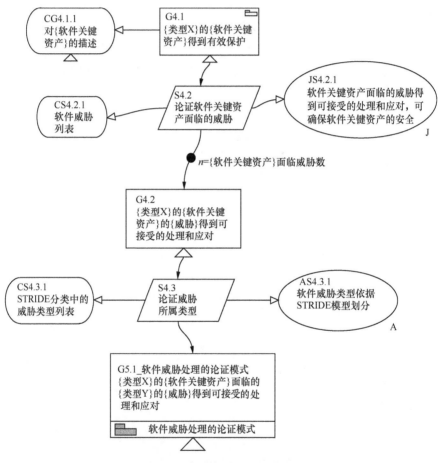

图 4-12　软件相关威胁的论证模式

5. 软件威胁处理的论证模式

本论证模式通过资产类型和威胁类型进行分类论证，以证明"类型 X 的软件关键资产面临的类型 Y 的威胁得到了可接受的处理和应对"。在深入总结分析软件保密性领域攻击模式相关成果的基础上，结合资产类型和威胁类型与不同攻击模式的相关性，总结了十一种通用的威胁论证模式。如图 4-13 所示，保证目标 G5.1 可分解为资产假冒威胁的论证模式、过程类资产篡改威胁的论证模式、数据交换类资产篡改威胁的论证模式、数据存储类资产篡改威胁的论证模式、过程类资产信息泄露威胁的论证模式、数据存储类资产信息泄露威胁的论证模式、过程类资产拒绝服务威胁的论证模式、资产特权提升类威胁的论证模式、数据存储类资产拒绝服务威胁的论证模式、数据交换类资产信息泄露威胁的论证模式、资产抵赖类威胁的论证模式。每一个论证模式都可细化展开为一张详细的论证结构图。

6. 资产假冒威胁论的证模式

为了防止软件受到资产假冒类威胁，必须使其合法的证书得到有效保护并使证书伪造的可能性充分降低。要论证这两个保证目标的实现情况，应按下述五个步骤进行：（1）通过服务器的证书存储得到有效保护（G6.5）、客户端的证书存储得到有效保护（G6.6）以及其他位置的证书存储得到有效保护（G6.7）子保护目标的实现，论证证书的存储得到有效保护（G6.4）；（2）证明证书传输得到有效保护（G6.8）；（3）证明证书的变更管理机制保密（G6.9）；（4）论证证书可预测性在可接受范围内（G6.11），同时考虑无证书角色权限在可接受范围内（G6.13）等要素，证明证书复杂性策略可接受（G6.10）；（5）证明凭证等价物得到充分管理（G6.14）。

资产假冒威胁的论证模式如图 4-14 所示。

7. 过程类资产篡改威胁的论证模式

如图 4-15 所示，以"论证过程篡改方式"为策略，保证目标"过程类软件关键资产的篡改类威胁得到充分处理"可分解为过程状态空间得到有效保护（G7.2）、过程对外部代码调用链正确检查（G7.3）和过程环境实体假冒威胁得到充分处理（G7.4）三个子保证目标。利用"软件运行平台对过程状态空间的保护机制"和"过程外部代码库调用列表，包括调用接口和信任等级"可进一步将 G7.2 和 G7.3 分解为过程输入进行正确验证（G7.5）、过程内存空间访问得到有效保护（G7.6）、调用过程的外部代码是值得信任的（G7.7）、过程调用的外部代码是值得信任的（G7.8）。

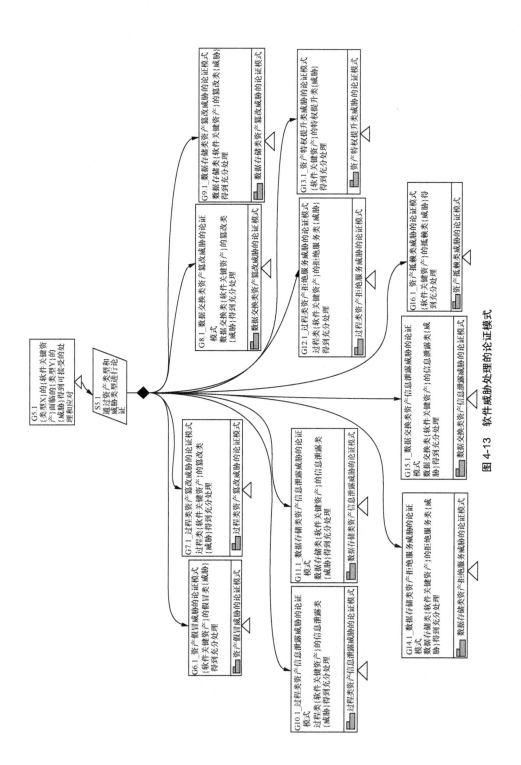

图 4-13 软件威胁处理的论证模式

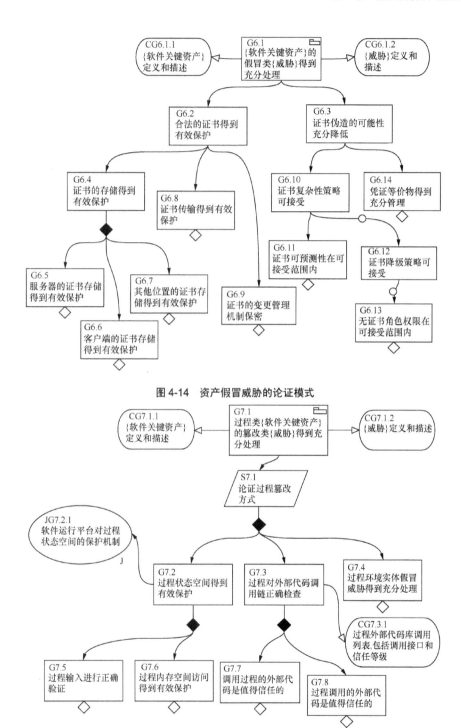

图 4-14　资产假冒威胁的论证模式

图 4-15　过程类资产篡改威胁的论证模式

8. 数据交换类资产篡改威胁的论证模式

数据交换类资产篡改威胁的论证模式如图 4-16 所示，通过数据交换内容和数据交换通道进行论证，数据交换类软件关键资产的篡改类威胁得到充分处理（G8.1）可分解为数据交换内容得到有效保护（G8.2）和数据交换通道得到有效管理（G8.3）。在数据交换内容描述以及数据交换通道定义和描述的基础上，G8.2 和 G8.3 又可分别分解为数据交换涉及环境实体假冒威胁得到充分处理（G8.4）、数据流重放得到有效识别和处理（G8.5）、数据流冲突得到有效识别和处理（G8.6）、数据内容完整性机制可接受（G8.7）、中间人违规通道被识别和处理（G8.8）、数据交换通道完整性机制可接受（G8.9）。

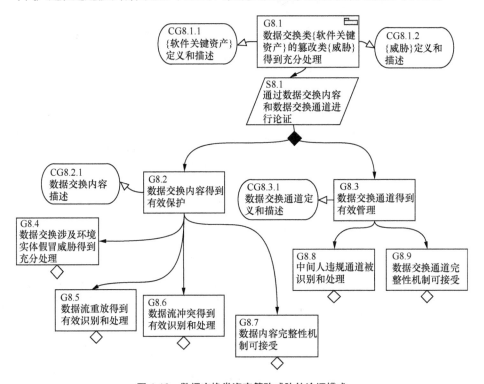

图 4-16 数据交换类资产篡改威胁的论证模式

9. 数据存储类资产篡改威胁的论证模式

如图 4-17 所示，数据存储类软件关键资产的篡改类威胁得到充分处理（G9.1）可通过数据存储访问方式论证。按照数据存储访问方式分类（CS9.1.1），对数据存储旁路访问得到有效管理（G9.2）和数据存储正常访问得到有效管理（G9.3）分别进行论证：

对于前者（G9.2），按照数据存储旁路访问管理方式，G9.2 可分解为数据存储旁路访问保护机制合理（G9.4）和数据存储旁路访问监视机制合理（G9.5）两个子保证目标；对于后者（G9.3），按照数据存储正常访问管理方式，其论证过程可等价于对数据存储过载引发失效得到有效管理（G9.6）子保证目标进行论证，并可进一步细化分解为数据存储过载引起自动清除失效得到有效缓解（G9.9）、数据存储过载引起自动覆盖失效得到有效缓解（G9.10）和数据存储过载引发其他失效得到有效管理（G9.11）。

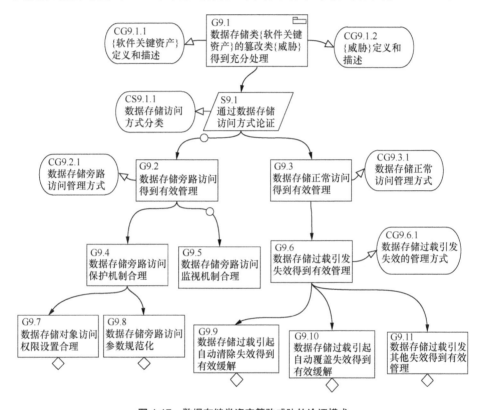

图 4-17　数据存储类资产篡改威胁的论证模式

10. 过程类资产信息泄露威胁的论证模式

如图 4-18 所示，为了证明过程类软件关键资产的信息泄露类威胁得到充分处理，需要通过过程访问路径及过程自身状态进行论证。如果环境实体假冒威胁得到充分处理（G10.4），并且信息访问旁路通道得到有效管理（G10.5），则可认为过程访问路径是保密的（G10.2）得到了论证。如果过程输入进行了正确的验证（G10.8），并且过程内存空间访问得到有效保护（G10.9），则可认为过程自身状态是保密的（G10.3）。

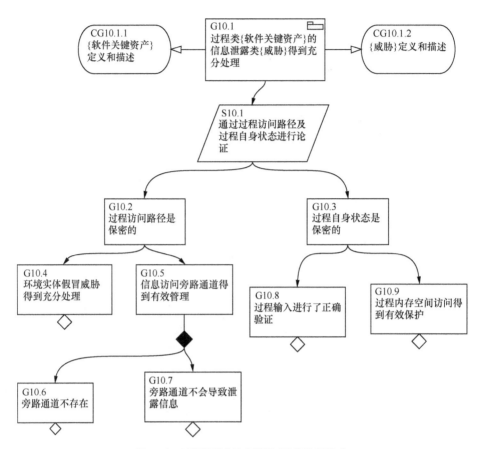

图 4-18 过程类资产信息泄露威胁的论证模式

11. 数据存储类资产信息泄露威胁的论证模式

如图 4-19 所示，为了保证数据存储类软件关键资产的信息泄露类威胁得到充分处理，需从数据存储旁路访问得到有效管理（G11.2）、数据存储正常访问得到有效管理（G11.3）和存储管理失效模式得到有效处理（G11.4）三大方向进行详细论述：（1）通过论证数据存储对象访问权限设置合理（G11.12）、数据存储旁路访问参数规范化（G11.13）和数据存储旁路访问监视机制合理（G11.6），可证明数据存储旁路访问得到了有效管理；（2）通过论证数据存储加密机制是合理的（G11.7）和环境实体假冒威胁得到充分处理（G11.8），可证明数据存储正常访问得到有效管理；（3）通过证明存储封闭性失效得到有效处理（G11.9）、存储初始化失效模式得到有效处理（G11.10）和存储清除失效模式得到有效处理（G11.11）可证明存储管理失效模式得到了有效处理。

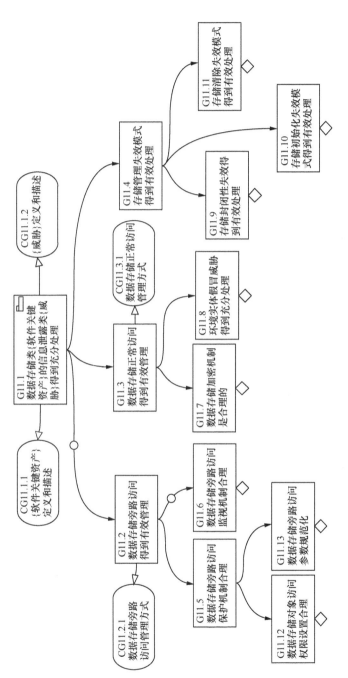

图 4-19　数据存储类资产信息泄露威胁的论证模式

12. 过程类资产拒绝服务威胁的论证模式

如图 4-20 所示，为了证明过程类软件关键资产的拒绝服务类威胁得到充分处理，需证明软件特定资源消耗得到有效管理（G12.2）和软件运行所需基本资源消耗得到有效管理（G12.3）。一方面，通过证明软件特定资源使用请求过滤（G12.8）、软件特定资源使用调度策略正确（G12.9）、软件设置特定资源消耗监控机制（G12.10）和软件特定资源消耗过载处理机制正确（G12.11），来对 G12.2 进行论证；另一方面，当软件基本运行资源使用请求过滤（G12.12）、软件基本运行资源使用调度策略正确（G12.13）、软件基本运行资源消耗监控机制（G12.14）和软件基本运行资源消耗过载处理机制正确（G12.15）都满足时，G12.3 即得到了有效论证。

13. 资产特权提升类威胁的论证模式

资产特权提升类威胁的论证模式如图 4-21 所示，通过认证机制及对资产攻击方式论证软件关键资产的特权提升类威胁得到充分处理（G13.1）。在第一层次论证中，按照策略 S13.1 将 G13.1 分解为环境实体假冒威胁得到充分处理（G13.2）、针对认证机制的攻击模式得到有效识别和处理（G13.4）、针对资产的过程动态攻击模式得到有效识别和处理（G13.7）和针对资产静态存储的攻击模式得到有效识别和处理（G13.10）。在此基础上，还可将 G13.4 细化为跨域类攻击模式得到有效识别和处理（G13.5）和针对调用链的攻击模式得到有效识别和处理（G13.6）两个子保证目标。G13.7 可继续分解为过程输入进行正确验证（G13.8）和过程内存空间访问得到有效保护（G13.9）两个子保证目标。

14. 数据存储类资产拒绝服务威胁的论证模式

如图 4-22 所示，在确保数据存储访问机制可接受（G14.2）以及数据存储容量得到有效管理（G14.3）的基础上，数据存储类软件关键资产的拒绝服务类威胁可被认为得到充分处理。一方面，通过合理设置数据存储访问权限，并合理选取数据存储数据机制，能够证明数据访问机制可接受（G14.2）；另一方面，将数据存储容量得到有效管理（G14.3）分解为数据存储特定资源消耗得到有效管理（G14.6）和数据存储所需基本资源消耗得到有效管理（G14.7）两个子保证目标。（1）结合软件关键资产涉及特定资源列表，可将数据存储特定资源消耗得到有效管理（G14.6）进一步分解为数据存储特定资源消耗过度不会发生（G14.8）和数据存储特定资源消耗过度得到检测和缓解（G14.11）。依据数据存储特定资源消耗边界值设定（CG14.8.1），数据存储特定资源消耗过度不会发生（G14.8）又可通过数据存储特

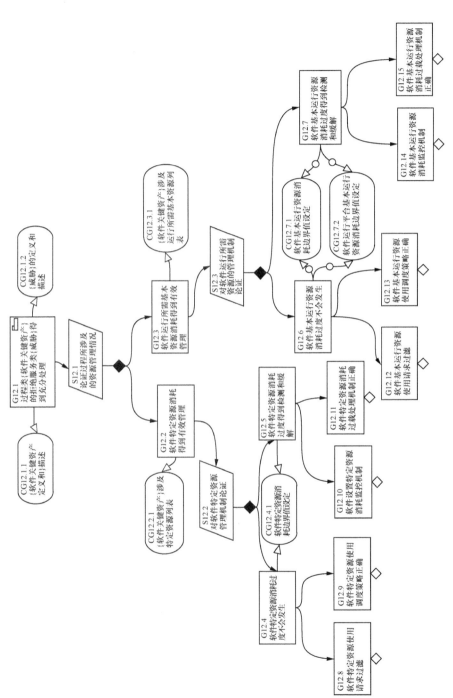

图 4-20 过程类资产拒绝服务威胁的论证模式

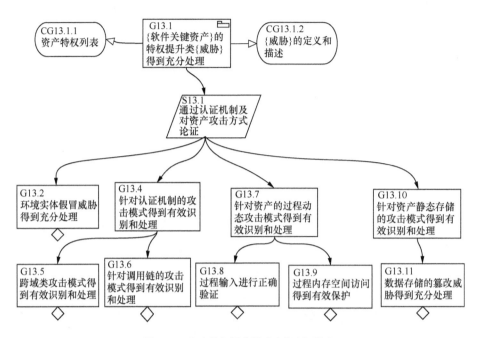

图 4-21　资产特权提升类威胁的论证模式

定资源使用请求过滤（G14.9）和数据存储特定资源使用调度策略正确（G14.10）进行论证。而 G14.11 则可通过数据存储设置特定资源消耗监控机制（G14.12）和数据存储特定资源消耗过载处理机制正确（G14.13）进行论证。（2）通过策略"对数据存储运行所需资源的管理机制论证"，数据存储所需基本资源消耗得到有效管理（G14.7）可分解为数据存储基本运行资源消耗过度不会发生（G14.14）和数据存储基本运行资源消耗过度得到检测和缓解（G14.17）。同样，依据数据存储基本运行资源消耗边界值设定（CG14.14.1），G14.14 可分解为数据存储基本运行资源使用请求过滤（G14.15）和数据存储基本运行资源使用调度策略正确（G14.16）两个子保证目标。G14.17 则可通过数据存储基本运行资源消耗监控机制（G14.18）和数据存储基本运行资源消耗过载处理机制正确（G14.19）进行论证。

15. 数据交换类资产信息泄露威胁的论证模式

为了证明数据交换类软件关键资产的信息泄露类威胁得到充分处理，可分别对数据交换内容得到有效保护（G15.2）和数据交换通道得到有效管理（G15.3）进行论证。数据交换类资产信息泄露威胁的论证模式如图 4-23 所示。

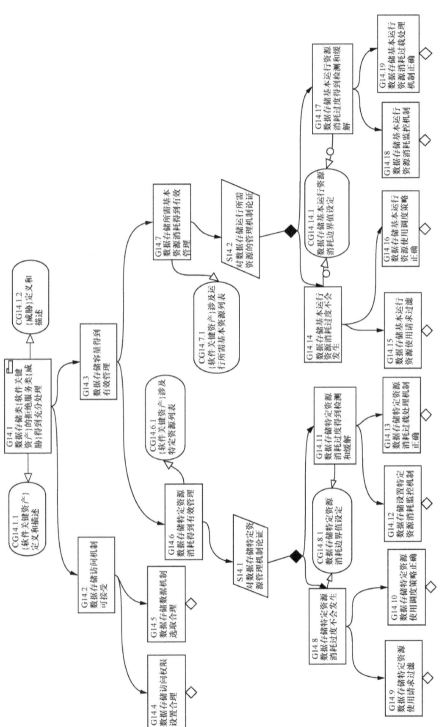

图 4-22　数据存储类资产拒绝服务威胁的论证模式

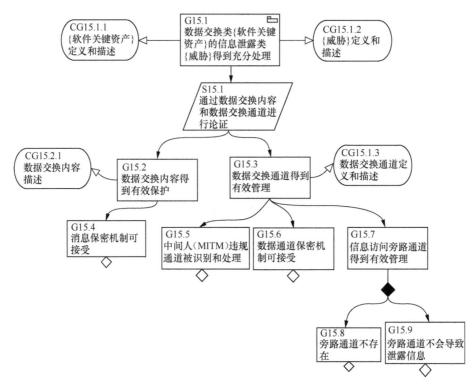

图 4-23　数据交换类资产信息泄露威胁的论证模式

16. 资产抵赖类威胁的论证模式

如图 4-24 所示，软件关键资产的抵赖类威胁得到充分处理的论证可从对消息的抵赖管理的方式（CG16.2.1）和对交易的抵赖管理的方式（CG16.3.1）两个方面进行论证。前者可分解为签名系统强度可接受（G16.4）、消息重放得到有效识别和处理（G16.5）和环境实体假冒威胁得到充分处理（G16.6）；而 G16.6 同时也能对 G16.3 的论证起到支撑作用。此外，对 G16.3 的论证有所贡献的子保证目标还包括日志系统读写权限设置准确（G16.7）、日志系统记录的信息内容是充分的（G16.8）和针对日志的篡改威胁得到充分处理（G16.9）。进行这种分解的合理性解释为：日志记录了包括抵赖在内的所有信息。

17. 软件过程顶层的论证模式

软件过程顶层的论证模式基于过程的论证原理开展。本章以 ISO/IEC 15288 为例，构建过程论证。其具体论证技术可用基于 ISO/IEC 15288 技术过程的论证模式（G18.1）模块进行展开。软件过程顶层的论证模式如图 4-25 所示。

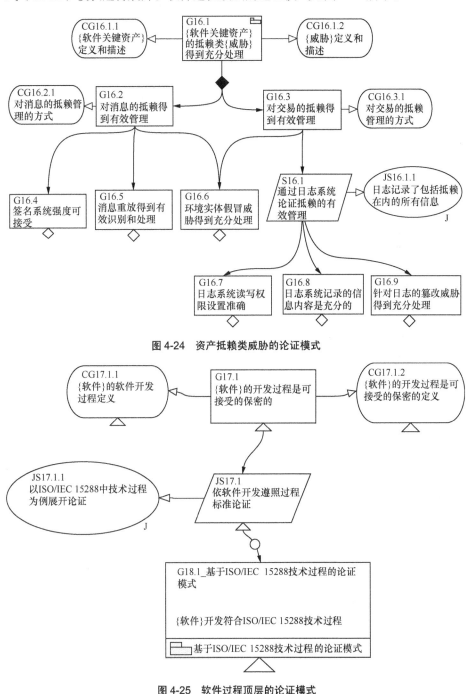

图 4-24 资产抵赖类威胁的论证模式

图 4-25 软件过程顶层的论证模式

18. 基于 ISO/IEC 15288 技术过程的论证模式

如图 4-26 所示，软件开发符合 ISO/IEC 15288 技术过程可分为软件利益相关者需求定义过程的论证模式（G19.1）、软件需求分析过程的论证模式（G20.1）、软件体系结构设计过程的论证模式（G21.1）、软件实现过程的论证模式（G22.1）、软件集成过程的论证模式（G23.1）、软件验证过程的论证模式（G24.1）和有待开发的其他过程的论证模式（G25.1）。

19. 软件利益相关者需求定义过程的论证模式

软件利益相关者需求定义过程的论证模式如图 4-27 所示。它的保证目标为软件利益相关者需求定义过程满足 ISO/IEC 15288 的要求（G19.1）。该保证目标可通过软件识别了利益相关方或有保证观念的利益集团（G19.3），软件识别了威胁、漏洞和薄弱环节（G19.4），软件确定了缓解策略和/或法规要求（G19.5），软件考虑了系统存在的操作环境和系统保证机制下的环境影响（G19.6），软件利益相关者需求定义过程提供了一个需求框架（G19.7），过程执行者具有相应的人员资质（G19.8）来实现。

20. 软件需求分析过程的论证模式

软件需求分析过程的论证模式如图 4-28 所示。它的保证目标为软件需求分析过程满足 ISO/IEC 15288 的要求（G20.1）。该保证目标可通过需求分析过程定义了系统的功能边界（G20.3）、需求分析过程定义了所需的系统功能（G20.4）、需求分析过程确定了关键功能（G20.5）、需求分析过程建立了保证举证（G20.6）、参与需求分析过程的人员满足要求（G20.7）以及需求分析所使用的工具和方法适宜（G20.8）来实现。

G20.3 和 G20.4 都可在软件规格说明中找到佐证，因此，它们可以共同使用 SS20.3.1 作为底层支撑证据。软件需求分析报告（SS20.5.1）可作为 G20.5 的证据材料。而对于 G20.6 而言，就是要把创建的软件保证举证报告作为直接证据，这也符合目前许多欧洲国家的实际做法。本模式及以后的所有模式，其证据层仅仅是给出了可应用的典型范例，未列出证据全集。在具体实践过程中，应根据保证目标软件产品的特点，开发适用的证据单元。

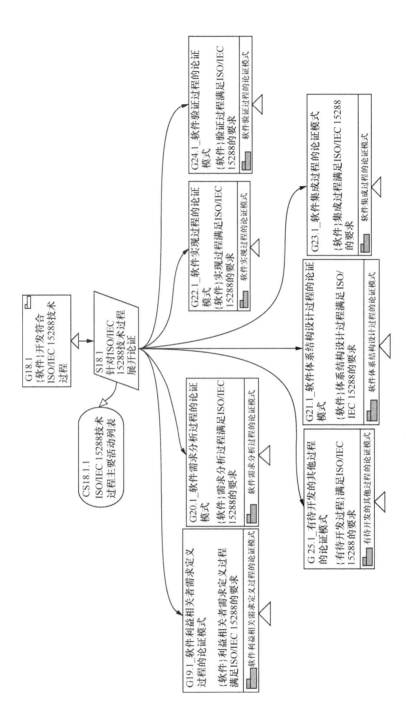

图 4-26 基于 ISO/IEC 15288 技术过程的论证模式

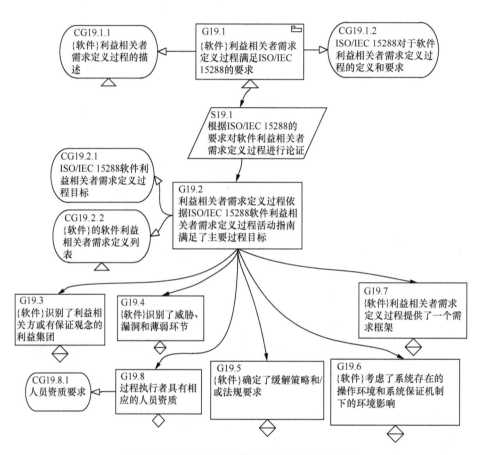

图 4-27 软件利益相关者需求定义过程的论证模式

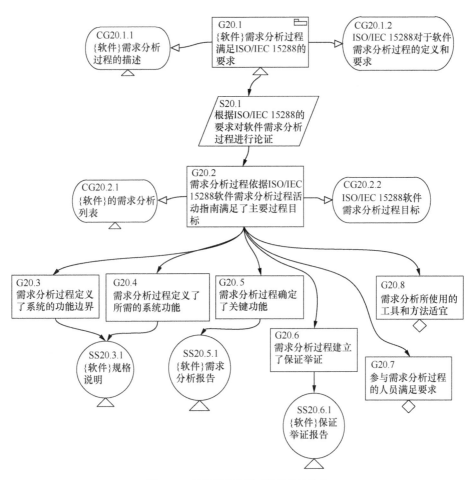

图 4-28 软件需求分析过程的论证模式

21. 软件体系结构设计过程的论证模式

软件体系结构设计过程的论证模式如图 4-29 所示。它的保证目标为软件体系结构设计过程满足 ISO/IEC 15288 的要求（G21.1）。该保证目标可通过定义了适当的逻辑体系结构设计和方法（G21.3）、体系结构设计过程确定了系统的功能划分和分配（G21.4）、分析了设计方案并建立了元标准（G21.5）、体系结构设计过程定义了要分配给用户的系统要求（G21.6）、体系确定了硬件和软件是否都是现成的（G21.7）、体系结构设计过程对替代设计方案进行了评估（G21.8）、体系结构设计过程定义了接口（G21.9）、指定了选取的物理设计解决方案（G21.10）、软件保持了体系结构设计和系统需求之间的相互可追溯性（G21.11）、软件体系结构设计过程构建了保证举证（G21.12）、软件体系结构设计人员具有相应的人员资质（G21.13）以及软件体系结构设计方法和工具适宜（G21.14）来实现。

针对前述子保证目标，能够找到的直接证据主要包括软件概要设计报告（SS21.3.1）、软件系统的方案设计报告（SS21.4.1）、软件工程的管理要求（SS21.5.1）、软件技术要求外发记录（SS21.6.1）、软硬件采购计划（SS21.7.1）、软件替代方案评估报告（SS21.8.1）、接口定义文档（SS21.9.1）、软件概要设计和需求分析文档（SS21.11.1）、软件保证举证报告（SS21.12.1）。G21.4 和 G21.5 可共用部分证据，SS21.11.1 中的概要设计文档也可用证据 SS21.3.1 来替代。借鉴欧洲的常规做法，本过程仍然把保证举证报告作为其中的一项主要证据。在后续的模式介绍中，仍然可能多次采用保证举证报告来对声明进行支撑。

22. 软件实现过程的论证模式

软件实现过程的论证模式如图 4-30 所示。它的保证目标为软件实现过程满足 ISO/IEC 15288 的要求（G22.1）。该保证目标可通过软件确定实现策略（G22.3）、软件对设计策略进行限定（G22.4）、软件对威胁实施对抗（G22.5）、系统元素满足保证需求（G22.6）、软件实现过程的封装和存储系统元素是适当的（G22.7）、软件实现过程构建了保证举证（G22.8）、软件实现人员具备相应的资质（G22.9）以及软件实现过程所用方法和工具适宜（G22.10）来实现。

针对前述子保证目标，能够找到的直接证据主要包括软件开发文档（SS22.3.1）、软件详细设计文件（SS22.4.1）、软件开发过程记录（SS22.6.1）、软件集成测试中的打包测试和安装测试记录（SS22.7.1）以及软件保证举证报告（SS22.8.1）。G22.4 和 G22.5 可共用部分证据。

23. 软件集成过程的论证模式

软件集成过程的论证模式如图 4-31 所示。它的保证目标为软件集成过程满足 ISO/IEC 15288 的要求（G23.1）。该保证目标可通过软件集成过程定义了集成策略（G23.3）、软件获取了系统元素（G23.4）、软件集成过程确保了系统元素已被验证（G23.5）、软件集成了系统元素（G23.6）、软件记录了集成信息（G23.7）、软件集成过程构建了保证举证（G23.8）、软件集成人员具备相应的资质（G23.9）以及软件集成方法和工具适宜（G23.10）来实现。

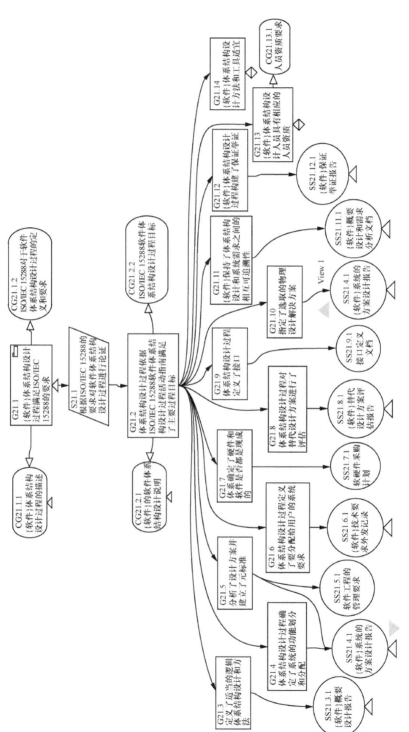

图 4-29　软件体系结构设计过程的论证模式

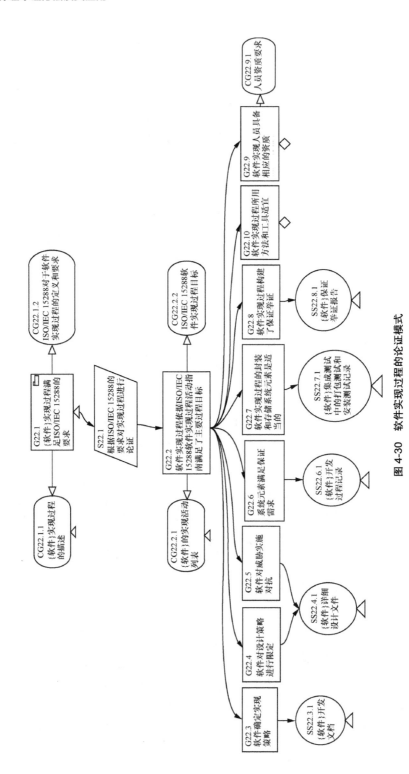

图 4-30　软件实现过程的论证模式

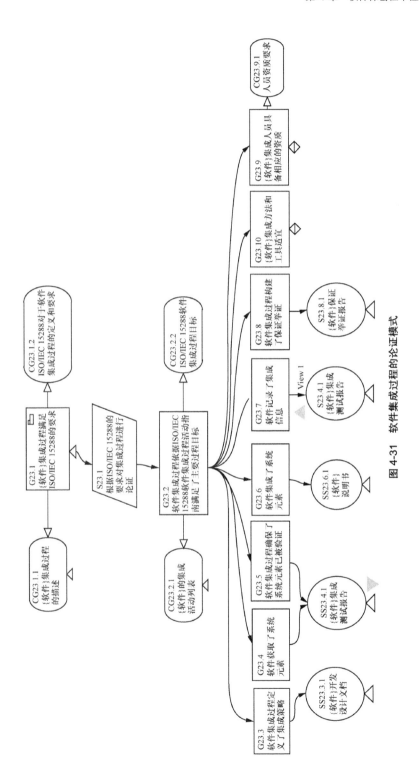

图 4-31 软件集成过程的论证模式

针对前述子保证目标，能够找到的直接证据主要包括软件开发设计文档（SS23.3.1）、软件集成测试报告（SS23.4.1）、软件说明书（SS23.6.1）以及软件保证举证报告（SS23.8.1）。G23.4、G23.5 和 G23.7 可共用证据 SS23.4.1。

24. 软件验证过程的论证模式

软件验证过程的论证模式如图 4-32 所示。它的保证目标为软件验证过程满足 ISO/IEC 15288 的要求（G24.1）。该保证目标可通过软件定义了验证策略和计划（G24.3）、软件对设计决策的约束进行了识别和交流（G24.4）、软件确保了验证系统的有效性并进行了核查（G24.5）、软件记录并提供了验证数据（G24.6）、软件验证过程构建了保证举证（G24.7）、软件验证人员具备相应的资质（G24.8）以及软件验证方法和工具适宜（G24.9）来实现。

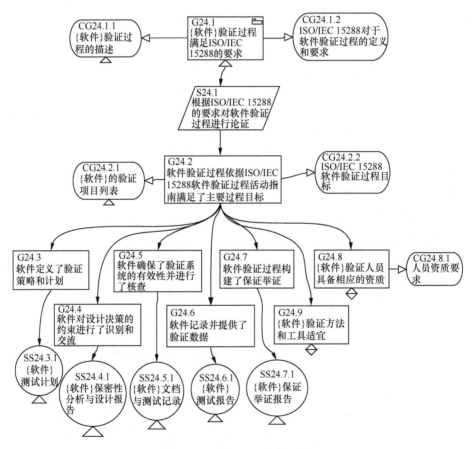

图 4-32　软件验证过程的论证模式

针对前述子保证目标，能找到的直接证据主要包括软件测试计划（SS24.3.1）、软件保密性分析与设计报告（SS24.4.1）、软件文档与测试记录（SS24.5.1）、软件测试报告（SS24.6.1）以及软件保证举证报告（SS24.7.1）。

25. 有待开发的其他过程的论证模式

与基于产品的软件保密性论证不同，基于过程的软件保密性论证仅给出了主要的论证结构。使用人员可根据基于过程的论证原理补充开发和完善其他过程论证模式。

4.2.4　软件保密性举证框架的实例化方法

4.2.3 节从产品和过程两个视角提出了软件保密性论证的一般原理，在此基础上，给出了通用的软件保密性论证结构，涵盖十四个产品论证模式和九个过程论证模式，为软件保密性举证的开发人员提供了样式模板和范例，能够指导具体的论证人员快速、有效地开发软件保密性举证。

实际使用时，开发人员应根据保证目标软件产品的应用背景和领域特征，有针对性地制定软件保密性举证的实例化方案，包括论证重点与范畴、顶层保证目标和声明、产品要求、生命周期过程、证据范围等。确定选用的产品论证模式和过程论证模式，在此基础上，按照自顶向下的构建方法，逐步对鸟瞰图中的论证模式进行实例化，利用模块化的 GSN 组装技术最终完成软件保密性举证的构建和开发。软件保密性举证框架实例化方法由一系列的开发导则组成，总体而言，这些导则可划分为内容实例化开发导则和结构实例化开发导则两大方面。

1. 软件保密性举证框架内容实例化开发导则

首先，对于论证模式中含有{}的符号变量，应使用与保证目标软件相符的具体要素进行替代。例如，{软件关键资产}可用保证目标软件所拥有的具体资产名称进行替代，{威胁}可用篡改、信息泄露等具体威胁名称赋值。

其次，对于论证模式中需要参照的支撑材料信息，如软件关键资产涉及特定资源列表、××的定义和描述、人员资质要求等，需要通过查阅行业标准、软件文档，或者通过现场调研等手段进行获取。这类信息一般都以规则、规范、技术要求、合同条款或约定俗成的形式出现，具有一定的客观性，是论证结构的确定性要素。

最后，要从保证目标软件文档资料和开发过程中收集、整理可用于支撑论证模式的底层证据材料。这类信息多伴随着软件产品的交付而同时完成，包括软件开发计划、软件保密性分析与设计报告、测试报告、接口定义文档等。但是，与前一类材料不同，本类材料与证据开发者素质、开发过程成熟度等其他因素密切相关，材料本身可能存在缺失或是完备性欠缺等问题。因此，经预判后，应对可能存在问题的证据材料进行标识，并在软件保密性举证开发完成后，利用后续章节中的方法对举证本身进行评估，从而为产品和过程的不断改进提供意见。

2. 软件保密性举证框架结构实例化开发导则

首先，按照自顶向下的方法对论证模式 1、2、3、4、17 的内容进行分层实例化。

其次，根据保证目标软件的实例化信息对论证模式 5、18 进行选择性扩展。例如，某软件根据其产品属性和论证需求的重点，确定该产品中主要存在的资产为数据存储类，其面临的威胁是假冒和篡改，同时，由于该软件只涉及集成和验证过程，因此选用论证模式 6、9、23、24 进行实例化论证。

再次，对前述选定的论证模式进行深入的细化分解，即可分别开发出与前述模块相对应的 GSN 归纳论证结构。每类选定论证模式的 GSN 论证工作可交由不同的开发人员或团队完成，但顶层任务分解者应充分注意信息共享和相同证据材料间的数据一致性问题。例如，前述的论证模式 22、23 都引用了"软件开发文档"作证据，应确保该证据在版本变更时能同时更新到这两个论证模式中去。

最后，在多个过程论证模式中都将"软件过程构建了保证举证"作为一项必要的论证子保证目标。如果在开发保证目标软件的实例化保密举证时，某个阶段过程能够提供该项证据，那么它将作为举证开发的有效片段，从而极大地支撑整体的全面举证工作。

软件保密性举证框架主要涵盖了原理和结构两大部分。二者均不涉及产品的具体技术背景，具有一定通用性。一方面，当开发者用于论证的语言工具超出 GSN 范畴时，仍然可以利用提供的软件保密性论证原理去开发其适用的论证结构，进而展开实例化论证工作；另一方面，利用提供的论证模式，可对不同领域背景的软件产品的保密性进行论证，并开发出相应的实例化举证。虽然本书尽可能全面地提供了从产品到过程的论证模式，但随着技术的不断进步，认知的不断完善，新的需求必将逐步涌现。因此，本书所给出的举证框架具备开放性需求，允许未来的使用人员补充开发新的论证模式，从而达到不断完善前述框架的发展要求。

|4.3　应用实例|

本节以某即时通信（IM）服务器软件为例，重点说明软件保密性举证框架的应用方法与过程。

IM 服务器软件广泛应用于公司、企事业单位及个人用户之间，以增强团体和个人间的信息交流，通常都具有文本通信、语音通话、实时视频、文件传输、用户管理等功能。IM 服务器软件的功能结构如图 4-33 所示。

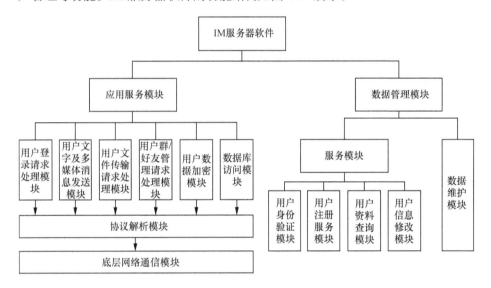

图 4-33　IM 服务器软件的功能结构

数据是用户（或攻击者）与软件进行交互的基础，为了论证该软件是否满足保密性需求，首先对 IM 服务器的数据流进行分析，分析结果如图 4-34 所示。

综合分析 IM 服务器软件的相关特点和开发过程，通过对软件保密性举证框架进行实例化，可得到顶层保证目标"IM 服务器软件在服务器系统中运行是可接受保密的"GSN 论证结构。本节仅对论证过程中的主要论证模式进行实例化，开发完成的论证模式如图 4-35 ~ 图 4-45 所示。作为实例，本节从图 4-36 所示开始，基于产品的论证模式的实例化仅考虑注册信息、注册过程、登录过程三类关键资产，威胁类型也仅考虑篡改；基于过程的论证模式不再自顶向下地全部展开，仅对软件需求分析过程论证模式进行实例化分析。

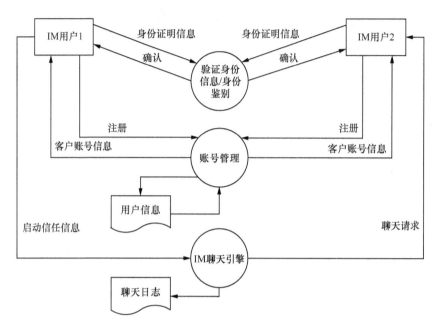

图 4-34　IM 服务器数据流

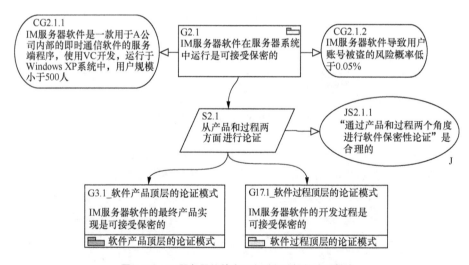

图 4-35　IM 服务器软件产品和过程分解的论证模式

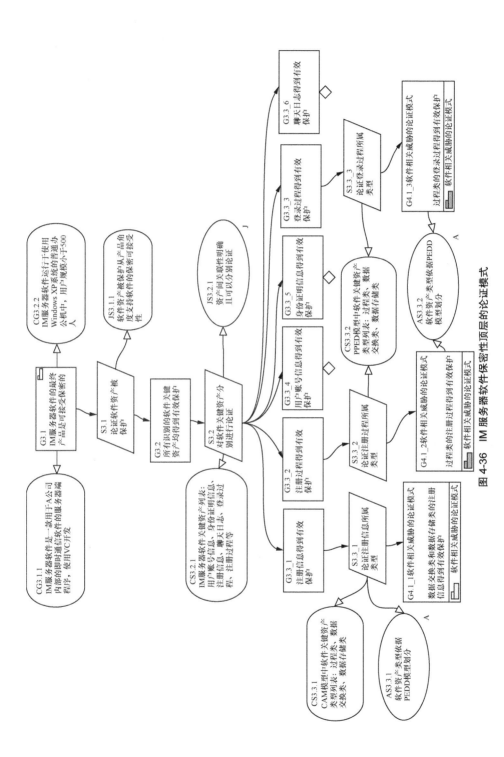

图 4-36　IM 服务器软件保密性顶层的论证模式

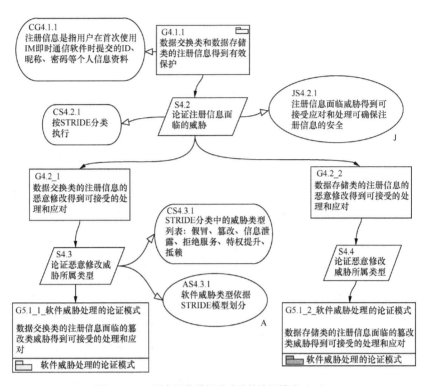

图 4-37 IM 服务器软件相关威胁的论证模式（一）

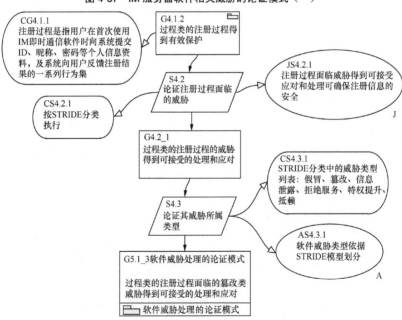

图 4-38 IM 服务器软件相关威胁的论证模式（二）

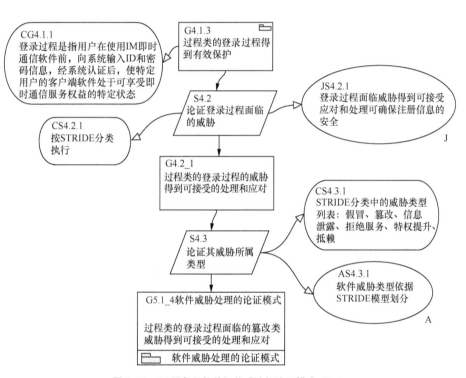

图 4-39　IM 服务器软件相关威胁的论证模式（三）

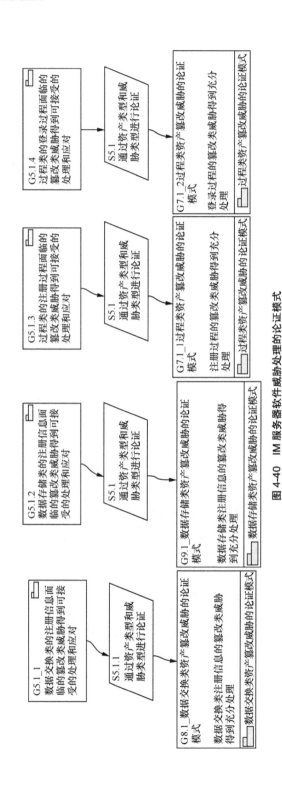

图 4-40 IM 服务器软件威胁处理的论证模式

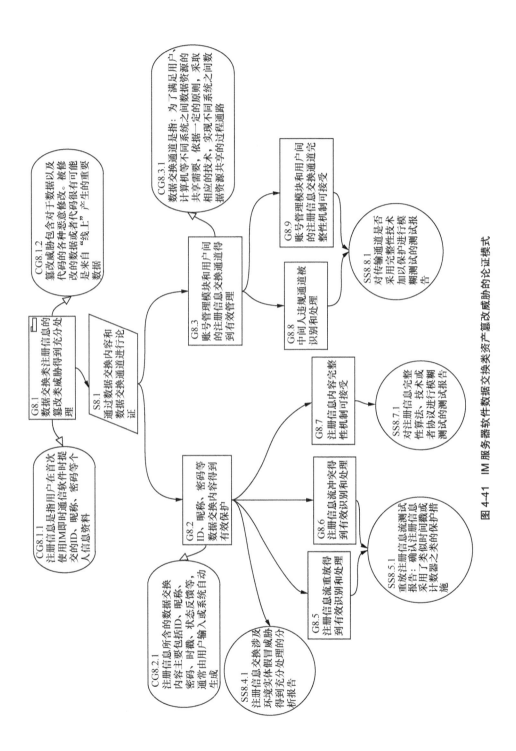

图 4-41　IM 服务器软件数据交换类资产篡改威胁的论证模式

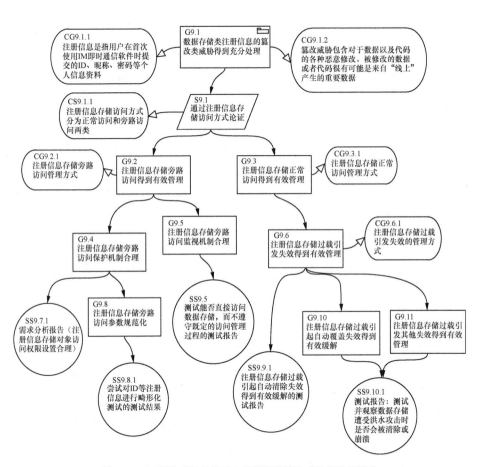

图 4-42　IM 服务器软件数据存储类资产篡改威胁的论证模式

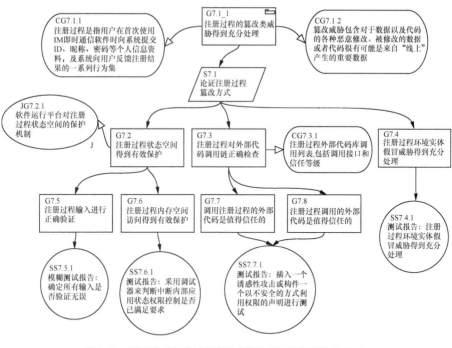

图 4-43　IM 服务器软件过程类资产篡改威胁的论证模式（一）

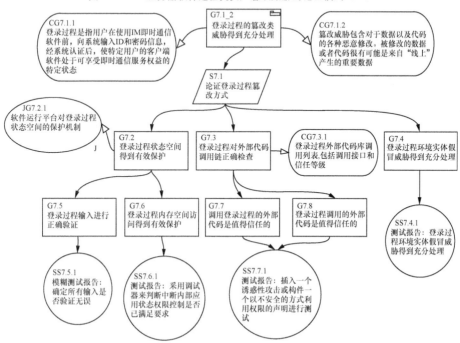

图 4-44　IM 服务器软件过程类资产篡改威胁的论证模式（二）

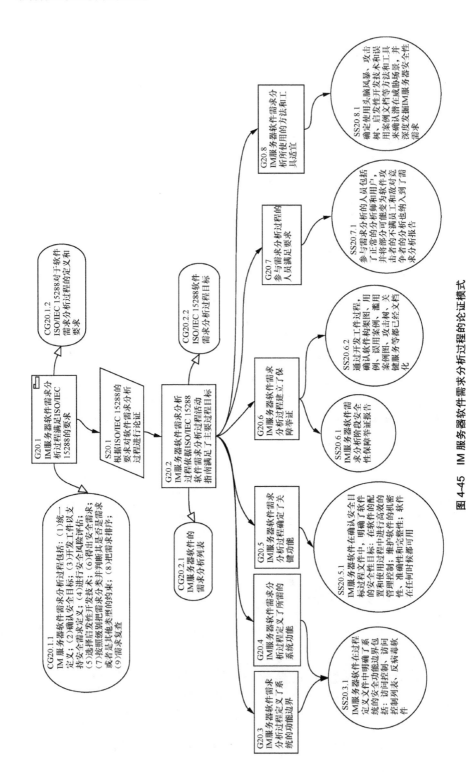

图 4-45　IM 服务器软件需求分析过程的论证模式

|本章小结|

　　本章在软件保密性举证相关概念基础上，介绍了软件保密性的总体举证框架，并对基于产品和过程的两类论证原理进行了详细阐述。在此基础上通过应用前述原理，给出了软件保密性论证结构的主要论证模式，并提供了相应的实例化方法。最后，以某即时通信软件服务器软件为例，开展了所给软件保密性举证框架及论证模式的应用过程和应用方法，为软件保密性举证框架的构建提供了参考。

|参考文献|

[1]　McGRAW G. Software security[J]. IEEE Security & Privacy, 2004, 2(2): 80-83.

[2]　ANDERSON R. Security engineering: a guide to building dependable distributed systems[M]. New York: Wiley, 2001.

[3]　SCHNEIER B. Beyond fear: thinking sensibly about security in an uncertain world[M]. 2nd. New York: Springer-Verlag, 2006.

[4]　FIRESMITH D. Specifying reusable security requirements[J]. Journal of Object Technology, 2004, 3 (1): 61-75.

[5]　CHIVERS H, FLETCHER M. Applying security design analysis to a service - based system[J]. Software: Practice and Experience, 2005, 35 (9): 873-897.

[6]　BREU R, INNERHOFER-OBERPERFLER F. Model based business driven it security analysis[C]//Proceedings of the Third Symposium on Requirements Engineering for Information Security held in conjunction with the 13th International Requirements Engineering Conference. Paris France, 2005.

[7]　FIRESMITH D G. Common concepts underlying safety, security, and survivability engineering[R]. Carnegie Mellon University, 2003.

[8]　KIENZLE M D. Practical computer security analysis [D]: Charlattesville: University of Virginia, 1998.

[9]　VIVAS J, AGUDO I, LÓPEZ J. A methodology for security assurance-driven system

development[J]. Requirements Engineering, 2011, 16(1): 55-73.

[10] SHIREY R. Security architecture for internet protocols: a guide for protocol designs and standards[R]. 1994.

[11] BISHOP M. Computer security: art and science[M]. Singapore: Pearson Education, 2002.

[12] WANG J. Computer network security: theory and practice[M]. Beijing: Higher Education Press & Heidelberg, Berlin: Springer-Verlag, 2009.

[13] SWIDERSKI F, SNYDER W. Threat modeling[M]. Redmond, WA: Microsoft Press, 2004.

[14] WILSON S P, MCDERMID J A. Integrated analysis of complex safety critical systems[J]. The Computer Journal, 1995, 38(10): 765-776.

软件可信性举证方法

软件可信性举证是软件保证举证应用于软件可信性领域后的更具体的名称。软件可信性作为一个集合性术语，包含软件可靠性、安全性、可用性、保密性和可维护性等属性，其评估一直是一个难题，国内外不少学者已经对此进行了不少研究，包括基于完整性的可信度量方法、软件行为可信度量方法等。总体来讲，有效的度量方法还比较匮乏。相比之下，举证技术可通过有力和合理的论证结构来表明举证保证目标的实现，并强调与软件开发过程的紧密结合，已在软件可信性领域受到重视。

本章针对航空航天等安全关键领域嵌入式软件，阐述软件可信性举证技术。首先介绍软件可信性举证的相关概念，接着重点从产品和过程两种视角（侧重于软件可靠性和安全性两个属性）探讨了软件可信性举证框架及论证模式，并给出了论证模式实例化规则，最后以某型号嵌入式软件为对象介绍软件可信性举证的构建过程及方法，为软件可信性举证构建提供参考。

| 5.1 软件可信性举证的基础知识 |

5.1.1 软件可信性的相关概念

1. 可信性的定义

可信性（Dependability）尚未形成被广泛接受的定义，不同的组织机构和研究人员有不同解释。可信性作为集合性术语，首先由法国学者 Laprie 于 1985 年提出，随后又有一些学者和机构进行了阐述，具体如表 5-1 所示。

表 5-1　可信性的定义

时间	研究机构或人员	英文术语	定义内容
1985	Laprie	Dependability	可信性是计算机系统的一种性质，使得它所提供的服务有足够理由认为是可信赖的
2004	Avizienis、Laprie 等	Dependability	可信性指计算机系统所提供的服务是可以论证其是可信赖的能力。经过对比，他们认为"Dependability""Trustworthiness"和"High Confidence"等概念在保证目标和面临威胁两个方面是互相等价的
1999	美国国家研究委员会（NRC）	Trustworthiness	强调了系统行为的可预期性以及系统的抗干扰性，这里也是作为一个综合特征来定义的，包括的属性有正确性、私密性、可靠性、安全性、可生存性、保密性。其中，保密性包括机密性、完整性、可用性
2005	IEEE 982.1—2005	Dependability	可信性是计算机系统的可信赖性，如计算机系统交付的服务应是可信赖的，且可信性属性包含可靠性、可维护性、可用性、安全性、保密性和完整性
2005	ISO 9000	Dependability	可信性是用于描述可用性及其影响因素（可靠性、维修性和保障性）的集合术语
1988	IFIP Working Group10.4	Dependability	可信性定义为允许信赖可被论证地施加在计算系统交付的服务上，具体包括可靠性、可用性和安全性等

总体来看，可信性是一个复杂的综合概念，其中包含了特征属性、威胁因素以及提高方法[1]，如图 5-1 所示。

广义地讲，可信性所包含的特征属性有可用性（Availability）、可靠性（Reliability）、安全性（Safety）、保密安全性（Security）、可维护性（Maintainability）。

虽然不同学者对于可信性的定义还未达成共识，但都强调系统行为的可预期性、可信赖性以及抗干扰性等，且至少都认为可信性是一个综合概念，可以通过可用性、可靠性、安全性等属性来刻画。

2. 软件可信性定义

软件"可信（Trustworthy）"是指软件系统的动态行为及其结果总是符合人们的预期，在受到干扰时仍能提供连续的服务。这里"干扰"包括操作错误、环境影响、外部攻击等。郑志明等[2]认为软件系统行为可信是指软件系统的行为及其结果是可预期的、行为状态是可监测的、行为结果是可评估的、行为异常是可控制的。王怀民等[3]进一步指出，如果一个软件系统的行为总是与预期相一致，则可称之为可信，并分别从身份可信、能力可信和行为可信三个方面进行具体阐述。其中，身份可信的核心是基于身份确认的访问授权与控制，能力可信要求软件系统的功能是可依赖的，行为可信的核心是软件系统的可靠性和可用性。

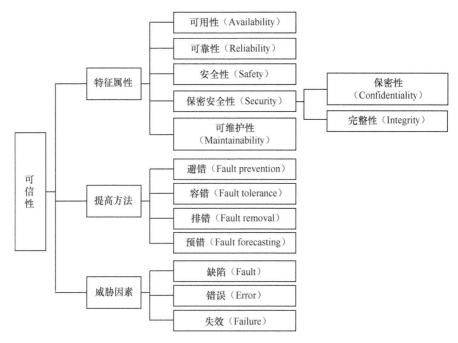

图 5-1　Laprie 提出的可信性特征、方法及威胁

　　软件可信性是在软件可用性、可靠性、安全性、可维护性、保密安全性等众多概念基础上发展起来的一个新概念，是诸多属性的综合反映和考量。不同学者试图从不同角度和层次去诠释软件可信性，目前尚未形成统一共识。

　　（1）国外学术文献[4]将软件可信性视为可靠性和安全性；也有学术文献[5]则认为可信性是质量属性，应该包括更广泛的内容，如可用性、保密性、容错性和生存性等。

　　（2）Laprie 在整合了可靠计算和容错后重新定义了软件可信性（Software Dependability），认为它应该包括可靠性、可用性、可维护性、安全性等属性。

　　（3）陈火旺等[6]提出了软件系统高可信（High Confidence）性质的概念。高可信软件系统要求能够充分地证明或认证该软件系统提供服务时满足一些关键性质，软件一旦违背这些关键性质就会造成不可容忍的损失，这些关键性质被称作高可信性质，包括可靠性、安全性、保密性、可生存性、容错性和实时性。

　　（4）屈延文教授[1]认为软件可信性是考察软件行为预期性的满足，这种预期性满足是在多主体多行为范畴内，实现对行为性质、行为输入输出、行为过程、行为属性等方面符合必须遵守的要求、规定、规则、法律的满足性认识与评价。

（5）郑志明等[2]认为软件系统可信性反映了软件系统在动态开放环境下其行为的统计特性，是对软件行为的整体刻画和度量，是对软件演化过程中软件可靠性、保密性等可信性属性统计规律的综合考量。

（6）梅宏等[7]认为软件可信性是传统软件质量概念在互联网时代的延伸，是软件质量的一种特殊表现形式，更关注使用层面的综合化的质量属性及其保障。从软件质量模型角度看，它是软件运行时使用质量属性的综合，决定了软件在实际条件下使用时，满足明确和隐含要求的程度。

国内外众多学者不尽相同的诠释表明了对软件可信性的众多不同需求，同时也反映了其自身复杂性。本章在上述研究成果的基础上给出了如下的软件可信性定义。

软件可信性是在一定使用条件下，软件行为及其结果总是符合人们的预期，在受到干扰时仍能提供连续服务的能力。这里的"干扰"包括内部缺陷、外部攻击、环境影响、操作错误等。

软件可信性作为一个集合性术语，具体包含软件可靠性、安全性、可用性、保密性和可维护性等属性。

本章重点关注与大多数类型软件的可信性本质关联较大的属性（尤其可靠性、安全性等），通过建立软件可信性属性模型来描述软件可信性内涵及与软件质量之间的关系。该模型是一组软件可信性属性的集合，用具体的属性指标来刻画和反映在不同的应用领域和使用场景下软件可信性的具体内涵和需求，如图5-2所示。

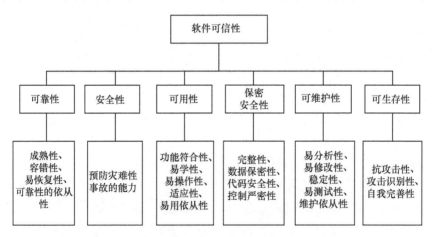

图5-2　软件可信性属性模型

上述模型阐述了软件可信性内涵，每个可信性属性表达了软件的一种客观能力和性质，软件用户可通过判断软件是否满足这些可信性属性要求来判断软件是否可信。

5.1.2 软件可信性举证的相关研究

1. 软件可信性举证的概念

在安全性举证研究基础上，一些学者对可信性举证概念进行了下列阐述。

（1）Despotou[8]用可信性举证来表明一个系统在特定运行环境中是可接受的可信运行。

（2）Weinstock 等[9]定义可信性举证是一种结构化的论证，表明系统满足它特定的可信性需求。

（3）Courtois[10]定义可信性举证是证实基于计算机的系统在给定的环境下满足一组给定的可信性保证目标。

除了上述定义外，波兰学者 Górski 等[11]提出了信任举证。它是一种结构化的论证，通过收集相关证据来明确地论证计算机系统在特定的应用环境下满足其特定的可信性要求。

经过对比，本书在 Despotou 提出的可信性举证概念的基础上给出的软件可信性举证的定义：软件可信性举证是一种清晰、可辩护和可追溯的论证，用来表明软件能够在特定运行环境中是可接受的可信运行。

2. GSN 论证模式

论证模式是包含有基本论证原理和核心论证结构的一类特殊的举证结构模型。在软件设计模式基础上，Kelly 最早提出了安全性举证的论证模式，作为编制和复用良好安全性举证结构的一种有效方式和途径，抽象地描述了举证构建过程中一些基本原理和论证策略，通过结合应用领域进行实例化来构建具体的举证结构。Kelly 初步给出了系统级安全性举证的论证模式目录，但不同论证模式之间缺乏联系并不能用来构建一个完整举证结构。Weaver 针对软件失效提出了软件安全性举证的论证模式目录，强调了不同论证模式之间通过联系来形成连贯的举证论证结构。

论证模式具有抽象性、可复用性、自主性、协作性等特性，具体包含着若干模式元素，如 GSN 结构，并提供了构建论证结构的一些必要信息。在 Kelly 给出的论证模式文档化编制模板的基础上，本章所使用的论证模式文档化格式具体如表 5-2 所示。

表 5-2　论证模式元素

模式元素	说明	模式元素	说明
模式编号	模式的序号标记，便于识别和管理	适用性	描述该模式的应用条件和范围，识别相应的假设和原则
模式名称	是该模式的标签，包括英文名称和缩写	影响	识别该模式被应用后带来的影响
动机目的	阐述该模式的构造原因及要达到的目的	实现	描述如何使用该模式，包括必要的提示和技术，以及可能的问题和误区
GSN 结构	使用 GSN 扩展得到的论证结构	实例	提供该模式实例化的实例
结构元素	描述模式 GSN 结构的要素和相应功能，按照模式编号向下进行编号	已知用途	描述模式中论证形式的一些已知用途
协作说明	描述该模式的要素之间的联系，及如何协作来实现该模式的作用	相关模式	识别与该模式相关联的其他模式

论证模式按照模式元素的辅助信息对抽象的 GSN 结构元素来进行实例化，并通过不同模式之间的协作来构建完整的举证实例结构。相比于其他模式元素，GSN 结构是最为关键的，图示化地表述了论证模式的核心论证结构。

|5.2　基于 GSN 的软件可信性举证框架及论证模式 |

软件可信性是一个包含多属性的综合概念，对其进行举证是很有难度的。本章主要围绕与嵌入式软件可信性关联较大的两个质量属性（可靠性和安全性），探讨软件可信性举证框架及论证模式。如果软件可信性还包括其他属性，则可以以此论证模式为参考进行扩展。

5.2.1　基于 GSN 的软件可信性举证框架

本举证框架的构建思路为"产品和过程结合，安全与可靠并重，自顶向下逐层分解，自主和协作"。从系统角度着手，分别从产品和过程两种视角对软件在嵌入式系统中可信运行这一顶层保证目标展开论证。基于产品的论证主要关注软件产品属性，主要对软件相关危险以及安全关键功能失效模式的缓解和控制措施进行论述；基于过程的论证主要论述软件生命周期过程和软件可信性工程过程的可信赖程度。其中，前一过程依据应用广泛的标准（如机载软件适航标准 DO-178B/C）进行展开，后一过程则依据《软件系统安全性手册》等可信性相关标准进行论述。软件可信性举证框架如图 5-3 所示。

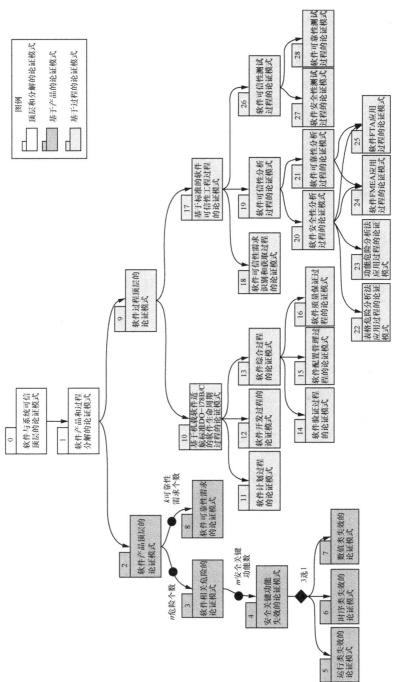

图 5-3　软件可信性举证框架

图 5-3 所示为基于 GSN 的软件可信性举证框架，整体上呈逐层分解的树状结构，利用 GSN 论证模块符号来表示相应论证模式，并用模式编号作为论证模块编号，下层模式为上层模式提供支持，上层模式的背景、假设等信息对下层模式产生约束，除了主要的"被支持"关系外，还在基于产品的论证模式中使用到了 GSN 的多样性和选择性符号。

该举证框架主要包括七个产品论证模式和二十个过程论证模式。它们按照结构类型又可分成分解型和原子型，前者都处于树权节点位置（如模式 1、2、9、10、17、19、26 等），主要将论证保证目标以远保证目标的形式分解子保证目标到下层论证模式中；而后者处于叶子节点位置，自身内部论证结构比较庞大。

此外，产品论证模式与过程论证模式之间存在着"在此约束下"（in-context-of）的联系。例如，产品论证中的软件相关危险、安全关键功能以及失效模式等背景信息需要危险分析、FMEA 等过程论证来提供来源置信度的保证，分析和测试结果等产品证据信息也需要软件可信性分析、测试等过程的支持，这些关系在图 5-3 中没有显示，会在后续论证模式的 GSN 结构中进行表述。

这些论证模式按照层次关系进行组合和协作，通过契约文本来保持一致性，并根据软件具体信息进行实例化，就得到了完整的软件可信性举证实例结构。同时它们也具有一定自主性，可部分使用来构建某一视角的举证实例结构（如产品论证）。此外，对软件对象领域无关的论证模式，也可根据实际领域特点开发相应论证模式来进行扩充。

5.2.2　基于 GSN 的软件可信性举证的论证模式

表 5-3 所示按照论证模式元素列表仅给出模式即"软件与系统可信顶层的论证模式"的完整格式化模式文档。其他论证模式仅给出其中图形化模型结构（即 GSN 结构），并依据标记规则对模型元素进行编号，相应的模式文档在此不再赘述。

表 5-3　软件与系统可信顶层的论证模式文档

模式元素	说明
模式编号	模式 0
模式名称	软件与系统可信顶层的论证模式 英文名称：Argumentation Pattern of Software Contributions to System Dependability
目的	这个模式提供系统可信性举证的顶层分解，得到软件可信性举证保证目标，也为接下来的其他论证模式提供一些背景和假设的约束

续表

模式元素	说明
GSN 结构	

	保证目标 G0.1	这是论证顶层保证目标，表明软件所在的系统是可信的
结构元素	背景 C0.1.1	所在系统的定义，主要是需求和设计规格的引用
	背景 C0.1.2	对于系统运行环境的描述和定义
	背景 C0.1.3	对于可接受的可信的定义和描述，可以来自于某一标准或监管机构，它是举证结构展开的基础
	策略 S0.1	对系统可信的论证保证目标按照硬件、软件和其他部件进行分解，便于各自展开自主论证
	合理性解释 J0.1.1	用来支持策略 S0.1 的合理性，需要陈述软件、硬件及其他部件的关联性是明确规定的，排除它们之间的协调问题带来的系统失效
	保证目标 G0.2	声明硬件在系统的环境约束下是足够可信的
	背景 C0.2.1	硬件的定义和描述，主要是需求和设计规格的引用
	背景 C0.2.2	对于硬件可接受的可信的定义和描述，是系统可信的指标分配
	保证目标 G0.3	声明除软件、硬件之外的组件在系统的环境约束下是足够可信的
	背景 C0.3.1	其他组件的定义和描述，主要是需求和设计规格的引用
	背景 C0.3.2	对于其他组件可接受的可信的定义，是系统可信的指标分配
	保证目标 G1.1	是远保证目标和模式接口，声明软件在系统的环境约束下是足够可信的，在模式 1 中进行声明和论述
协作说明	① 背景 C0.1.1、C0.1.2 和 C0.1.3 为顶层论证保证目标 G0.1 提供了必要的术语信息和约束。 ② 合理性解释 J0.1.1 直接影响策略 S0.1 的合理性，对论证保证目标分解至关重要。 ③ 保证目标 G0.2、G1.1 和 G0.3 分别声明了硬件、软件和其他组件论证保证目标，它们共同为真才能支持顶层保证目标 G0.1 成立	

模式元素	说明
适用性	① 这个模式主要是对系统论证保证目标进行分解，所以系统软件、硬件的交联关系要有清晰明确的描述，需要进行可靠性和安全性分析来判断软件对于系统可信的贡献。 ② 应用该模式需要定义"可接受的可信"，这要参考相关标准和监管机构，并与不同的利益相关者进行协商
影响	这个模式主要为了得到软件的论证保证目标，便于论证结构展开和构建，实例化该模式时还有一些未开发的硬件和其他组件论证保证目标 G0.2 和 G0.3
实现	这个模式采用自顶向下的实例化方式，依次实例化论证保证目标、背景等元素。可能的误区： ① 没有进行充分的分析和协商，导致对"可接受的可信"的定义不合适和不准确，进而影响 G0.1 的置信度，以及后续论证结构的构建。 ② 没有识别软件、硬件所有的关联性，导致分解论证策略的置信度降低
实例	暂无
已知用途	体现"逐步分解、各自展开"的举证思想
相关模式	模式 1——软件产品和过程分解的论证模式，它对远保证目标 G1.1 进行声明和论述

1. 软件与系统顶层相关论证模式

（1）模式 0——软件与系统可信顶层的论证模式

这个论证模式反映出构建软件可信性举证结构必须从系统的角度入手，考虑在系统运行环境和约束下的软件可信性问题，依据嵌入式系统的组成部分进行分解并逐一论证。

（2）模式 1——软件产品和过程分解的论证模式

该论证模式对保证目标 G1.1 进行分解，主要从产品和过程两种视角分别进行论证，基于产品的论证主要关注软件产品属性，包括相关危险和失效模式缓解与控制措施、软件可靠性需求满足程度等；基于过程的论证主要依据过程性标准来论述软件生命周期过程和软件可信性工程过程中技术活动的规范性、完整性和合理性等。该模式的 GSN 结构如图 5-4 所示。

该模式经过分解得到远保证目标 G2.1 和 G9.1，分别由软件产品顶层的论证模式（模式 2）和软件过程顶层的论证模式（模式 9）进一步展开论证。

为了展示这两个论证模式间的关联性，按照论证模块的契约文本格式，给出了它们的具体契约文本，如表 5-4 所示。

该契约文本主要记录了论证模式 0 和 1 之间有关联的保证目标（远保证目标 G1.1），以及需要保持一致的背景信息（如 C0.1.1 ~ C0.1.3 等）。当模式 0 或者模式 1 内部元素修改或更新时，该契约文本有利于检查和保持两个模式间的一致性。

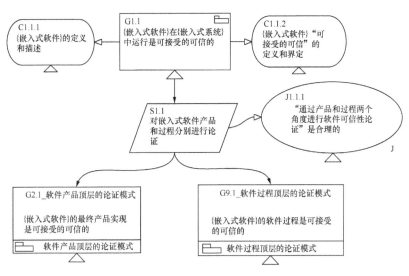

图 5-4　软件产品和过程分解的论证模式的 GSN 结构

表 5-4　论证模式 0 和 1 的契约文本

论证模式契约		
参与的论证模式（2 个）		
模式 0——软件与系统可信顶层的论证模式； 模式 1——软件产品和过程分解的论证模式		
需要保持一致的背景、假设和证据		
背景和假设		证据
背景 C0.1.1（嵌入式系统的定义和描述）、C0.1.2（特定运行环境的定义和描述）、C0.1.3（可接受的可信的定义和界定）、C1.1.1（嵌入式软件的定义和描述）、C1.1.2（嵌入式软件可接受的可信的定义和界定）		无
模式间的远保证目标、背景和证据		
元素名称	源模式	目的模式
远保证目标 G1.1	模式 1	模式 0

2. 软件产品相关论证模式

（1）模式 2——软件产品顶层的论证模式

该论证模式主要从软件产品属性针对"嵌入式软件的最终产品实现是可接受的可信的"（G2.1）这一产品举证顶层保证目标进行论证，依据对软件可信性的界定，分别从软件安全性和可靠性两种角度展开论证（S2.1），前者针对软件对系统或整机可能带来的危险进行论证（S2.2），论述这些危险都进行了充分的处理；后者针对软件可靠性需求满足情况进行论证（S2.3），两者通过远保证目标（G3.1和 G8.1）由模式 3 和模式 8 进一步开发。该论证模式的 GSN 结构如图 5-5 所示。

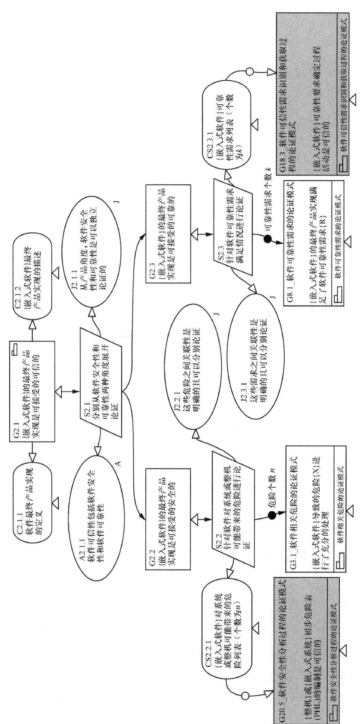

图 5-5 软件产品顶层的论证模式的 GSN 结构

该模式通过引用过程论证模式 20 和模式 18，使用扩展的背景约束关系，对软件相关危险和可靠性需求列表（CS2.2.1 和 CS2.3.1）的正确性、充分性和一致性等可选地进行支持论证，在此通过阴影背景以示区别。此外，由于软件相关危险和可靠性需求可能都不止一个，在此依据它们具体个数使用 GSN 模式多样性扩展进行表述。策略 S2.2 和策略 S2.3 需要陈述和辩解不同危险间和需求间的独立性（J2.2.1 和 J2.3.1），来证实其合理性和正确性。

（2）模式 3——软件相关危险的论证模式

该论证模式主要对保证目标 G3.1 "嵌入式软件导致的危险 X 进行了充分的处理" 进行论证，按照对导致危险 X 发生的软件安全关键功能进行论证（S3.1），具体是对每个安全关键功能的失效进行论证（S3.2），以证实安全关键功能 Y 对危险 X 进行了充分的处理和应对（G3.2）。该论证模式的 GSN 结构如图 5-6 所示。

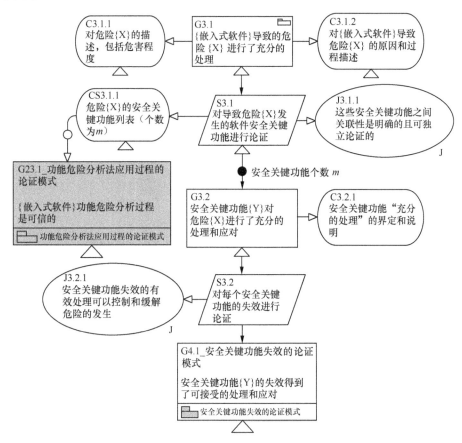

图 5-6　软件相关危险的论证模式的 GSN 结构

根据实际需要，通过引用过程论证模式 23，可对危险 X 的安全关键功能列表（CS3.1.1）的正确性、充分性和一致性等可选择地进行支持论证。由于安全关键功能可能不止一个，在此使用了 GSN 模式多样性扩展，依据具体个数来逐一分解论证。论证策略 S3.2 需要陈述和辩解安全关键功能失效的有效处理可以控制和缓解危险的发生（J3.2.1），以证实其合理性和正确性。此外，远保证目标 G4.1 需要模式 4 来进一步开发。

（3）模式 4——安全关键功能失效的论证模式

上述论证模式将软件对系统带来相关危险具体到导致该危险的安全关键功能失效上，危险性软件的失效在实际中会有很多类型，下面是常见的三类软件失效。

① 运行类失效：功能没有按照要求执行，或者功能在没有授权情况下就执行了。

② 时序类失效：具体包括提前执行和延迟执行。

③ 数值类失效：软件传递、输入和输出的数据发生了错误。

在实例构造时应该根据应用领域相关知识，通过 FMEA 等分析技术来得到具体的软件失效，再按照它们的类型进行实例化和具体化。该论证模式对该功能每个失效的失效机理进行论证（S4.1），以证实软件失效模式 FM 得到了可接受的处理（G4.2），并依据它们的类型利用相应论证模式展开具体论证，该模式的 GSN 结构如图 5-7 所示。

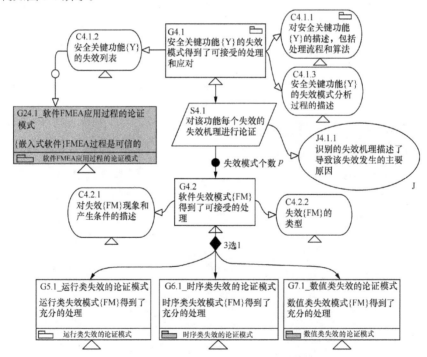

图 5-7　安全关键功能失效的论证模式的 GSN 结构

根据需要，还可有选择地对安全关键功能 Y 的失效列表（C4.1.2）进行充分性和正确性的论证，通过远保证目标由软件 FMEA 应用过程的论证模式（模式 24）进行展开和证实。此外，需要陈述和辩解识别的失效机理描述了导致该失效发生的主要原因（J4.1.1）。

保证目标 G4.2 是针对多个其中某一确定的失效模式，所以使用了 GSN 模式多样性和选择性扩展（3 选 1），应该是三种类型中的一种，分别通过远保证目标 G5.1、G6.1 和 G7.1 由模式 5——运行类失效的论证模式、模式 6——时序类失效的论证模式、模式 7——数值类失效的论证模式进一步开发，在此不再展开介绍。

（4）模式 8——软件可靠性需求的论证模式

该论证模式针对嵌入式软件的最终产品实现满足了软件可靠性需求 R（G8.1）进行论证，并依据具体类型对软件可靠性需求 R 的实现情况进行论证（S8.1），包括定量和定性两种（G8.4 和 G8.5），前者可以进一步分为面向最终用户的软件可靠性需求 R 得到了满足（G8.6）和面向过程改进的软件可靠性需求 R 得到了满足（G8.7）。该模式的 GSN 结构如图 5-8 所示。

软件可靠性需求（C8.1.2）可信程度（包括正确性和可追踪性）可选地由相应论证保证目标（G8.2 和 G8.3）提供支持论证，并由软件可靠性需求 R 评审结果（Sn8.1）提供证据支持。根据实际需要通过引用过程论证模式 28，对嵌入式软件可靠性测试和评估结果（Sn8.2 和 Sn8.3）的可信程度可选地进行支持论证。

3. 软件过程相关论证模式

（1）模式 9——软件过程顶层的论证模式

该论证模式主要论证软件过程是可接受的可信的，关注过程中活动、方法、技术等方面的规范性和合理性，并对这个基于过程的论证保证目标进行具体分解和展开。该论证模式依据过程性标准要求对软件生命周期过程进行论证（S9.1），其中过程性标准选择了应用广泛的机载软件适航标准 DO-178B/C，使用远保证目标 G10.1 表示并由相应论证模式（模式 10）展开论述。为了保证这个论证策略的置信度和说服力，在此使用了合理性解释 J9.1.1 来说明其合理性。

依据相关安全性和可靠性标准和指南，如《软件系统安全性手册》、SAE ARP4761 和 SAE JA1002/1003 等，该论证模式对软件可信性工程过程的规范性和可接受性展开论证，使用远保证目标（G17.1）表示并由相应的论证模式（模式 17）进行具体展开，主要针对该过程中关键的可信性活动进行论述。同样，在此使用了合理性解释 J9.2.1 来证实"依据安全性可靠性标准能够保证可信性工程过程是可信的"，确保了论证策略 S9.2 的置信度和说服力。该论证模式的 GSN 结构如图 5-9 所示。

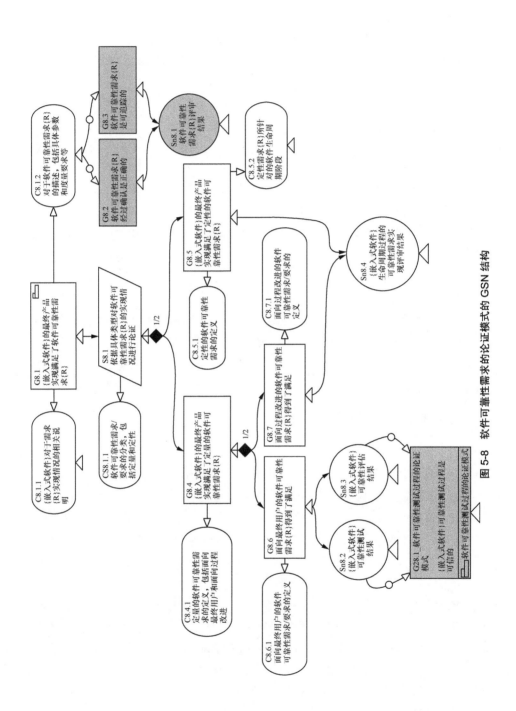

图 5-8 软件可靠性需求的论证模式的 GSN 结构

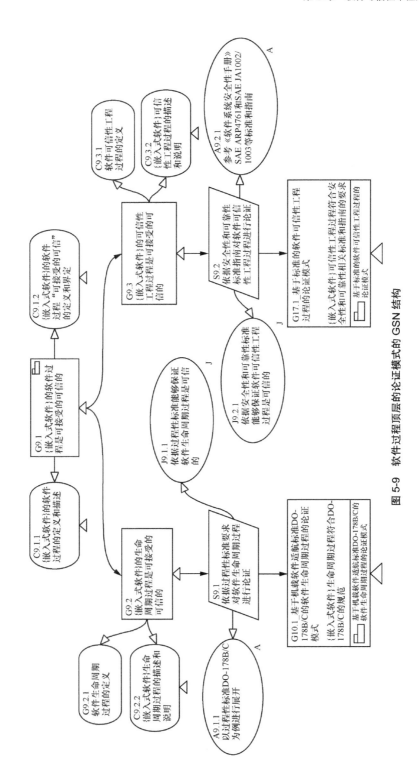

图 5-9　软件过程顶层的论证模式的 GSN 结构

217

在该论证模式中，软件过程可信（C9.1.2）与软件产品可信是不同的，它主要阐述过程活动开展的充分性、完整性、一致性和可追踪性等。该模式还需要一些背景信息的辅助说明，如软件生命周期过程的定义（C9.2.1）、软件可信性工程过程的定义（C9.3.1）以及嵌入式软件的生命周期过程和可信性工程过程的描述和说明（C9.2.2 和 C9.3.2）。其中，软件生命周期过程的定义参见 DO-178B/C 的相关规定。

（2）模式 10——基于机载软件适航标准 DO-178B/C 的软件生命周期过程的论证模式

依据机载软件适航标准 DO-178B/C 的规定和要求，该论证模式将对软件生命周期过程展开深入论证。软件生命周期过程可具体分解成软件计划过程、软件开发过程和软件综合过程三个子过程。为了保持结构简洁，分别将三个子过程举证定义成论证模式，即论证模式 11、12 和 13。该模式的 GSN 结构如图 5-10 所示。

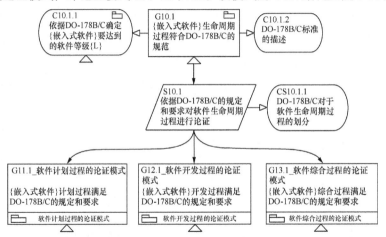

图 5-10　基于机载软件适航标准 DO-178B/C 的软件生命周期过程的论证模式的 GSN 结构

上述三个子过程论证模式之间不是完全独立的，而是存在着密切联系。例如，软件开发过程为软件综合过程提供证据、背景等信息，并通过远保证目标和远解决方案的形式进行表述。

（3）模式 11——软件计划过程的论证模式

依据 DO-178B/C 第 4 章的要求，以及该标准附件 A 中表 A-1 的相应保证目标和输出，该论证模式对软件计划过程展开论证，具体的 GSN 结构如图 5-11 所示。它主要包括软件计划过程满足标准中 4.1 节的软件计划过程主要保证目标（G11.2）、通过评审和保证满足了符合性（G11.8）以及协调了软件计划的开发和修订（G11.9）。对于不同软件等级的具体要求（保证目标 G11.5、G11.7、G11.8 以及 G11.9），通过 GSN 多样性扩展来表述。

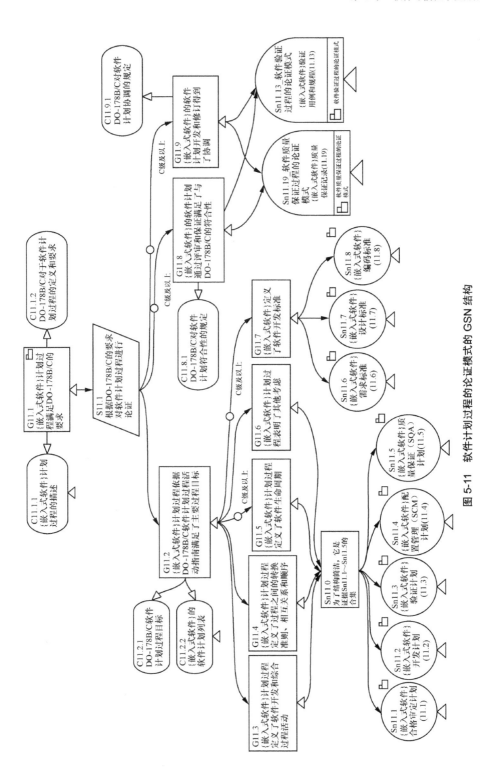

图 5-11　软件计划过程的论证模式的 GSN 结构

为了便于识别软件生命周期资料证据，在此使用了它们在 DO-178B/C 文件中的章节编号（如 Sn11.1），并把权限都设置成公开，可以被软件开发过程和软件综合过程论证模式所引用。软件质量保证记录（Sn11.19）和软件验证用例和规程（Sn11.13）属于软件综合过程论证模式，故在此将它们作为远解决方案进行引用。

（4）模式 12——软件开发过程的论证模式

依据 DO-178B/C 第 5 章的规定，软件开发过程具体被分为软件需求过程、软件设计过程、软件编码过程和软件集成过程四个子过程。该模式的 GSN 结构如图 5-12 所示，依次对这四个子过程的子保证目标（G12.2、G12.3、G12.4 和 G12.5）分别展开论证，接着根据 DO-178B/C 对各个子过程保证目标和过程活动的要求，以及该标准附件 A 中表 A-2，再进一步分解成各自子保证目标并列举所需的证据信息。

这个论证模式的证据信息是软件生命周期资料的软件需求资料（11.9）、设计描述（11.10）、源代码（11.11）和可执行目标代码（11.12），与模式类似，这里仍使用它们在标准章节的编号。此外，背景（C12.2.1、C12.2.2、C12.3.1 等）是对 DO-178B/C 标准中对于过程保证目标和过程活动指南的引用，其中过程保证目标规定是分解成子保证目标的依据，过程活动指南保证了证据的说服力和可信程度。

下面重点介绍软件可信性工程过程相关论证模式。模式 13——软件综合过程的论证模式、模式 14——软件验证过程的论证模式、模式 15——软件配置管理过程的论证模式、模式 16——软件质量保证过程的论证模式不再展开介绍。

（5）模式 17——基于标准的软件可信性工程过程的论证模式

在介绍具体的软件可信性工程过程论证模式之前，首先介绍软件可信性工程过程举证元模式，它阐述了这一类过程论证模式通用的核心举证结构和原理。为了证实软件可信性工程某一具体过程的可信程度（$Gn.1$，n 是有待实例化的变量，表示具体模式号），根据相关标准规定（视情况而选）对其过程进行论证（$Sn.1$），主要证实该过程的充分性和完整性（$Gn.2$），以及其一致性和可追踪性（$Gn.3$）。其中，前者主要论述过程中每个主要活动的充分性和合理性（$Gn.m$，m 是实例化后相应编号）；后者论述过程中不同活动间的一致性和可追踪性（$Gn.4$）以及与关联过程（视情况而选）的一致性（$Gn.5$）。该举证元模式的 GSN 结构如图 5-13 所示。

在上述举证元模式基础上，根据某一过程具体特点和相应过程活动，通过实例化来得到具体的过程论证模式结构，包括软件安全性分析/可靠性分析过程的论证模式（模式 20 和模式 21）、软件安全性测试/可靠性测试过程的论证模式（模式 27 和模式 28），以及几种分析法应用过程的论证模式（模式 22 ~ 模式 25）等。

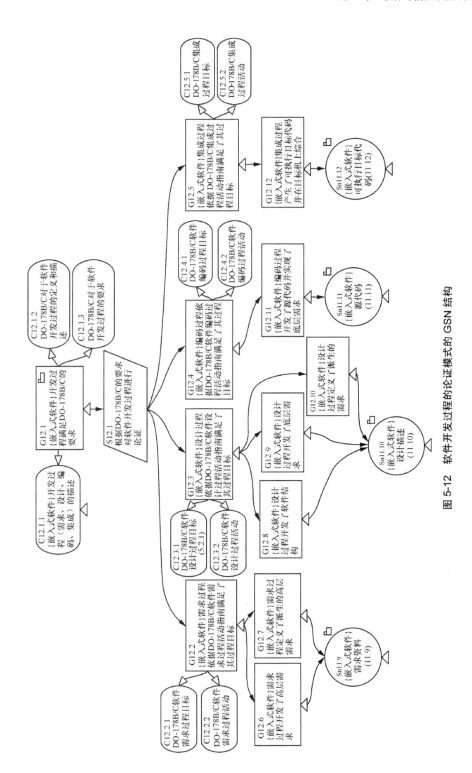

图 5-12 软件开发过程的论证模式的 GSN 结构

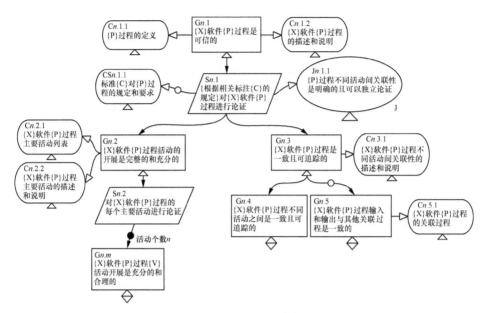

图 5-13　软件可信性过程举证元模式的 GSN 结构

在界定软件可信性概念以及分析软件可信性工程过程的基础上，该论证模式主要参考和依据相关标准的通用要求和规定，对软件可信性工程过程展开论证，具体的 GSN 结构如图 5-14 所示。

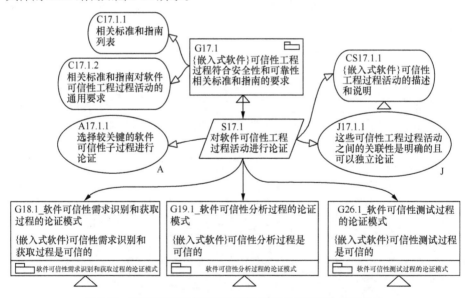

图 5-14　基于标准的软件可信性工程过程的论证模式的 GSN 结构

软件可信性工程过程具体分解成软件可信性需求识别和获取过程、软件可信性分析过程和软件可信性测试过程三个主要子过程，作为子保证目标（G18.1、G19.1 和 G26.1）分别由相应的论证模式（即模式 18、模式 19 和模式 26）进行具体论述。该论证模式对软件可信性工程过程活动进行论证（策略 S17.1），需要陈述和辩解这些可信性工程活动之间的关联性是明确的且可以独立论证（J17.1.1），以证实论证策略 S17.1 的合理性和正确性。对于不同过程活动之间可追踪性和一致性，将在它们内部论证结构中进行阐述。

（6）模式 18——软件可信性需求识别和获取过程的论证模式

软件可信性需求主要包括软件安全性需求和软件可靠性需求。对于软件安全性需求的定义，《NASA 软件安全性指南》认为是"与危险预防和降级相关的功能或性能需求"，并分为通用安全性需求和特定安全性需求两类，前者是在不同项目中都会面临的常见软件安全性问题的需求集合，主要来源于以往的成功经验和教训总结；而后者则是系统特有的功能能力或者约束，需要结合系统具体特性进行分析，以得到特定的软件安全性需求。软件可靠性需求主要包括软件可靠性要求（主要是定量要求），并具体包括面向最终用户和面向过程改进两方面的内容。

在上述基础上，该论证模式对嵌入式软件可信性需求识别和获取过程是可信的（G18.1）进行论证，主要证实该过程的充分性和完整性，以及需求冲突解决的有效性等，该模式的 GSN 结构具体如图 5-15 所示（见书后插图）。通过对软件安全性需求与可靠性要求的识别和获取过程进行论证（S18.1）的策略来对顶层保证目标 G18.1 进行分解，得到 G18.2、G18.3 和 G18.4 共三个子保证目标，分别对软件安全性需求识别和获取活动、软件可靠性要求确定过程活动以及两种需求的权衡问题进行展开论证。前者主要根据《NASA 软件安全性指南》第 6.5 节和《软件系统安全性手册》第 4.3.5 节的要求和规定（背景 C18.2.2）对嵌入式软件通用安全性需求获取来源是可信的（G18.5）和嵌入式软件特定安全性需求获取活动是可信的（G18.6）分别进行论证；G18.3 子保证目标主要对失效定义和等级划分、可靠性参数选取、可靠性指标要求确定、可靠性验证要求等（G18.7 ~ G18.12）主要活动逐一进行论证；G18.4 子保证目标对两种需求可能的冲突进行了识别（G18.13）和有效的处理（G18.14）。其中，失效定义和等级划分（G18.7）是两种需求的共同活动，是 G18.2 和 G18.3 的公共子保证目标，主要依据 DO-178B/C 第 2.2 节的规定进行论证。

该论证模式的两个论证保证目标（G20.7 和 G28.10）已在别的模式中进行了定义和展开，在此以远保证目标的形式进行引用。该论证模式的证据信息主要是软件安全性需求获取和可靠性要求确定过程活动的输出结果和评审分析结果，包括嵌入式软件特定安全性需求清单和评审分析结果（Sn18.3 和 Sn18.4）、嵌入式软件可靠性需求清单和评审分析结果（Sn18.5 和 Sn18.6）、两种需求冲突处理评审分析结果（Sn18.7）等。

（7）模式 19——软件可信性分析过程的论证模式

该论证模式的 GSN 结构如图5-16 所示，根据对软件可信性概念的界定以及对软件可信性分析过程的定义（C19.1.1），主要对嵌入式软件可信性分析过程是可信的（G19.1）展开论证，具体分解成软件安全性分析过程、软件可靠性分析过程两个子过程，作为子保证目标（G20.1 和 G21.1）分别由相应论证模式（即模式 20 和 21）进行具体论述。

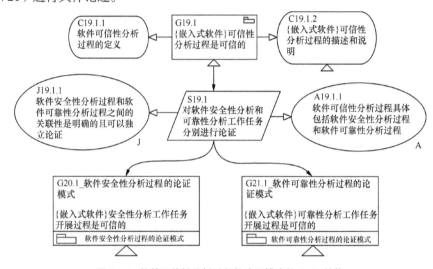

图 5-16 软件可信性分析过程的论证模式的 GSN 结构

软件安全性分析和软件可靠性分析两者工作任务相对独立，前者主要以危险识别、消除和控制为主，后者则是通过 FTA、FMEA 等技术识别潜在隐患和薄弱环节以改进软件设计，两者可以分别进行论证，因此使用合理性解释 J19.1.1 来证实论证策略 S19.1 的合理性和正确性。

（8）模式 20——软件安全性分析过程的论证模式

在软件可信性工程过程结构的基础上，依据相关安全性标准和指南，如《软件系统安全性手册》和 SAE ARP4761，总结出了双"V"曲线型的软件安全性分析过程模型（见图 5-17），描述了软件安全性分析过程活动，以及与软件生命周期过程活动之间的交互关系。该过程模型为软件安全性分析过程论证模式的构建奠定了基础。

在该过程模型中，通过在需求分析和规约、体系结构设计、详细设计、编码实现等阶段分别开展功能危险分析（Functional Hazard Analysis，FHA）、初步危险分析（Preliminary Hazard Analysis, PHA）（包括初步危险表 PHL）、分系统危险分析（Subsystem Hazard Analysis，SSHA）（包括概要级和详细级，分别针对概要设计阶段和详细设计阶段）、系统危险分析（System Hazard Analysis，SHA）等工程活动，以识别、分析和追踪软件相关的系统级危险，提取和派生出软件相应的可信性需求，并发现软件设计和实现中的不足和缺陷。

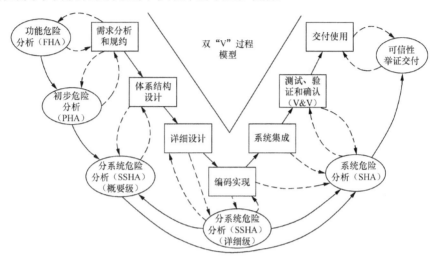

图 5-17　软件安全性分析过程模型

　　这些工程活动可采用相应的安全性分析方法来实施，如 PHL、PHA、SSHA 和 SHA 可使用表格危险分析法来实施。其中，SSHA 和 SHA 也可使用 FHA、FMEA 和 FTA 等分析方法实施。它们能为软件开发活动提供指导和帮助，同时也作为验证手段来评价软件是否在各个阶段针对相应危险做了充分处理和应对，为软件可信性举证提供了论证结构元素和内容。

　　在上述软件安全性分析过程模型基础上，需要针对与产品举证联系紧密且较为关键的嵌入式软件安全性分析工作任务开展是可信的（G20.1）展开论证，具体的 GSN 结构如图 5-18 所示（见书后插图）。依据《软件系统安全性手册》和 GJB 900-90 对软件和系统安全性分析工作任务的规定（CS20.1.1 和 CS20.1.2），该论证模式具体对软件安全性分析工作过程进行论证（S20.1），包括嵌入式软件的每项安全性分析活动是可信的（G20.2）和嵌入式软件不同安全性分析活动之间是一致的且可追踪的（G20.3）两个子保证目标。其中，前者分别对 FHA、PHL、PHA、SRA、SSHA 和 SHA 共六个分析活动进行论证（G20.4 ~ G20.9），后者主要从不同分析活动的输入和输出（G20.10）以及其他关联过程的一致性（G20.11）进行论证。在对上述六个分析活动进行论证时，主要分别从活动的输出结果的充分性和所选择的分析方法应用过程可信程度两方面进行展开。其中，后者包括的表格危险分析法、FHA、FMEA 和 FTA 分别由相应的论证模式进行具体论述。

在该论证模式中，对上述六个分析活动输出结果的充分性进行论证时，所需的证据是这些活动的输出结果，包括整机或嵌入式软件初步危险表（Sn20.1）、嵌入式软件（软件分系统、软件分系统接口间）任务功能相关的危险清单（Sn20.2、Sn20.5和 Sn20.6）等，嵌入式软件对不同安全性分析活动之间一致性和可追踪性（G20.3）所需证据主要是嵌入式安全性分析过程的评审结果（Sn20.7）。由于关于软件安全性要求分析活动的保证目标（G20.7）会在软件可信性需求识别和获取过程论证模式中进行引用，故在此被设置成公开的。此外，对所选择的分析方法应用过程进行论证时，具体可用的分析方法不唯一，故使用了 GSN 模式选择性扩展来表示。

（9）模式 21——软件可靠性分析过程的论证模式

该模式对嵌入式软件可靠性分析工作任务开展过程是可信的（G21.1）进行论证，具体的 GSN 结构如图 5-19 所示。它主要依据 SAE JA1002/1003 的要求对软件可靠性分析工作过程进行论证（S21.1），包括嵌入式软件的每项可靠性分析活动是可信的（G21.2）及嵌入式软件不同可靠性分析活动之间是一致的且可追踪的（G21.3）两个子保证目标。其中，前者对常见的软件可靠性分析方法应用过程进行论证（S21.2），后者从嵌入式软件不同可靠性分析活动输入和输出是明确和一致的（G21.4）以及嵌入式软件可靠性分析过程与其他关联过程是一致的（G21.5）进行论述。

在该论证模式中，对常见的软件可靠性分析方法进行论证时，主要选择了FMEA 和 FTA 两种方法进行展开（假设 A21.2.1），得到的两个子保证目标（G24.1和 G25.1）分别由相应论证模式（即模式 24 和 25）进行具体论述。由于可选择的分析方法是其中一个或者两者都选，故在此使用了 GSN 模式选择性扩展来表示。嵌入式软件不同可靠性分析活动之间是一致的且可追踪的（G21.3）所需证据主要是嵌入式软件可靠性分析过程的评审结果（Sn21.2）。

（10）模式 22——表格危险分析法应用过程的论证模式

表格危险分析法利用表格形式来检查软件、硬件系统在各种使用模式下或使用模式本身存在的危险，全面和系统地识别潜在的危险源和危险状态，分析发生危险的原因、危险后果及影响，预计这些危险对人员伤害或对设备损坏的严重性和可能性来进行定性的风险评价，并提出相应控制措施或应急方案来消除或减少危险。该方法属于定性分析法，充分地利用表格形式，具有层次鲜明、条理清晰和简洁直观等特点，在实际工程中广泛地应用各类安全性分析工作，包括初步危险分析（PHA）、分系统危险分析（SSHA）和系统危险分析（SHA）等。

该论证模式对嵌入式软件表格危险分析过程是可信的（G22.1）进行论证，其具体的 GSN 结构如图 5-20 所示，主要证实嵌入式软件表格危险分析过程活动开展是完整的和充分的（G22.2），以及嵌入式软件表格危险分析过程的一致的和可追踪

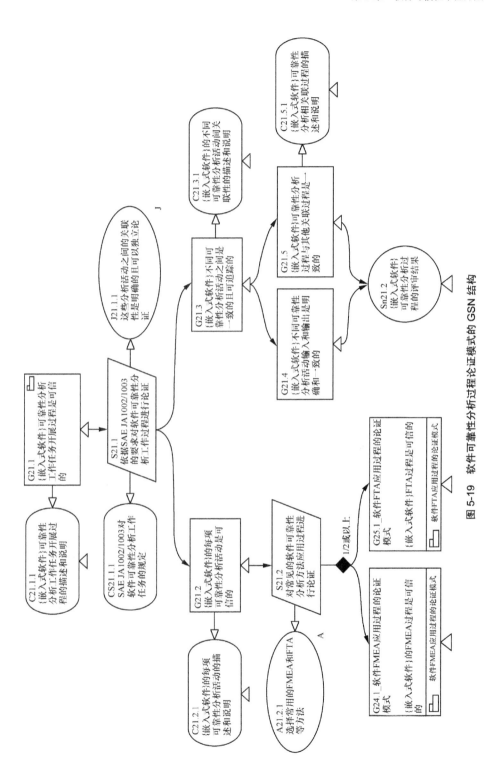

图 5-19 软件可靠性分析过程论证模式的 GSN 结构

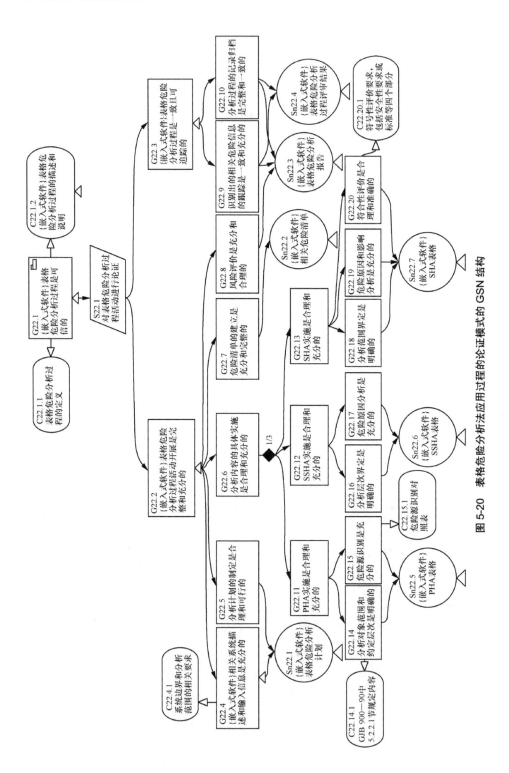

图 5-20 表格危险分析应用过程的论证模式的 GSN 结构

的（G22.3）。其中，前者逐个系统描述和输入信息、制定分析计划等步骤（G22.4 ~ G22.8），后者论述危险信息跟踪（G22.9）和记录归档（G22.10）。

该论证模式的证据信息主要是分析过程的输出结果，即嵌入式软件表格危险分析计划（Sn22.1）、嵌入式软件相关危险清单（Sn22.2）、嵌入式软件表格危险分析报告（Sn22.3）、嵌入式软件表格危险分析过程评审结果（Sn22.4）以及分析报告中嵌入式软件 PHA、SSHA、SHA 表格（Sn22.5 ~ Sn22.7）等。表格危险分析具体实施时是针对某一类危险分析工作（如 PHA、SSHA 等），在此使用到了 GSN 选择性扩展（3 选 1）对具体分析实施进行展开，其中 PHA 实施可以依据 GJB 900—90 的相关规定来进行。

（11）模式 23——功能危险分析法应用过程的论证模式

功能危险分析（FHA）是通过对系统或分系统级（包括软件）可能出现的功能状态进行分析，以识别并评价系统中潜在危险的一种分析方法。FHA 可以分析不同层级功能的"不能实现功能""功能实现错误"或"功能实现时机偏差"等故障，并评价可能带来的相关危险，它可随着系统方案和功能的不断细化而逐层细化。FHA 对于识别危险是广泛有效的（对软件安全性评价尤为有效），并可作为其他分析活动（如 PHA、SSHA）的基础和输入。

该论证模式对嵌入式软件功能危险分析过程是可信的（G23.1）进行论证，根据《软件系统安全性手册》、SAE ARP476 的要求和规定（背景 CS23.1.1 和 CS23.1.2）对功能危险分析过程进行论证（S23.1），主要证实该分析过程的充分性、完整性、一致性以及可追踪性。顶层保证目标被具体分解成 G23.2 和 G23.3 两个子保证目标并分别进行论证。其中，前者通过逐个论证分析步骤开展的充分性，包括嵌入式软件功能危险分析过程严格界定了功能分析层次（G23.4）等，后者论述嵌入式软件功能危险分析不同活动之间是一致的（G23.8）以及嵌入式软件功能危险分析过程输入和输出与其他关联过程是一致的（G23.9）。该模式的 GSN 结构如图 5-21 所示。

该论证模式的子保证目标（G23.5 ~ G23.7）需要嵌入式软件功能分析、功能失效状态识别及危险影响识别等活动的描述信息（C23.5.1 ~ C23.7.1），它们的证据信息主要是分析过程的输出结果，即 FHA 报告中的嵌入式软件内部和交互功能清单（Sn23.2）、嵌入式软件功能失效状态清单（Sn23.3）、整机或嵌入式系统功能危险清单（Sn23.4）等。为了证实该分析过程的一致性和可追踪性（G23.8 和 G23.9），需要对过程内部活动以及输入和输出交互进行评审。例如，验证安全关键功能已经映射到相应的软件设计架构和功能模块、识别的功能危险已经输入到 PHL 和 PHA 等，所需的证据是过程评审结果（Sn23.6）。

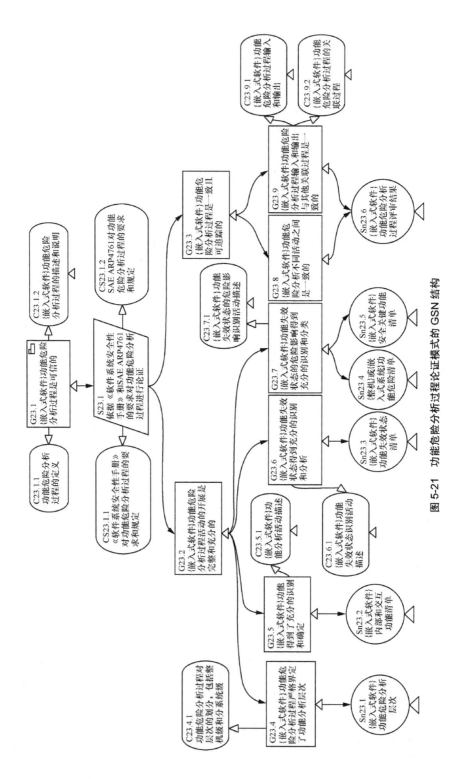

图 5-21 功能危险分析过程论证模式的 GSN 结构

（12）模式 24——软件 FMEA 应用过程的论证模式

软件 FMEA（SFMEA）在硬件 FMEA 基础上发展起来，是一种应用广泛的软件可靠性和安全性分析技术，目的是分析软件的每个可能失效模式，确定其对软件系统所产生的影响，并同时考虑失效发生概率及其危害程度。软件 FMEA 可用于定型后的软件可靠性安全性分析，尤其用于软件开发的需求分析、概要设计和详细设计等阶段，是一个反复迭代和逐步完善的过程，具体包括系统级 FMEA 和详细级 FMEA。目前有不少国内外标准都对 FMEA（主要针对硬件）进行了规定。例如，GJB/Z 1391—2006 规定了嵌入式软件 FMEA 的相关内容。

该论证模式对嵌入式软件 FMEA 过程是可信的（G24.1）进行论证，根据 GJB/Z 1391—2006 对嵌入式软件 FMEA 过程的要求和规定（CS24.1.1）对嵌入式软件 FMEA 过程进行论证（S24.1），主要证实该过程开展的完整性和充分性（G24.2），以及一致性和可追踪性（G24.3）。其中，前者分别论证系统级 FMEA（G24.4）和详细级 FMEA（G24.5）活动开展的完整性和充分性，具体包括系统定义、分析规则制定、失效模式分析、失效原因分析等活动，后者论述该过程不同活动之间的一致性（G24.6）以及与其他关联过程（如 FTA 过程等）的一致性（G24.7）。该模式的 GSN 结构如图 5-22 所示。

该论证模式的子保证目标 G24.8 和 G24.9 需要标准 GJB/Z 1391—2006 对系统定义、软件失效分类等相关规定信息的支持（C24.8.1 和 C24.9.1）。此外，潜在的软件失效原因表（C24.10.1）、典型的分析规则（C24.12.1）、典型变量失效列表（C24.13.1）可参见文献[12]。该论证模式的证据信息主要是嵌入式软件系统级/详细级 FMEA 报告（Sn24.2 和 Sn24.4）以及其中的 FMEA 表格（Sn24.3 和 Sn24.5）。为了证实该过程的一致性和可追踪性（G24.6 和 G24.7），需要对 FMEA 过程内部活动以及输入和输出交互进行评审，所得的证据是嵌入式软件 FMEA 过程评审结果（Sn24.1）。

模式 25——软件 FTA 应用过程的论证模式此处不再展开介绍。

（13）模式 26——软件可信性测试过程的论证模式

与模式 19 类似，根据对软件可信性概念的界定以及软件可信性测试过程的定义（C26.1.1），该论证模式主要对嵌入式软件可信性测试过程是可信的（G26.1）展开论证，顶层保证目标被分解成软件安全性测试过程、软件可靠性测试过程两个子保证目标（G27.1 和 G28.1）并由相应论证模式（即模式 27 和 28）进行具体论述。该模式的 GSN 结构如图 5-23 所示。

软件可靠性测试与软件安全性测试的测试目的、主要特征和测试方法等是不同的，存在着较大差异性。前者是随机测试的一种，按照用户实际使用软件的方式进行测试，以保证和验证软件可靠性，具有严格的且较为成熟和公认的过程模型；后者重点关注的是导致系统发生灾难性事故的小概率事件，根本目的是减小

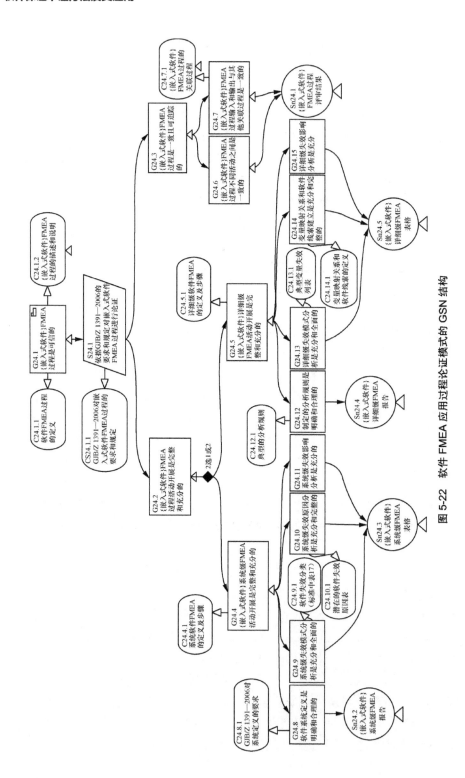

图 5-22 软件 FMEA 应用过程论证模式的 GSN 结构

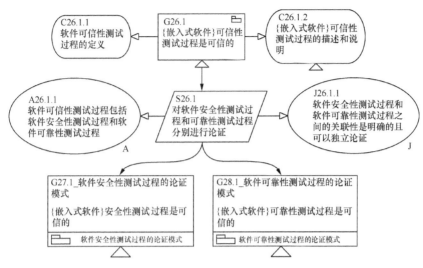

图 5-23　软件可信性测试过程的论证模式的 GSN 结构

系统发生灾难性事故的风险和排除软件错误缺陷，是验证和确认软件安全性需求实现的重要手段。两者工作任务开展相对独立且关联性比较明确，可以分别进行独立论证，因此使用了合理性解释 J26.1.1 来证实论证策略 S26.1 的合理性和正确性。

（14）模式 27——软件安全性测试过程的论证模式

软件安全性测试是验证和确认软件安全性需求实现的重要手段，目的是排除软件错误缺陷，验证软件设计缓解了所有软件相关的危险起因，进而减小系统发生灾难性事故的风险，并提供危险和事故控制或缓解的相关证据信息。由于软件本身不是危险的，而是与硬件等外部系统交互产生的相关危险，因此软件安全性测试比较关注系统级影响，尤其关注导致系统发生灾难性事故的小概率事件。软件安全性测试具体包括许多测试类型，既有通用测试，如基于需求的测试、功能测试、路径覆盖测试、语句覆盖测试、压力测试等；也有专门测试，如缺陷注入和失效模式测试、边界条件测试等。

该论证模式对嵌入式软件安全性测试过程是可信的（G27.1）进行论证，主要证实该过程的充分性、完整性以及可追踪性等，其 GSN 结构如图 5-24 所示（见书后插图）。根据《软件系统安全性手册》和 DO-178B/C 对软件安全性测试的规定和要求（CS27.1.1 和 CS27.1.2）对软件安全性测试过程进行论证（S27.1），具体分解成 G27.2 和 G27.3 两个子保证目标。其中，前者主要论述安全性测试任务过程中主要活动的可信程度，对制定测试保证目标、分析测试需求、选择具体测试方法、搭建测试环境、设计和执行测试用例、测试覆盖分析等主要活动（G27.4～G27.11）逐一进行论证；后者论述测试过程不同活动间的一致性和可追踪性，这需要论述活动间输入和输出一致性（G27.12）以及软件配置管理过程（远保证目标 G15.1，由模式 15 展开论述）。

测试需求分析活动论证保证目标（G27.5）需要嵌入式软件安全性要求分析（SRA）活动的支持，在此以远保证目标的形式引用了模式 20 中公开的保证目标 G20.7。《软件系统安全性手册》和机载软件适航标准 DO-178B/C 都对测试覆盖分析进行了详细的说明，具体包括需求覆盖分析是充分的（G27.20）和结构覆盖分析是充分的（G27.21）。此外，《软件系统安全性手册》对安全性残余风险评估进行了较为详细的介绍，目前主要是在安全性分析和测试基础上进行残余风险定性评估（G27.22），残余风险定量评估（G27.23）还相对较少见。

该论证模式的保证目标（G27.1、G27.2、G27.3 等）需要测试过程、相应活动及其关联性的描述和说明信息等背景支持（C27.1.1、C27.2.1、C27.3.1 等）。该论证模式的证据信息主要是软件安全性测试过程活动的输出结果，包括嵌入式软件安全性测试计划（Sn27.1）、嵌入式软件安全性测试项（Sn27.2）、嵌入式软件测试覆盖分析结果（Sn27.6）、嵌入式软件安全性残余风险评估报告（Sn27.7）等。此外，为了证实嵌入式软件安全性测试任务过程的不同活动输入和输出是明确和一致的（G27.12），需要对测试活动间输入和输出进行评审，得到嵌入式软件安全测试任务过程评审结果（Sn27.10）方面的证据。

（15）模式 28——软件可靠性测试过程的论证模式

软件可靠性测试是指为了保证和验证软件可靠性而对软件进行的测试，是提高、评估软件可靠性水平以及验证软件产品是否达到可靠性要求的一种有效途径。通常软件可靠性测试分为软件可靠性增长测试和软件可靠性验证测试，具体的测试流程可见文献[12]。

在上述两类软件可靠性测试流程的基础上，该论证模式对嵌入式软件可靠性测试过程是可信的（G28.1）进行论证，主要证实该过程的充分性、完整性以及可追踪性等。该论证模式的 GSN 结构如图 5-25 所示（见书后插图）。顶层保证目标 G28.1 具体分解成 G28.2 和 G28.3 两个子保证目标。其中，前者主要论述测试过程中主要活动的可信性，按照嵌入式软件可靠性增长测试的主要活动是可信的（G28.5）和嵌入式软件可靠性验证测试的主要活动（G28.6）分别进行展开，并对每项主要活动的可信性逐一进行论证（G28.7 ~ G28.15）；后者论述测试过程不同活动间的一致性和可追踪性，这需要论述嵌入式软件可靠性测试过程中的不同活动间输入和输出是明确和一致的（G28.4）以及软件配置管理过程（远保证目标 G15.1，由模式 15 展开论述）。

在实际中，可能只需要开展一种类型的可靠性测试，也可能两种都需要进行，本论证模式在分解保证目标 G28.5 和 G28.6 时使用了 GSN 选择性扩展（即 2 选 1 或 2）。

两种可靠性测试活动存在重复的保证目标，包括嵌入式软件操作剖面是完整和充分的（G28.10）、嵌入式软件可靠性测试数据满足了软件使用的统计规律（G28.11）和嵌入式软件可靠性测试环境满足测试要求（G28.12），即这三个保证目标对 G28.5 和 G28.6 都进行支持，是它们公共的子保证目标。其中，保证目标 G28.10 会在软件可信性需求识别和获取过程论证模式等中被引用，故在此设置成为公开的。在对嵌入式软件可靠性评估是合理和准确的（G28.9）进行论证时，该论证模式依据 IEEE 1633 标准对软件可靠性评估活动进行论证（S28.3），分别证实通过失效数据趋势分析选择了合适软件可靠性模型（G28.18）、模型参数评估方法是合适和有效的（G28.19）和所选的模型进行了对比和验证（G28.20）。在证实嵌入式软件验证统计测试方案是合理和可行的（G28.13）时，该模式参考和依据 GJB 899A 对验证统计测试方案进行论证（S28.4），分别从选择的统计方案类别（G28.28）和方案参数（G28.29）的合理性进行证实。

该论证模式的论证保证目标（G28.1、G28.2 和 G28.3 等）需要测试过程、相应活动及其关联性的描述和说明信息等背景（C28.1.1、C28.2.1 和 C28.3.1 等）支持。该论证模式的证据信息主要是两种可靠性测试过程活动的输出结果，包括嵌入式软件可靠性增长/验证测试计划（Sn28.2 和 Sn28.11）、嵌入式软件操作剖面及其构建说明（Sn28.6 和 Sn28.7）、嵌入式软件可靠性测试环境构建说明（Sn28.10）、嵌入式软件可靠性增长/验证测试用例集（Sn28.8 和 Sn28.9）、嵌入式软件可靠性增长/验证测试失效数据记录（Sn28.4 和 Sn28.13）等。其中，引用可靠性增长/验证测试用例集证据时，使用到了 GSN 选择性扩展。此外，为了证实嵌入式软件可靠性测试过程的不同活动间输入和输出是明确和一致的（G28.4），需要对测试活动间输入和输出进行评审，所需的证据是嵌入式软件可靠性测试过程评审结果（Sn28.1）。

5.2.3　软件可信性举证框架的实例化规则

对于软件可信性举证框架的实际应用，工程人员需要在开展软件可信性工程基础上，制定举证实例构建方案，包括构建目的、要求、阶段和范围等，确定要使用的论证模式子集或者全部，如选择产品举证或过程举证、可靠性举证或安全性举证等。在具体实施时需要保持自顶向下的构建顺序，逐步对具体论证模式的 GSN 结构进行实例化变换得到相应论证模块，并利用 GSN 模块符号再经过组装得到完整的举证实例结构模型。该论证模式实例化规则包括内容和结构两方面的规则。

1. 论证模式内容实例化规则

（1）对论证模式 GSN 结构未实例化元素中带有符号"{ }"的变量进行具体赋

值，如将模式 1 中"嵌入式软件"替换成实例软件，模式 3 中危险{X}替换成具体危险名称等。

（2）对论证模式中背景所需信息进行搜集和引用。其中，背景包括对各种术语定义、软件实现情况描述、论证要素（如危险、失效模式等）描述、标准相关规定条款、常见方法和工具等，可通过搜集和引用相关标准和软件文档资料来实现。

（3）从实例软件文档资料中对论证模式中证据信息进行收集和整理，主要是开发活动和可信性工程活动的输出结果，如测试结果、分析结果、评审结果等，对于缺失或者存在问题的证据信息在论证模式的 GSN 结构中进行标记（如加阴影）。

2. 论证模式结构实例化规则

（1）对论证模式中的 GSN 多样性符号进行具体展开。例如，模式 2 依据具体可靠性需求列表（CS2.3.1）、危险列表（CS2.2.1）等逐一进行展开，依据模式 3 和模式 8 定义和生成多个具体的软件相关危险论证模式和可靠性需求论证模式进行具体论述。

（2）依据实例软件信息对 GSN 选择性扩展进行具体选择。例如，模式 4 依据失效模式具体类型进行 3 选 1 再进一步展开，对于一个以上的选择（如模式 21 的软件可靠性分析方法选择）应该根据实例软件情况和构建方案进行权衡和选择。

（3）对 GSN 多样性扩展中的可选符号应根据实例软件具体情况进行选择。例如，软件生命周期过程相关论证模式（包括模式 11、模式 13 等）中可选的论证保证目标需要根据具体软件等级来确定，产品论证模式中用于支持论证的过程论证保证目标（如模式 2 中的 G20.5 和 G18.3 等）应根据实例需要来权衡是否选择，也可将可选符号保留在举证实例结构中以应对可能的反驳。

（4）在论证模式映射成具体论证模块时，GSN 结构应该保持模式间远保证目标、远解决方案（如 Sn11.1 到 Sn11.20）、远背景（如 C4.1.1、C10.1.1）的接口引用关系，并在相应源论证模块中将这些元素权限设置为公开的。

（5）应该注意实例化后生成的论证模块 GSN 结构的元素编号，尤其上述 GSN 多样性扩展进行展开后会得到多个论证模块，在保留论证模式编号顺序基础上，依据标记规则对这些论证模块进行编号，包括模块编号和元素编号。

在实际应用软件可信性论证模式时应该针对实际应用领域进行灵活地拆分和组合，对具体论证元素进行必要的调整和选择，也可根据应用领域特点开发新的论证模式来进行扩充。此外，论证模式也不能保证实例化后的论证结构具有绝对的说服力和置信度，必要时还需要对实例化的决定和措施进行额外的论证。

|5.3 应用实例|

本节以实际型号中某安全关键的嵌入式软件为对象，说明软件可信性举证框架及论证模式的应用过程。结合软件研制实际项目情况，对举证框架相关论证模式进行实例化，构建软件可信性中重要属性安全性举证实例。由于型号项目内容敏感性，隐去具体技术细节，仅对其中通用部分进行介绍，具体论证模式的 GSN 结构不再展开介绍。

5.3.1 实例软件简介

本实例软件是某型号系统起落架正常和备用刹车控制系统的核心控制软件，是保证系统安全运营的关键软件。它是使用 C 语言编程的嵌入式软件，包括正常控制软件和备用控制软件，用于采集机轮轮速信号、刹车指令信号、机轮刹车压力信号、自动刹车选择开关信号、轮载信号、起落架收上手柄信号、总线信号等。它通过综合计算，输出系统刹车防滑信号，用以实现系统防滑刹车过程的刹车功能、防滑功能、轮间保护功能、接地保护功能、滑水保护功能、起落架止转功能、飞机自动刹车功能、与备用刹车控制单元的余度切换功能、与 EMS 机电综合系统之间的信息交换功能，并将刹车指令和刹车压力信号发送至事故记录设备。

5.3.2 举证实例构建方案

通过构建具体的软件安全性产品举证结构，举证实例要对识别出的系统级危险，展示出本刹车控制软件的处理和应对措施，以逻辑化和图示化的方式展示、证实和评价刹车控制软件的安全性水平，识别和分析出软件设计和实现的不足和潜在问题。

依据论证模式库和实例化规则以及该实例软件的特点，可得出举证实例总体构建流程如图 5-26 所示。

下面对构建流程图的主要步骤进行介绍。

步骤 1：在分析刹车控制软件需求规格、设计说明等相关文档基础上，根据软件项目条件情况,制定出举证实例的顶层论证保证目标。

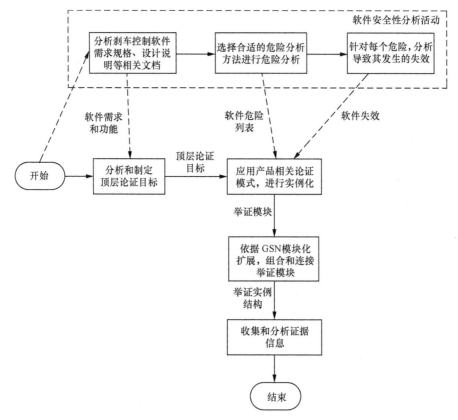

图 5-26 举证实例总体构建流程

步骤 2:选择合适的危险分析方法,识别和分析刹车控制软件对上层系统即起落架刹车控制系统以及系统可能带来的危险,包括危害程度、导致其发生的风险大小等。

步骤 3:针对步骤 2 涉及的每个危险,分析它所对应的软件安全关键功能,对该功能模块分析造成危险发生可能的失效,以及软件相应的应对措施。

步骤 4:在步骤 2 和步骤 3 基础上,根据论证模式库中"软件产品顶层的论证模式""软件相关危险的论证模式""安全关键功能失效的论证模式"等,按照实例化规则进行实例化变换和分解展开。依据 GSN 模块符号,按照危险和功能列表来表述成相应举证模块。

步骤 5:分析刹车控制软件详细设计文档和源代码,获取软件在应对步骤 3 失效的应对方法和处理措施方面的证据信息。

步骤 6：在步骤 2 ~ 步骤 5 基础上综合评价软件安全性水平，尤其可能发生危险的风险，并分析软件实现的不足和问题，给出相应的改进措施。

5.3.3 举证实例构建过程

依据上述举证实例总体构建流程，下面对刹车控制软件安全性举证实例构建主要步骤的实施情况进行介绍。

1. 系统危险识别

这一步主要分析与刹车控制软件相关的起落架刹车控制系统相关危险，即该软件可能导致和引发的系统危险。对于这种安全关键系统，在进行软件开发之前，必须首先进行系统初步危险识别（PHI），以定义系统可能面临的危险，得到该应用领域的可知危险列表，这是进行软件安全性分析的先决条件。接着，确定软件导致这些危险的潜在作用，以及在控制或缓解这些危险中的潜在作用。系统危险往往是长期工程实践经验的积累结果，很少从零开始，也缺乏严格的系统化方法和过程来识别。不少文献描述系统危险识别就是头脑风暴的过程，可通过危险检查单来完成，它的内容是先前确定或经验中发生过的危险。

该软件在研制过程中没有进行相关安全性分析活动，软件文档资料里没有明确列出危险分析结果，也缺乏系统和完整的安全性需求。在与软件研制方充分沟通后，依据《软件系统安全性手册》和 SAE ARP4761 等标准，利用功能危险分析法（FHA）来分析得到与该软件相关的系统常见危险清单以及相应的软件安全关键功能，如表 5-5 所示。

表 5-5　与刹车控制软件相关的系统常见危险清单以及相应的软件安全关键功能

编号	危险名称	危险描述	相应的软件安全关键功能	功能点描述
1	无法刹车减速	由于刹车功能失效，无法刹车减速，导致发生冲出跑道的灾难性事故	① 刹车功能（包括正常刹车、自动刹车和止转刹车）；② 切断阀控制功能；③ 故障综合工作机判断功能	① 刹车功能：接收刹车指令传感器信号、起落架收上开关信号、轮载信号等，计算输出最大刹车指令对应的刹车电流。② 切断阀控制功能：由刹车防滑控制，监控及输出共同完成，进行逻辑与判断后输出给切断阀。③ 故障综合工作机判断功能：根据主备控制阀故障数、主备切断阀故障数等故障信息来判断和转换工作机

编号	危险名称	危险描述	相应的软件安全关键功能	功能点描述
2	爆胎（运行中误刹车，带刹车着陆）	① 当轮载信号无效且主轮未充分转动时，操作员操纵脚蹬踏板或者选择自动刹车时造成空中误刹车； ② 带刹车着陆引起爆胎	① 接地保护功能 ② 胎压监控功能	① 接地保护功能：系统运行中，接收刹车指令信号，但不产生刹车控制信号，主轮仍可自由充分转动； ② 胎压监控功能：系统在地面时，单个轮胎爆胎，解除刹车，两个以上爆胎，解除防滑
3	侧滑和跑偏（滑水现象、机轮抱死）	① 停至具有积水、积雪和结冰的跑道时，可能引起滑水现象，导致其中机轮无法转起，滑行方向失去控制； ② 出现某一抱死的机轮失去抓地力，可能导致飞机向正常的一侧转向，更严重情况就是产生侧滑、摆尾	防滑功能（滑水保护功能、轮间保护功能）	① 滑水保护功能：操作员操纵脚蹬踏板或者选择自动刹车是无效的，刹车控制单元接收刹车指令信号，但不产生刹车控制信号，直到所有机轮均起转解除可能的滑水状态，才可实现正常的刹车操作； ② 轮间保护功能：当机轮最小一基准轮速度与最大一组基准速度的差值大于某值时，释放该侧刹车压力，使低速组的机轮速度上升，避免因刹车压力过大而刹死机轮

除了上述所列的安全关键功能外，"系统及数据"故障会激发所有三种危险。此外该软件还有一些基本功能，如总线通信、信号初始化及采集、BIT 功能、存储和擦除功能、以及数据采集功能等，它们对于上述危险作用相对不是关键的，在失效分析以及举证实例构建时不予专门考虑。

2. 软件失效分析

软件失效分析方法采用的是 FMEA。FMEA 按照失效判据、相似产品、测试信息、使用信息和工程经验等方面来确定软件产品所有可能的失效，是一个反复迭代和逐步完善的过程，主要包括系统级 FMEA 和详细级 FMEA。采用 FMEA 对刹车控制软件安全关键功能模块进行失效分析时，只关注那些安全关键功能失效，在此不再展开介绍。

经过分析可知，这些失效主要由于接口参数输入异常、内部逻辑判断错误、数据传输缺乏冗余等导致，主要类型为运行类和数值类。由于不是实时软件，故没有时序类失效的发生。另外，除了对安全关键功能模块进行分析之外，还需要考虑系统和数据出错问题，如程序死循环和数据丢失等，它们同样可能导致表 5-5 所示危险的发生。

3. 举证实例构建

在上述系统危险识别和软件失效分析的基础上，依据软件产品相关论证模式，按照实例化规则进行具体的举证结构建模，并通过论证模块的形式来组织和呈现。总体结构如图 5-27 所示。

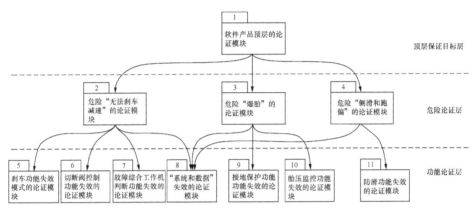

图 5-27　举证实例总体结构

该举证实例内容包括顶层保证目标层、危险论证层和功能论证层，分别对顶层保证目标、具体危险处理以及安全关键功能的失效处理展开论证，并自顶向下进行逐层分解和展开，上层论证模块由下层论证模块来提供支持，最终得到十一个论证模块。其中，上面的数字是模块编号，作为论证模块的唯一标识。这些论证模块使用图形化表述，并通过远保证目标元素进行连接和组织。

这些论证模块的 GSN 结构的具体介绍以及 XML 描述不再展开介绍。论证模块 1 对论证模式库中模式 2 即软件产品顶层分解的论证模式的安全性部分进行实例化变换，主要是制定顶层论证保证目标并进行分解，对依据"无法刹车减速""爆胎"和"侧滑和跑偏"三种危险进行进一步分解论证，通过远保证目标由论证模块 2～4 对这些危险处理的充分性展开论证。模块 2～4 对模式 3 即"软件相关危险的论证模式"进行实例化变换，对可能导致某个具体危险发生的软件安全关键功能进行具体分解，主要通过论证每个功能模块失效处理的可接受性来实现，通过远保证目标由论证模块 5～11 进行展开。在上面失效模式分析基础上，模块 5～11 对模式 4～7 即"安全关键功能失效的论证模式"和三类失效论证模式进行实例化变换，对具体安全关键功能的每个失效模式按照其类型逐一分解和展开，并对其失效机理进行论证。

本章小结

　　软件可信性举证虽然受到重视，但软件可信性举证方法仍处于尝试和不成熟的阶段。本章首先介绍了软件可信性举证的相关概念，接着聚焦于软件可靠性与安全性两个属性集合，从产品和过程两种视角阐述了软件可信性举证构建框架，形成了论证模式库，并给出了论证模式相应实例化规则，最后针对某型号软件，对相关论证模式进行实例化变换，构建了软件安全性产品举证实例，为理解软件可信性工程和软件可信性举证提供参考。

参考文献

[1] 屈延文. 软件行为学[M]. 北京: 电子工业出版社, 2004.

[2] 郑志明, 马世龙, 李未, 等. 软件可信性动力学特征及其演化复杂性[J]. 中国科学 F 辑: 信息科学, 2009, 39(9): 946-950.

[3] 王怀民, 唐扬斌, 尹刚, 等. 互联网软件的可信机理[J]. 中国科学 E 辑:信息科学, 2006, 36(10): 1156-1169.

[4] LITTLEWOOD B, WRIGHT D. The use of multi-legged arguments to increase confidence in safety claims for software-based systems: a study based on a BBN of an idealised example[J]. IEEE Transaction on Software Engineering, 2007, 33(5): 347-365.

[5] HASSELBRING W, RUESSNER R. Toward trustworthy software systems[J]. Computer, 2006, 39(4): 91-92.

[6] 陈火旺, 王戟, 董威. 高可信软件工程技术[J]. 电子学报, 2003, 31(12A): 1933-1938.

[7] 梅宏, 曹东刚. 软件可信性: 互联网带来的挑战[J]. 中国计算机学会通信, 2010, 6(2): 20-27.

[8] DESPOTOU G. Managing the evolution of dependability cases for systems of systems[D]. York: University of York, 2007.

[9] WEINSTOCK C B, GOODENOUGH J B, HUDAK J J. Dependability cases[R]. Software Engineering Institute, Carnegie Mellon University, 2004.

[10] COURTOIS P. Justifying the dependability of computer-based systems[M]. London: Springer, 2008.

[11] GÓRSKI J, JARZEBOWICZ A, LESZCZYNA R, et al. Trust case: justifying trust in an IT solution[J]. Reliability Engineering and System Safety, 2005(89): 33-47.

[12] 陆民燕. 软件可靠性工程[M]. 北京: 国防工业出版社, 2011.

第 6 章

基于非形式逻辑理论的软件保证举证信心评定方法

基于 GSN 开发保证举证的过程就是利用策略将最顶层保证目标逐层分解成各层子保证目标直到能被解决方案（即事实证据）支持的过程。最顶层保证目标及各层子保证目标是保证举证中最核心的元素。最顶层保证目标是保证举证论证的最终保证目标，是可以用是或否来回答的命题。工程实践经验表明，构成软件保证举证的几大关键要素（证据、论据、背景等）都不可能 100%完善，这导致通过论证得出的最顶层保证目标成立的可信度也不可能为 100%。从本质上说，保证举证是由顶层保证目标自上而下分解得出的一棵论证树，证据、论据、背景等叶子节点所带来的不完备性将会直接影响用户对软件产品质量特性的顶层声明的信心。

本章基于图尔敏论证模型和贝叶斯网络，阐释一种软件保证举证信心的评定方法，从定性和定量两个层面出发，完成对软件产品保证举证的综合评价。利用得出的评价结论既可作为完善保证举证本身和软件保证举证保障过程的依据，也可为提高用户对软件产品的保证信心水平提供帮助，最终促进软件产品质量特性的改善。

6.1 软件保证举证信心评定方法的理论基础

软件保证举证信心评定方法的理论基础主要包括非形式逻辑、图尔敏论证模型的论证评价、贝叶斯网络等。下面对这几种支撑理论进行介绍。

6.1.1　非形式逻辑

非形式逻辑于 20 世纪 70 年代首先在北美兴起[1]，其产生的根源在于人们在日常生活中应用形式逻辑（符号逻辑）遇到了下面的困难。

（1）形式逻辑通常都是一种符号化的人工语言，具有很强的规范性，但与自然语言相比，其灵活性和实用性仍然相对较差，应用范围受到一定的局限。

（2）形式逻辑必须在前提为真的情况下做出推理，但在真实生活中，人们的推理前提并不总是正确的，却也同样能够推理出正确的结论。形式逻辑的应用局限性逐步显现，并且在指导人们提高日常推理、论证能力方面也十分受限。

因此，随着研究的深入，人们逐步提出并发展了以日常推理论证模式为基础的非形式逻辑概念，并逐渐将其发展成一门独立的新兴应用学科。

1. 非形式逻辑的主要研究内容

（1）论证本体的理论

它关注论证的本质、论证与推理的关系、论证的类型、论证应符合的标准、论证应遵从的原则，以及通过自然语言辨认、抽出、重建论证等有关论证本体的基本问题。

（2）论证评价的理论

它关注对论证的评价与批评的类型（逻辑的与非逻辑的）、对论证的评价与批评的目标和标准、对论证的评价与批评的具体内容等有关论证评价与批评的问题。

（3）谬误理论

它关注论证中被视为谬误现象的本质、对谬误与非谬误的区分、谬误的分类、谬误的成因或条件等涉及论证中谬误的问题。

（4）预设理论

它包括预设的含义、预设的识别、预设的分类、预设在论证以及评价论证中的意义等问题。

（5）语境理论

它包括语境的含义、语境的构成要素、语境与论证的意义及论证的解释之间的关系、语境与论证重建的关系、语境与论证评价的关系等问题。

2. 图尔敏论证模型

英国哲学家图尔敏（Toulmin）在其名著《论证之用》中提出了著名论证模型——图尔敏论证模型，如图 6-1 所示。

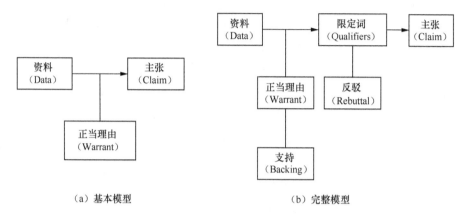

（a）基本模型　　　　　　　　　（b）完整模型

图 6-1　图尔敏论证模型

图 6-1（a）所示为一个基本模型，表明一个论证有三个最基本的成分：主张（Claim）、资料（Data）和正当理由（Warrant）。图 6-1（b）所示为完整模型，其在基本模型的基础上添加了支持（Backing）、限定词（Qualifiers）和反驳（Rebuttal）。该模型包括下面六个成分。

（1）主张：试图在论证中证明为正当的结论。

（2）资料：作为论证基础的事实（证据）。

（3）正当理由（担保）：连接资料与主张的桥梁，保证主张基于资料是合法的。

（4）支持：通过回答对正当理由的质疑而提供附加的支援。

（5）限定词：指示从资料和正当理由到主张的跳跃力量（主张是肯定的证明，还是可能的证明）。

（6）反驳：阻止从正当理由证明主张的因素。

图尔敏指出主张是一个断言或断定，当它受到挑战时，必须能够对其进行辩护，即表明它的存在是有充分理由的。资料是回应对主张的挑战时所引用的事实，即任何研究或推断由之开始的材料或信息。正当理由是更具一般性的证据，它为由资料证明主张提供"担保"。支持是对正当理由的支援性陈述。当对"正当理由"本身有疑问时，就要求对其合理性加以说明，这时需要提供支持正当理由的支援。

对于给定资料，一些正当理由能担保毫无疑义地接受一个主张，即它们可以是以"必然的"这样的副词来修饰的结论。而另一些正当理由却只能担保从资料到主张的论证步骤或者是试验性的、或者是需要某种条件的、或者是有所限制的，这时需要其他的限定词，如"可能""假设的"等。限定词表明正当理由在这个论证步骤上担保的强度。反驳的情形表明，正当理由的普遍合法的权威性在其中不得不被弃置一边的那种情景。为了表明这种区别，可以将限定词写在结论前，而将那些可被接受为击败或反驳受担保的结论的例外情况写成限定词。

软件保证举证是非形式逻辑中论证模式的一种扩展应用，因此，非形式逻辑中的研究内容和论证模式对软件保证举证的研究具有指导意义。

6.1.2　图尔敏论证模型的论证评价

图尔敏论证模型是非形式逻辑学中的重要内容。为了评价基于图尔敏论证模型的论证的好坏，希契柯克、维尔希基等人纷纷给出了自己的评价要素（或模型），并已受到了广泛的关注与认可。

1. 希契柯克的评价四要素

希契柯克利用图尔敏论证模型术语定义了推理规范：结论即主张、前提即资料、推理许可即正当理由[2]。评价四要素为：被证成的前提（接受前提必须是合理的即前提必须基于证据）、充分的前提（前提必须包括所有相关、合理、可获得的信息）、被证成的正当理由（结论必须借助被验证了的普遍正当理由得出）和正当理由没有特例（如果正当理由不是全称的，必须验证，在特殊情形中假定不知道存在排除正当理由适用的禁忌）。四个评价要素必须同时满足，才能确定该论证过程是充分的、合理的和正当的。具体的评价流程如图 6-2 所示。

（1）被证成的前提

有许多前提都是被证成的，如直接观察、直接观察的记录、之前做过观察或亲身经历过该过程的人的记忆、证言、已有的好的论证、专家意见、权威性参考资料等。这些前提都是不言自明的，是可信的。但是，这些前提不一定都是正确的，这是某些认知上的不确定性造成的。例如，随着科学的进步和发展，牛顿定律也被发现在某些条件下是不适用的，是错误的。因此，被证成的前提并不一定就是正确的前提。

（2）充分的前提

若想准确地推理出某个问题的答案，那么应该尽可能地去搜集那些与这个问题相关的信息。相关信息是那种使一个人对同一问题产生不同答案的信息。不同的相关信息对给定问题的回答不同。仅考虑支持回答的信息而忽略指向不同回答的信息更可能得出不正确的结论。

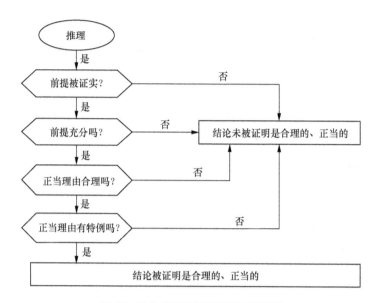

图 6-2　基于希契柯克四要素的评价流程

（3）被证成的正当理由

正当理由是连接前提与结论的桥梁。正当理由一般表现为规则、原则、推论依据等，用于表明从出发点的资料到主张或结论的步骤是合理的。

（4）正当理由没有特例

许多正当理由会遇到反驳或例外因素，这时正当理由缺乏权威性或不适用，或结论为假。正当理由的特例会产生两层效果：一是表明结论不正确。例如，"鸟会飞，Lucy 是鸟，所以 Lucy 会飞"。当知道了 Lucy 是鸵鸟时，这个例外就反驳了正当理由"鸟会飞"。又如，"认证模块采用 SSL/TLS 机制，即可确保认证服务准确提供给代理人，MIS 模块采用了 SSL 机制，所以 MIS 模块可给代理人提供准确的认证服务"。但是，如果 MIS 模块运行于不可信网络中，SSL 认证数据流可能被用于重放攻击，致使攻击者假冒正常的代理人。二是破坏或削弱了正当理由。例如，这个东西看上去是红的，但它是因为在红光的照射下，因此，这个东西可能不是红的。但红的东西在红光的照射下也是红的。证明"没有反驳适用的假设条件"，弱于证明"没有反驳适用的条件"。

2. 维尔希基的反驳评价模型[1]

将图尔敏论证模型稍加改变，用箭头表示对应的条件，使得正当理由总是在其主张下方出现，则得到图尔敏论证模型的变换基本形式——维尔希基反驳模型，如图 6-3 所示。

在图 6-3 中，QC 表示图尔敏论证模型中的限定词（Qualifiers）和主张（Claim），W 表示正当理由（Warrant），D 表示资料（Data），B 表示支援（Backing）。有三种陈述能够对论证进行反驳，如图 6-4 所示。其中，C 表示主张（Claim），R 表示反驳（Rebuttal）。

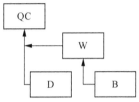

图 6-3　维尔希基反驳模型

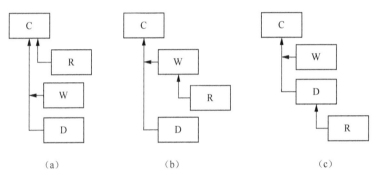

（a）　　　　　　　（b）　　　　　　　（c）

图 6-4　三种反驳的图解

第一种反驳攻击主张，第二种反驳攻击正当理由，第三种反驳攻击资料。三种反驳的强弱如表 6-1 所示，根据表中确定的准则即可对论证的好坏做出评价。

表 6-1　三种反驳强弱判定表

反驳类型	攻击对象	反驳形式
驳倒（R）	主张（Claim）	如果存在 R 类型的反驳，则主张为假
削弱（U）	正当理由（Warrant）	如果存在 U 类型的反驳，则主张可能为真，也可能为假
待定（M）	资料（Data）	如果存在 M 类型的反驳，仅能证明证据资料为假

3. 总结分析

通过对比分析希契柯克的评价四要素和维尔希基反驳模型可知，前者的第 4 个评价要素"正当理由没有特例"即为进行反驳论证，因此，前者的评价更为全面、完备，能够包含后者的评价要素。但是，在某些需要快速评价的场合，后者仅从"反驳"论证入手，也有其自身的评价优势。

6.1.3　贝叶斯网络

贝叶斯网络是一种广泛应用于用户智能交互、图像识别、信息重获、态势评估、决策支持、实时过程监控、智能系统以及数据挖掘等领域的数学方法，主要是利用形象化的图形表示和概率数据来解决不确定性问题，又被称为是基于概率推理的信度网络。一方面，通过构建贝叶斯网络架构和确定网络参数，将人们的既有经验模型化；另一方面，基于对既有数据的统计分析来确定网络参数，最终实现主观判断和客观分析的有效结合。

1. 贝叶斯网络的基本概念

在给出贝叶斯网络的一般定义之前，首先需要介绍几个图论中的基本概念。在一个有向图中，如果从节点 X 到节点 Y 有一条边，那么称 X 为 Y 的父节点，而 Y 为 X 的子节点。没有父节点的节点称为根节点，没有子节点的节点称为叶节点。一个节点的祖先节点包括其父节点及父节点的祖先节点，根节点无祖先节点。在一个有向图中，若某节点是它自己的祖先节点，则该图包含有向圈。有向无圈图是不含有向圈的有向图。

贝叶斯网络是一个有向无圈图。其中，节点代表随机变量，节点间的边代表变量之间的直接依赖关系。每个节点都附有一个概率分布，根节点 X 所附的是它的边缘分布 $P(X)$，而非根节点 X 所附的是条件概率分布 $P(X|\pi(X))$。

贝叶斯网络可以从定性和定量两个层面来理解。在定性层面，它用一个有向无圈图描述了变量之间的依赖和独立关系。在定量层面，它则用条件概率分布刻画了变量对其父节点的依赖关系。在语义上，贝叶斯网络是联合概率分布分解的一种表示。更具体地，假设网络中的变量为 $X_1, X_2, \cdots, X_n$，那么把各变量所附的概率分布相乘就得到联合概率分布，即：

$$P(X_1, \cdots, X_i) = \prod_{i=1}^{n} P(X_i \mid \pi(X_i))$$

式中，当 $\pi(X_i)=\varnothing$ 时，$P(X_i|\pi(X_i))$ 即是边缘分布 $P(X_i)$。

联合概率分布的分解降低了概率模型的复杂度。虽然贝叶斯网络的引入没有进一步降低概率模型的复杂度，但它为概率推理提供了很大的方便。这主要是因为贝叶斯网络一方面是严格的数学语言，适合用计算机处理；另一方面，它又直观易懂，方便人们讨论交流和建立模型[3]。

2. 贝叶斯网络的构建

贝叶斯网络的构建共有两个步骤。一是根据因果关系来确定贝叶斯网络的结构。如果"太阳"和"雨水"是导致"开花"的直接原因，"开花"又是导致"结果"和"卖花"的原因，那么就可用带箭头的连线来连接它们。这时，连线都是从原因出发，指向结果，能得到图6-5 所示的贝叶斯网络结构实例。二是要确定前述网络结构中各节点的概率分布（一般是通过分析统计信息，或依靠相似经验获得）。由生活常识可直接确定"太阳""雨水"等节点的概率取值，从而为下一步的推理计算奠定基础。

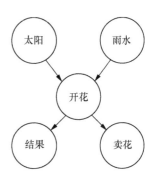

图 6-5　贝叶斯网络结构实例

6.2　软件保证举证信心评定方法

作为一种有效的论证模式，软件保证举证覆盖了其生命周期内绝大多数的技术和管理要素。如前面所述，图尔敏论证模型是所有论证的理论基础，是最基本的论证图元。因此，如果通过模型转化算法，把软件保证举证转化为一个由基本图尔敏论证模型组成的元素集，就可利用希契柯克和维尔希基等图尔敏论证评价标准来判定保证举证论证的优劣。即用一个由图尔敏基础块组成的论证集合来对保证举证的全部论证过程进行模型化拆解，并根据评价标准的不同，对过程实施定性和定量相结合的综合评价。

信度是信心的量化参数。对单个图尔敏基础论证块而言，由于论证不确定性的存在，可以利用贝叶斯网络开展信度计算，得出图尔敏基础论证块中主张的可信程度（也就是用户对声明的信心值）。在此基础上，按照图形化的保证举证所构建的因果关系确定贝叶斯网络结构，通过概率推理最终得出顶层声明的信度，即软件保证举证根节点的可信程度。

软件保证举证信心评定方法的总体流程如图6-6 所示。

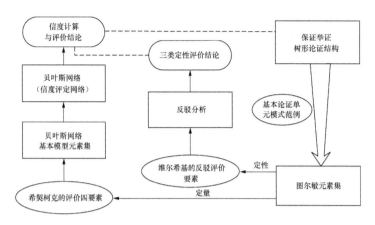

图 6-6　软件保证举证信心评定方法的总体流程

6.2.1　保证举证树形结构到图尔敏论证模型的转化

1. 软件保证举证的树形论证结构拆解

所有的软件保证举证都可看作是一个树形结构。在这个树形结构中，GSN 基本论证单元会涉及的元素有：（1）保证目标（Goal）、策略（Strategy）和解决方案（Solution），它们构成了论证的主干元素，未开发实体通过依附保证目标和策略为论证的分阶段开发提供了有效支持；（2）背景（Context）、假设（Assumption）和合理性解释（Justification）作为辅助元素为论证提供上下文信息；（3）Supportedby 和 Incontextof 则为论证推理提供连接元素。常见的 GSN 基本论证单元可划分为四种典型的结构，如图 6-7 所示。各种结构中，保证目标元素又可由子保证目标元素替换迭代，在添加各种辅助元素和连接元素后，更可派生出其他多种结构，但总体而言都是这四种基本结构的演化，能够以统一的方式完成软件保证举证树形论证结构的拆解。

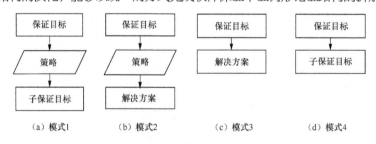

图 6-7　四种典型的基本论证单元结构

以图 6-8 所示为例，按基本论证单元结构拆分后的 GSN 保证举证如图 6-9～图 6-11 所示。

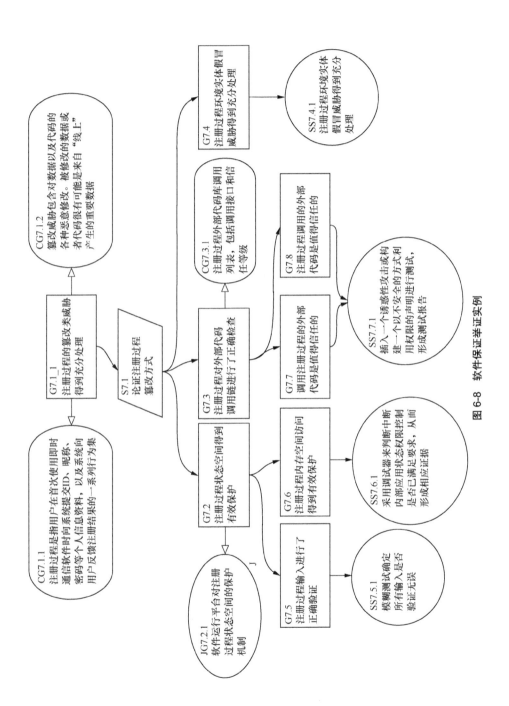

图 6-8　软件保证举证实例

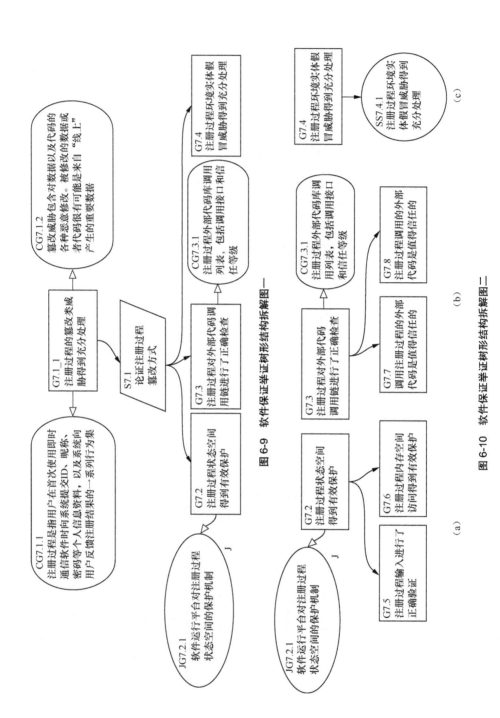

图 6-9 软件保证举证树形结构拆解图一

图 6-10 软件保证举证树形结构拆解图二

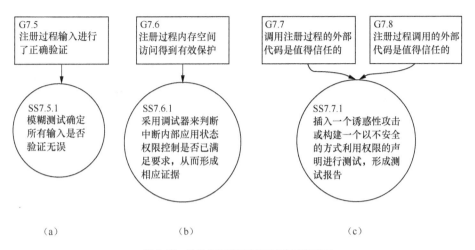

（a）　　　　　　　　（b）　　　　　　　　（c）

图 6-11　软件保证举证树形结构拆解图三

2. 基于软件保证举证的图尔敏论证模型

在软件保证举证与图尔敏论证模型对比基础上，形成了基于软件保证举证的图尔敏论证模型，如图 6-12 所示。

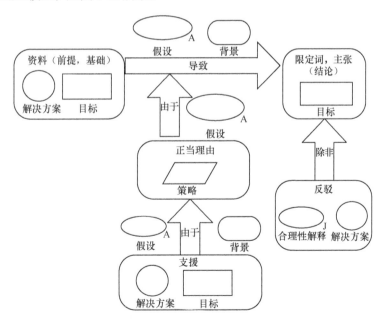

图 6-12　基于软件保证举证的图尔敏论证模型

6.2.2 图尔敏论证模型的软件保证举证定性评价

软件保证举证信心评定方法涵盖了定性与定量评价两个层面,二者的出发点不同,对提高论证可信性的作用也不尽相同。因此,该方法要求在开展定量评价前,需进行定性评价工作,以确保评价工作的全面性和可信性。

维尔希基反驳模型是对图尔敏论证模型进行信心定性评价的理论基础。在定性评价过程中,所谓"信心"就是指有多少反驳已经被确认或消除。如果需要论证主张,该主张已被确认存在 n 个反驳,其中有 i 个反驳被确认消除,那么该主张的信心可用 $i \mid n$ 进行评价。通过 $i \mid n$ 得出的评价结果只具有相对意义,并不是绝对值上的信心度量。因此,将 $i \mid n$ 作为一个信心标杆能够达到快速定性评价的目的,在工程实践中有较强的现实意义。

1. 单个图尔敏论证模型的定性评价

由图 6-12 所示转化得到的单个图尔敏论证模型中,反驳仅仅是针对主张而言,事实上,在利用维尔希基反驳模型实施评价时,不仅需要对主张进行反驳论证,还需要对正当理由和资料等图尔敏元素实施反驳。对单个图尔敏论证模型按维尔希基反驳模型修订后,得到反驳增强型图尔敏论证模型,如图 6-13 所示。

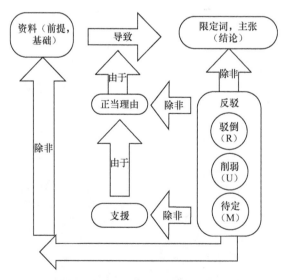

图 6-13 反驳增强型图尔敏论证模型

另外，虽然利用反驳增强型图尔敏论证模型中的反驳要素能够掌握主张、正当理由、资料等可能面临的质疑和不确定要素，但却没有相应的图元要素能够表征上述反驳是否已被其他主张或资料消除，因此就不能很清晰地看到软件保证举证论证中的薄弱环节。因此，为了对单个图尔敏论证模型实施定性评价，还需要针对图6-13所示的反驳增强型图尔敏元素构建专门的标准反驳证据网。

标准反驳证据网是一种特殊的网络结构，能够有效表征质疑主张、正当理由、资料等的所有相关理由及其处理情况。其组成要素主要有主张、正当理由、资料和反驳。标准反驳证据网不仅可以用于定性评估主张论证的信心强弱，也可支撑保证举证的开发过程，使其更加完备。标准反驳证据网的通用结构如图6-14所示。在实际使用时，应对该结构实例化，其一般流程为：

① 针对每一个主张、正当理由和资料，通过查找特例证明材料去进行反驳论证；

② 针对找到的每一项特例证明材料，分析可能使其生效的原因；

③ 针对每一个原因，确定使特例无效的方法、要素、主张等新证据，即反驳确认消除。

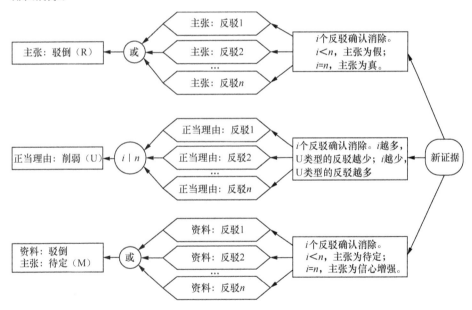

图6-14 标准反驳证据网的通用结构

2. 多个图尔敏论证模型的定性评价

在对由单个图尔敏论证模型叠加生成的多个图尔敏论证进行定性评价时，只要按照单个图尔敏论证模型的定性评价方法进行迭代分析即可。

6.2.3　图尔敏论证模型的软件保证举证定量评价

希契柯克的评价四要素是对图尔敏论证模型进行信心定量评价的理论基础。在定量评价中，"信度"参数就是信心的量化衡量指标。如果论证中的前提是被证成的且充分的，理由是被证成的正当理由且正当理由没有特例，则该论证主张的信度高，反之则低。在希契柯克的评价四要素中，前三个评价要素属于正向评价，第四个评价要素属于逆向评价。如果在软件保证举证定量评价前已经开展过基于维尔希基理论的定性评价，那么希契柯克四要素中逆向评价的价值不大。因为希契柯克四要素中逆向评价只考虑了正当理由反驳的情况，而维尔希基的定性反驳评价考虑了主张、正当理由、资料三方面的反驳论证要素，评价更为充分。

由于反驳论证已在维尔希基定性评价中充分考虑，所以在利用希契柯克定量评价时，只按正向评价的流程推进，四要素中的"正当理由没有特例"不再考虑。在此基础上，本节将贝叶斯网络应用于软件保证举证定量评价中，以增强软件保证举证定量评价结论的有效性。

1. 正向评价中的前提要素

当用归纳法进行正向评价时，必须满足下述条件才能说明论证结果是合理可信的：前提条件必须能很好、合理地为结论提供支撑。在软件保证举证的 GSN 结构中，顶层保证目标的信度决定于从子保证目标到根保证目标逐层论证的合理性。GSN 结构是一种典型的自顶向下的论证结构。在 GSN 结构论证过程中，会有大量的前提条件被逐步演化出来，以证明顶层保证目标的可信性。因此，确定论证信度（充分性）的第一步就要建立每一个孤立的子保证目标到顶层保证目标间的关联关系。这种关联关系可用子节点到父节点间的相关程度来表征。

一个子节点可以完全支撑父节点，也可以部分支撑父节点。子节点元素（前提）对论证保证目标（结论）的支撑通常分为三类，如图 6-15 所示。

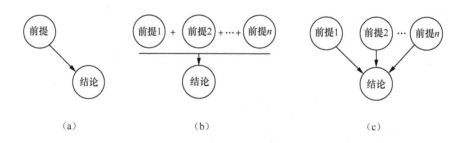

图 6-15　前提对结论的支撑类型

图 6-15（a）所示表示一个前提支撑一个结论，图 6-15（b）所示表示 n 个前提共同支撑同一个结论，这两种类型是软件保证举证论证中的核心类型。图 6-15（c）则表示 n 个前提都可独立支撑同一个结论。图 6-15（c）和图 6-15（a）所示其实是同一种模式。既可以把图 6-15（a）所示看作是图 6-15（c）所示的一种特例（即 n＝1），也可认为图 6-15（c）所示的 n 个前提是重合的，它们对于支撑结论而言完全等效。因此，依据图 6-15 所示得出的前提类型如图 6-16 所示。但是，由集合论可知，图 6-16 所示的前提类型并不完备，集合相交和集合部分重叠的情况并未考虑。据此得出扩展的前提类型图如图 6-17 所示，部分交连型和完全包含型的前提对结论的支撑均有交叉，因此，用这两种类型的前提实施的论证，其结论的置信程度不仅要考虑每一个前提对结论的支持程度，还应把前提的彼此重合部分对结论置信度的影响考虑在内。

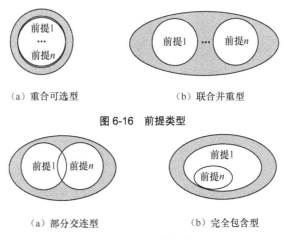

（a）重合可选型　　　　　　　　（b）联合并重型

图 6-16　前提类型

（a）部分交连型　　　　　　　　（b）完全包含型

图 6-17　扩展的前提类型

如图 6-18 所示，将部分交连型和完全包含型实施分割后，在考虑前提对结论的支持程度时，即可将它们等效于重合可选型和联合并重型的组合进行。重叠部分可等效为重合可选型，重叠部分与非重叠部分之间可等效为联合并重型。也就是说，对同一个软件保证目标论证需求而言，两个前提共同支撑结论时，其结论的信度等价于拆分后的三个分前提对结论的支持力度。

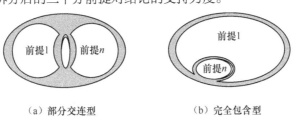

（a）部分交连型　　　　　　　　（b）完全包含型

图 6-18　类型分割

2. 单个图尔敏论证模型的软件保证举证定量评价

在前述评价理论的指导下构建的基于单个图尔敏论证模型的贝叶斯网络基础块，如图 6-19 所示。该基础块由两大分支构成，分别对应希契柯克评价四要素中的要素 1、2"被证成的、充分的前提"和要素 3"被证成的正当理由"。要素 4"正当理由没有特例"已用维尔希基定性方法评价，本处不再涉及。

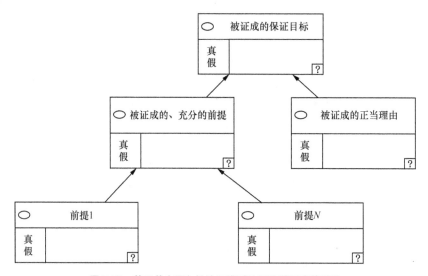

图 6-19　基于单个图尔敏论证模型的贝叶斯网络基础块

在贝叶斯网络基础块中，前提（证据）对结论（被证成的保证目标）的支撑力度是用逻辑与、或关系进行综合的。但在现实情况中，前提对结论的支撑程度往往可用 0～1 间的一个小数表征，而不仅仅是逻辑与或逻辑或中的 1。因此，可对图 6-19 所示的基础块实施改进，给每条连接线定义一个连接概率，用以表征前提对结论的支撑程度。同时，由于认知不确定性的存在，图尔敏论证模型中提供的证据材料可能会发生遗漏，从而削弱了论证的充分性。因此，在贝叶斯网络基础块的改进过程中，引入泄露概率来描述论证的不完备性，进一步增加论证结果的可信性。改进后的贝叶斯网络基础块如图 6-20 所示。

改进后的逻辑与、逻辑或模型被称为 Noisy-OR 数学模型和 Noisy-AND 数学模型，相关介绍如下。

（1）Noisy-OR 数学模型

变量 X 是贝叶斯网络中的一个子节点，它需要 N 个变量 $Y_1, Y_2, \cdots, Y_N$ 对它进行支撑，N 条连接线的连接概率（Link Probability）都可用下式进行定义：

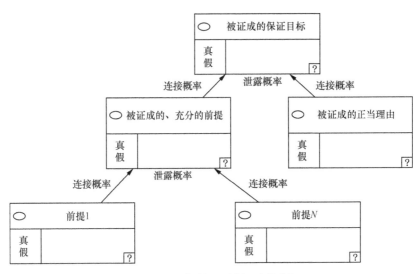

图 6-20　改进后的贝叶斯网络基础块

$$p_i = p(X \mid Y_i, \{\overline{Y}_j\}_{j=1,j\neq i}^N), i = 1, \cdots, N \qquad （6\text{-}1）$$

X 相对于 Y_i 的条件概率分布可定义为：

$$p(X \mid Y_1, Y_2, \cdots, Y_N) = 1 - \prod_{i:Y_i}(1 - p_i) \qquad （6\text{-}2）$$

如果用 P_M 代表 Noisy-OR 数学模型的计算值，它的含义是：如果节点 M 为真，但是其他和它并列的节点输入都为假，那么 P_M 就是节点 M 对子节点的贡献度。

式（6-2）并未考虑泄露概率。这里可通过定义一个 k 来描述泄露概率：当所有的 Y_i 均为假时，k 对 X 的支撑水平（或贡献程度）即为泄露概率，计算公式如下：

$$k = p(\overline{Y}_1, \overline{Y}_2, \cdots, \overline{Y}_N) \qquad （6\text{-}3）$$

$$p(X \mid Y_1, Y_2, \cdots, Y_N) = 1 - (1 - k)\prod_{i:Y_i}(1 - p_i) \qquad （6\text{-}4）$$

（2）Noisy-AND 数学模型

通过利用 Morgan 法则可将 Noisy-AND 数学模型转化为 Noisy-OR 数学模型来进行计算。转化方法如下：

$$X_1 \otimes X_2 \otimes \cdots \otimes X_N = \overline{X}_1 \oplus \overline{X}_2 \oplus \cdots \oplus \overline{X}_N \qquad （6\text{-}5）$$

式中，$\oplus$ 表示 Noisy-OR，$\otimes$ 表示 Noisy-AND。$0.0 \leqslant k \leqslant 1.0$，式（6-5）还存在这样一种情况：即使支撑结论的所有前提 X_i 都为真，仍然有 k 的概率是结论为假。其计算公式为：

$$p(X \mid Y_1, Y_2, \cdots, Y_N) = (1-k)\prod_{i:Y_i} p_i \qquad （6-6）$$

如果用 P_M 代表 Noisy-AND 数学模型的计算值，它的含义是：如果节点 M 为假，但是其他和它并列的节点输入都为真，那么 $1-P_M$ 就是节点 M 对子节点的贡献度。

下面用一个例子来说明这两类模型。在图 6-21 中，"安全性需求被满足"是由证据 1 和证据 2 来支撑的。当然，证据 1 的支撑性更强，如果证据 2 为假（或不存在），证据 1 能为"安全性需求被满足"提供 60% 的信度。证据 2 对结论的支撑力度稍弱，它的连接概率只达到了 40%。更重要的是，还有 10% 的泄露概率。它表明，即使证据 1 和证据 2 都为假，仍有 10% 的可能得出"安全性需求被满足"的结论。

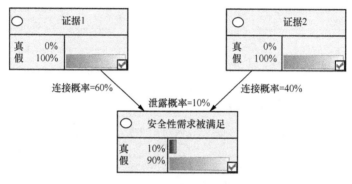

图 6-21　Noisy-OR 实例说明

在上述实例中，证据 1 和证据 2 被认为 100% 是假，因此结论只有 10% 的可能性为真，即等于泄露概率值。表 6-2 给出了证据 1 和证据 2 的不同可变状态时的结论信度。

表 6-2　Noisy-OR 真值表

如果		结论	
证据 1	证据 2	假	真
假	假	90%	10%
假	真	54%	46%
真	假	36%	64%
真	真	21.6%	78.4%

Noisy-OR 数学模型和 Noisy-AND 数学模型是相辅相成的。与 Noisy-OR 数学模型相类似，Noisy-AND 数学模型的含义是证据 1 和证据 2 都同时对结论起支撑

作用，即使二者都为真，结论仍有 *k*% 的可能性为假（因为可能有未被分析出来的证据）。在软件保证举证中，证据通常都是可以累积的，因此 Noisy-OR 数学模型通常要比 Noisy-AND 数学模型有用。结论通常是基于好几个证据联合作用的结果，即 Noisy-OR 数学模型和 Noisy-AND 数学模型分别对应前文所述的重合可选型前提和联合并重型前提。

　　Noisy-OR 数学模型和 Noisy-AND 数学模型参数设置的灵活性使模型可以通过证据权重和证据完备性来反映专家观点。由此所带来的论证模式为：专家关于证据真实性的评估能够被综合到论证过程中去，并且还能被定量计算出来。利用 Noisy-OR 数学模型和 Noisy-AND 数学模型能够消除传统布尔运算或和与所带来的隐含假设，即推导出结论的前提节点间是彼此独立的。前面定义的连接概率反映了结论对前提证据的依赖程度。

　　（3）贝叶斯网络基础块的计算结果

　　基于图 6-20 所构建的改进后的贝叶斯网络基础块，结合前述 Noisy-OR 数学模型和 Noisy-AND 数学模型的数学理论，就可完成对单个图尔敏论证模型的软件保证举证信度计算。实例计算过程如图 6-22 所示。

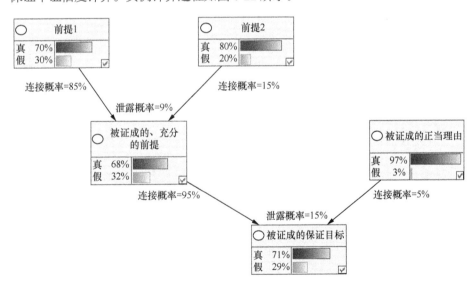

图 6-22　单个图尔敏论证模型的信度计算过程

　　在工程实践中，图 6-22 中的概率取值一部分可以通过数据分析获得，一部分可从证据的特性直接得到，还有一部分可通过专家咨询得到。各变量的条件概率共同构成了条件概率表（CPT），并能最终计算出该图尔敏论证模型的软件保证举证目标的信度值。

（4）试验分析

为了进一步说明几种前提类型对结论的支撑关系，本章设计了十一个具体试验方案。运用前述的 Noisy-OR 数学模型和 Noisy-AND 数学模型进行计算后，可对结果进行对比分析，以便总结出相应的结论。算例基本数据如下：如果已知前提 1 为真的概率为 95%，前提 2 为真的概率为 87%。前提 1 对结论的支撑力度（即对结论的覆盖率）为 L_1，前提 2 对结论的支撑力度为 L_2，重叠部分对结论的支撑力度为 LD，LD_1 表示 L_1 中发生重叠的部分，LD_2 表示 L_2 中发生重叠的部分，L_1–LD 表示 L_1 中未发生重叠的部分，L_2–LD 表示 L_2 中未发生重叠的部分，泄露概率始终等于 10%。重合可选型前提可用 Noisy-OR 数学模型进行计算；联合并重型前提可用 Noisy-AND 数学模型进行计算；部分交连型前提和完全包含型前提都需将 Noisy-OR 数学模型与 Noisy-AND 数学模型结合应用。同时，四种前提按表 6-3 所示设计试验方案实施计算。

表 6-3　试验方案设计表

前提类型	试验方案编号	参数格式	参数取值	参数名称备注
重合可选型	01	$\{L_1, L_2\}$	$\{90\%, 80\%\}$	
联合并重型	02	$\{L_1, L_2\}$	$\{60\%, 40\%\}$	
部分交连型	03	$\{LD_1, LD_2\}$	$\{90\%, 80\%\}$	
		$\{L_1-LD, LD, L_2-LD\}$	$\{0, 100\%, 0\}$	
	04	$\{LD_1, LD_2\}$	$\{90\%, 80\%\}$	
		$\{L_1-LD, LD, L_2-LD\}$	$\{10\%, 70\%, 20\%\}$	
	05	$\{LD_1, LD_2\}$	$\{90\%, 80\%\}$	
		$\{L_1-LD, LD, L_2-LD\}$	$\{10\%, 50\%, 40\%\}$	
	06	$\{LD_1, LD_2\}$	$\{90\%, 80\%\}$	
		$\{L_1-LD, LD, L_2-LD\}$	$\{10\%, 30\%, 60\%\}$	连接概率
	07	$\{LD_1, LD_2\}$	$\{90\%, 80\%\}$	
		$\{L_1-LD, LD, L_2-LD\}$	$\{10\%, 10\%, 80\%\}$	
完全包含型	08	$\{LD_1, LD_2\}$	$\{90\%, 80\%\}$	
		$\{L_2-LD, LD\}$	$\{0, 100\%\}$	
	09	$\{LD_1, LD_2\}$	$\{90\%, 80\%\}$	
		$\{L_2-LD, LD\}$	$\{20\%, 80\%\}$	
	10	$\{LD_1, LD_2\}$	$\{90\%, 80\%\}$	
		$\{L_2-LD, LD\}$	$\{50\%, 50\%\}$	
	11	$\{LD_1, LD_2\}$	$\{90\%, 80\%\}$	
		$\{L_2-LD, LD\}$	$\{90\%, 10\%\}$	

在表 6-3 中，LD 代表 LD_1 和 LD_2 用 Noisy-OR 数学模型综合后的抽象过程体，其连接概率取值表征了重叠部分的大小，也是重叠部分对结论的贡献率。对于部分交连型前提和完全包含型前提，在将其从图 6-17 所示等价转换为图 6-18 所示的过程中，分别要用到一次 Noisy-OR 数学模型和 Noisy-AND 数学模型。在大量的反复试验中发现，下述要点应给予特别的关注。

① 所有的前提可分为已认知和未认知两大部分：单个已认知前提对结论的覆盖率为小于等于 100%的数，未认知前提用泄露概率进行衡量；多个已知前提对结论的联合覆盖率可视为 100%，遗漏前提和未认知前提可在泄露概率中进行考虑。基于对多个已知前提的处置原则，将部分交连型前提和完全包含型前提拆分为图 6-18 所示的等价计算模型后，其对结论的覆盖率之和仍然为 100%，即 $\{L_1-LD, LD, L_2-LD\}$ 连接概率的取值之和为 100%。LD 的取值表征了证据重叠部分的大小。

② 值得注意的是，由于在定量评价前，进行过以反驳为基础的定性评价，因此，泄露中存在遗漏证据的可能性很低，大多数的泄露主要还是由于未认知因素的存在，所以在实际应用中，泄露概率的取值通常会很低。

图 6-23 所示为运用 Noisy-OR 数学模型运算后得出的试验方案 01 的运算结果；图 6-24 所示为用 Noisy-AND 数学模型运算后得出的试验方案 02 的运算结果；图 6-25 所示为同等条件下，试验方案 01 和试验方案 02 无泄露概率的计算结果；图 6-26、图 6-27 和图 6-28 所示为试验方案 03、试验方案 07 和试验方案 08 的运算结果；所有试验方案的计算结果汇总详见表 6-4。

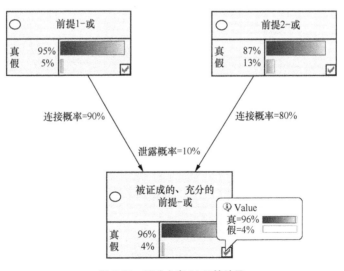

图 6-23　试验方案 01 计算结果

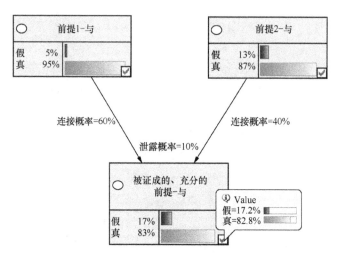

图 6-24　试验方案 02 计算结果

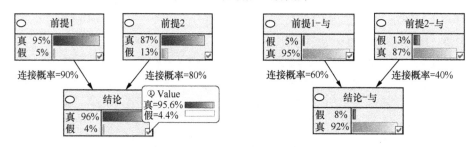

（a）试验方案01无泄露情况　　　　　　（b）试验方案02无泄露情况

图 6-25　无泄露情况下的试验方案对比

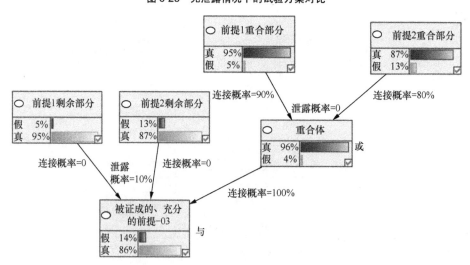

图 6-26　试验方案 03 计算结果

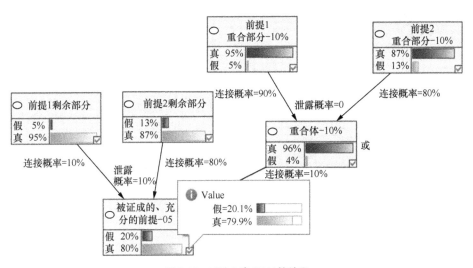

图 6-27　试验方案 07 计算结果

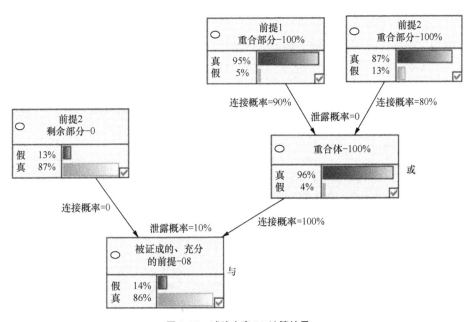

图 6-28　试验方案 08 计算结果

表 6-4　计算结果汇总表

前提类型	试验方案编号	试验结果		结果备注
		真	假	
重合可选型	01	96%	4%	保证目标"前提是被证成的、充分的"信度
联合并重型	02	83%	17%	
部分交连型	03	86%	14%	
	04	84.5%	15.5%	
	05	83%	17%	
	06	81.5%	18.5%	
	07	79.9%	20.1%	
完全包含型	08	86%	14%	
	09	84.6%	15.4%	
	10	82.3%	17.7%	
	11	79.1%	20.9%	

对上述计算结果进行分析，可得出下述结论。

① Noisy-OR 数学模型无泄露时，结论为真的概率会从 96%降低为 95.6%；Noisy-AND 数学模型无泄露时，结论为真的概率会从 83%提高为 92%。由于保证举证论证中，Noisy-AND 数学模型居多，因此，在论证过程中，要尽可能地减少泄露，即要不断降低认知不确定性，以便最大限度地消除其对论证信度的影响。

② 对于采用部分交连型的前提模式，当重合的部分越多，其结果就越接近重合可选型前提；重合的部分越少，其结果就越接近联合并重型。方案 03 就是部分交连型的特例，相当于完全重合的情况。方案 07 的交连部分比重很少，只有 10%。在相同情况下，测算联合并重型的计算结果，真的概率为 79.1%；而方案 07 的真的概率为 79.9%，已经非常接近，从而佐证了前述论断。

③ 对于完全包含型而言，当其中一个前提所占的比重非常小时，如方案 11，前提 2 在论证中的贡献只占 10%，那么它对信度的影响就很小，最终计算出来的信度结果主要由比重较大的主导前提决定。但是，当该前提的覆盖率逐步扩大，由方案 11 的 10%扩大到方案 08 的 100%时，说明两个前提已完全重合，其计算结果应与重合可选型一致。从表 6-4 所示的结果看，试验方案 08 结果为考虑了重合支撑结论 LD 与 L_2–LD 的连接概率的结果；如果不考虑连接概率，则试验方案 08 和试验方案 01 的结果是一致的，为本论述提供了证据和支撑。

上述试验分析通过设计的若干试验方案验证了几种不同的前提类型对结论的支撑变化关系，在实践中，这些分析结果十分有指导意义。实际应用中，往往不是任何时候都能很明确地区分出前提（即证据）间的交叉重叠部分。在这种情况下，重叠的部分交连型模型将近似于重合可选型或联合并重型，这有赖于论证评估者对重叠部分的重要度的评估；同样地，完全包含型也可能近似于重合可选型或联合并重型，这有赖于评估者对于小证据覆盖度的评估。

3. 多个图尔敏论证模型的软件保证举证定量评价

对多个图尔敏论证模型的软件保证举证定量评价实际上是一个不断迭代单个图尔敏论证模型定量评价计算的过程。6.3 节将结合应用实例介绍具体的迭代计算过程。

|6.3　应用实例|

本节以基于信息技术安全性评估通用准则（Common Criteria for Information Technology Security Evaluation，CC）的保密性举证为应用实例对象，验证本章所提的基于非形式逻辑理论的软件保证举证信心评定方法。基于 CC 的保密性举证的 GSN 如图 6-29 所示，其包含十九个元素。其中，G1 为总保证目标；G2 ~ G7 是按照策略 S1 分解后的子保证目标；G8、G9 是按照策略 S2，对 G3 进行分解得到的子保证目标；G10 ~ G12 是按照策略 S3 对 G4 进行分解得到的子保证目标；G13、G14 是按照 S4 对 G5 进行分解得到的子保证目标；C1 是 S1 的背景说明。基于 CC 的保密性举证的 GSN 较复杂，在验证本章方法的实施过程中仅对 G6 保证目标进行展开（见图 6-30），并细化到了解决方案（即证据）层，G2、G7 ~ G14 另有模块进行论证。本节仅以 G1→G6→G6-2→G6-7 通路的评估计算为例，求解 G1 总保证目标的信度，其他未展开模块或通路的保证目标信度值将直接通过假设方式给定。通过本实例的验证，能够进一步补充说明本章方法的具体应用过程。

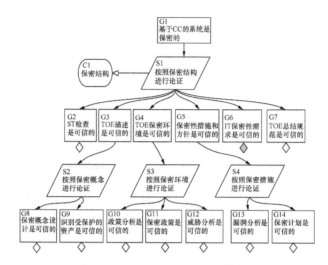

图 6-29　基于 CC 的保密性举证的 GSN

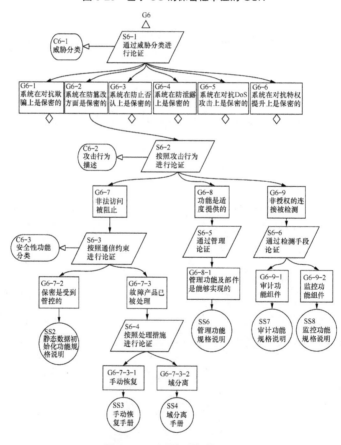

图 6-30　G6 保证目标的 GSN

6.3.1　应用过程

1. 创建图尔敏元素集

将应用实例 G1→G6→G6-2→G6-7 通路转化而成的图尔敏元素集由八个图尔敏论证模型构成，如图 6-31 ~ 图 6-38 所示。

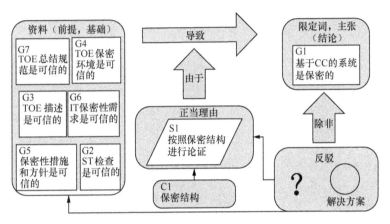

图 6-31　图尔敏元素一

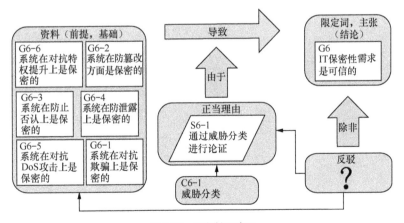

图 6-32　图尔敏元素二

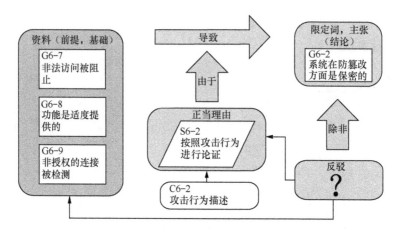

图 6-33　图尔敏元素三

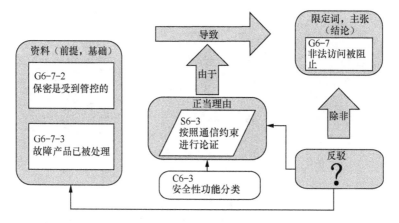

图 6-34　图尔敏元素四

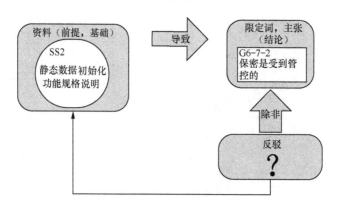

图 6-35　图尔敏元素五

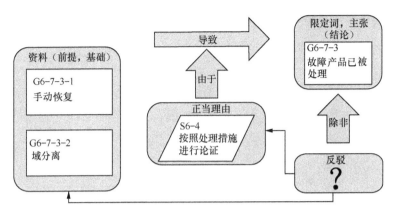

图 6-36　图尔敏元素六

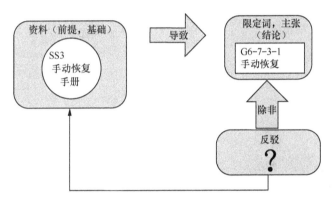

图 6-37　图尔敏元素七

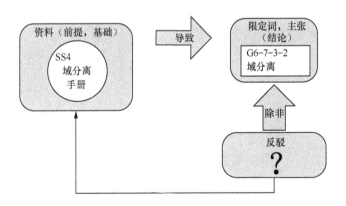

图 6-38　图尔敏元素八

2. 图尔敏论证模型的软件保证举证定性评价

对前述图 6-31~图 6-38 所示的图尔敏论证模型分别实施反驳论证，可得到反驳增强型图尔敏元素图。经分析知，{G1、G6、G6-7-2、G6-7-3、G6-7-3-1、G6-7-3-2}这六个图尔敏论证模型均未发现反例，G6-2、G6-7 存在反例，绘制的增强型图尔敏元素图如图 6-39 和图 6-40 所示。反驳证据 R1、R2 都是针对正当理由的反驳，对顶层保证目标 G1 的影响仅仅是削弱信度。

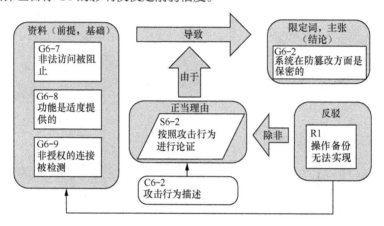

图 6-39　增强型图尔敏元素一

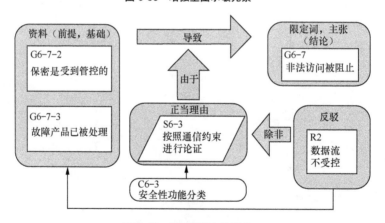

图 6-40　增强型图尔敏元素二

针对反驳观点进行新证据查找，如果能有证据证明操作备份能够实现或是数据流是受控的，那么快速评价的信度等级为 $i|n=2|2=1$，反驳影响消除；如果未能找到新证据支撑并消除反驳，那么快速评价的信度等级为 $i|n=0|2=0$，顶层保证目标 G1 的信度将被定性评价为削弱（U）。对实例实施分析后建立的反驳证据网如

图 6-41 所示。

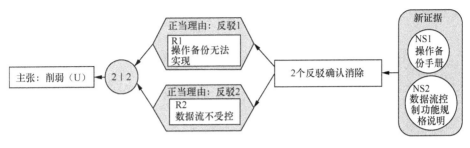

图 6-41　反驳证据网

根据反驳证据网的分析结果，可实施补充论证迭代，在对原 GSN 进行完善后，重新构建完备的图尔敏论证模型元素集，并仍按原 GSN 的结构示范定量评价过程。

3. 图尔敏论证模型的软件保证举证定量评价

首先，将图尔敏元素集转化为改进后的贝叶斯网络基础块，通过逐级迭代计算后，得出保证目标 G1"基于 CC 的系统是保密的"信度为 94.1%。在计算过程中发现，由于 G6-2 和 G6-7 有反驳存在，因此其信度比其他证据的假设值要低，分别为 86% 和 94%。详细的参数设置情况，Noisy-OR 数学模型和 Noisy-AND 数学模型的选择，以及实例计算过程如图 6-42 ～图 6-47 所示。

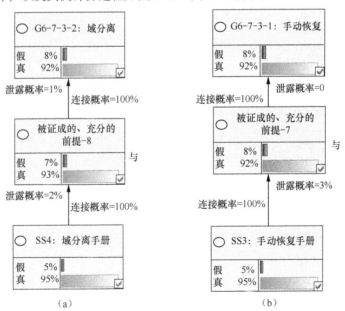

图 6-42　实例计算过程一

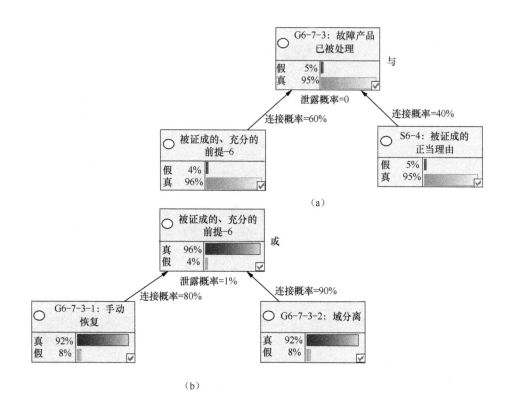

（a）

（b）

图 6-43　实例计算过程二

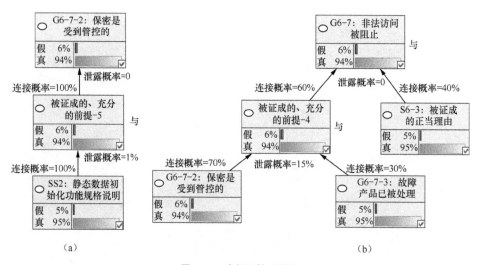

（a）　　　　　　　　　　　　　　　　（b）

图 6-44　实例计算过程三

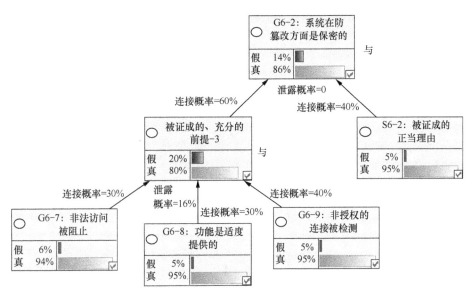

图 6-45　实例计算过程四

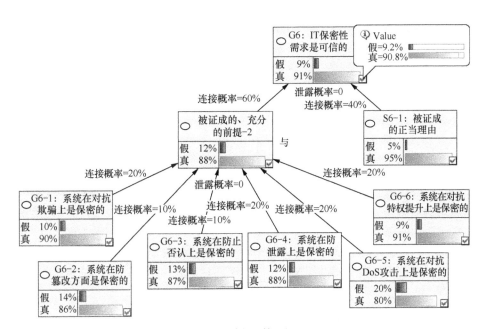

图 6-46　实例计算过程五

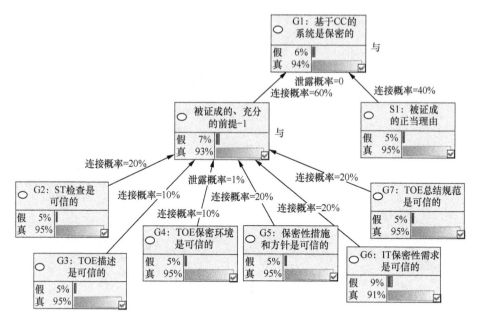

图 6-47 实例计算过程六

6.3.2 应用分析

本例对软件保证举证"基于 CC 的系统是保密的"进行了分析和信心评定。在定性评价中，根据反驳证据网的分析结果开展了迭代评价。在此基础上，经定量计算确定"基于 CC 的系统是保密的"信心值为 94%。基于应用实例分析的结果可以得出，开展本项工作的意义在于：

（1）传统的论证评价方法多集中于正向评价，但是，正如美国麻省理工学院的著名学者 Levenson 所指出，基于正向评价的方法无法规避认知偏见的问题[4]。因此，打破传统、惯性、旧有的思维模式，引入了逆向反驳评价，给出以破坏性思维对保证举证进行攻击，弥补正向评价中可能存在的认知偏见，从而可提高论证评价的正确性。

（2）从工程实际性考虑，本方法提供了一种更灵活的评价机制，分为定性和定量两个阶段。评价人员可结合项目经费、周期等实际情况，有针对性地对本方法进行裁剪和定制，从而获得最佳的实践效费比。

（3）在实际工程中，近年来，保证举证领域通过借鉴安全性领域中的最低合理可行原则（As Low As Reasonably Practicable，ALARP），提出了针对软件保证举证评价的信心接受准则（As Confident As Reasonably Practical，ACARP），旨在更进一步利用信心评定结果来确立软件保证举证的最终接受准则，并对软件保证举证质量做出最终判定。该评价结果可为该准则的应用提供必需的前置输入数据。

|本章小结|

本章首先介绍了软件保证举证信心评定方法的理论基础，包括非形式逻辑、图尔敏论证模型的论证评价和贝叶斯网络，然后介绍了图尔敏论证模型的软件保证举证定性评价和定量评价方法，最后以"基于 CC 的系统是保密的"的 GSN 为例，对软件保证举证信心评定方法进行了应用实例介绍，为理解软件保证举证信心评定方法提供了参考。

|参考文献|

[1] 武宏志, 周建武, 唐坚. 非形式逻辑导论[M]. 北京: 人民出版社, 2009.

[2] HITCHCOCK D. Good reasoning on the toulmin model[J]. Argumentation, 2005, 19(3): 373-391.

[3] 张连文, 郭海鹏. 贝叶斯网引论[M]. 北京: 科学出版社, 2006.

[4] LEVESON N. The use of safety cases in certification and regulation[R]. ESD Working Paper Series, 2011.